"十四五"职业教育国家规划教材

高等职业教育土木建筑大类专业系列规划教材

建筑工程测量

袁建刚 刘胜男 张清波 甄怡君 编 著

清华大学出版社
北 京

内 容 简 介

本书按照教育部制定的高等职业教育学校土木建筑大类专业培养目标和主要职业能力要求，参照行业新仪器、新技术、新工艺和国家最新发布的工程测量规范，结合近年来高等职业教育教学改革的最新成果编写。

除课程导入外，全书共分为以下 8 个项目：水准仪使用及维护、高程控制测量、全站仪使用及维护、平面控制测量、地形图识读与应用、民用建筑施工测量、工业建筑施工测量、建筑物变形测量。每个项目都将理论知识和实践技能相结合，包括学习目标、导入案例、学习任务、知识自测和技能实训等基本模块。读者可在完成具体项目的过程中学会完成相应工作任务，掌握理论知识，训练职业技能，提升综合素质。

本书有配套在线开放课程，可开展线上线下混合式教学。各项目重点任务拍摄制作成微课视频，以二维码的形式嵌入页面相应位置。设计讨论话题，建立作业库、试题库，实现线上线下互为补充、新旧媒体互相融合的学习模式。

本书可作为高职高专院校土木建筑大类专业的教学用书，也可作为建筑或测绘行业工程技术人员的培训用书。

图书在版编目(CIP)数据

建筑工程测量/袁建刚等编著．—北京：清华大学出版社，2019 (2023.8 重印)
(高等职业教育土木建筑大类专业系列规划教材)
ISBN 978-7-302-53307-8

Ⅰ．①建…　Ⅱ．①袁…　Ⅲ．①建筑测量—高等职业教育—教材　Ⅳ．①TU198

中国版本图书馆 CIP 数据核字(2019)第 155674 号

责任编辑：杜　晓
封面设计：曹　来
责任校对：赵琳爽
责任印制：宋　林

出版发行：清华大学出版社
网　　址：http://www.tup.com.cn，http://www.wqbook.com
地　　址：北京清华大学学研大厦 A 座　　**邮　　编**：100084
社 总 机：010-83470000　　**邮　　购**：010-62786544
投稿与读者服务：010-62776969，c-service@tup.tsinghua.edu.cn
质量反馈：010-62772015，zhiliang@tup.tsinghua.edu.cn
课件下载：http://www.tup.com.cn，010-83470410
印 装 者：三河市龙大印装有限公司
经　　销：全国新华书店
开　　本：185mm×260mm　　**印　　张**：13.75　　**字　　数**：329 千字
版　　次：2019 年 8 月第 1 版　　**印　　次**：2023 年 8 月第 7 次印刷
定　　价：49.00 元

产品编号：083887-01

前 言

现代测绘科学技术的快速发展促进了建筑工程测量技术的变革。工程建设中曾经广泛使用的传统测量仪器、工具和方法如今已不见踪影，被更先进的仪器、技术和工艺所取代，如光学经纬仪被全站仪取代，微倾式光学水准仪被自动安平水准仪或电子水准仪取代，用以控制轴线的锤球、量距的钢尺等工具被激光铅垂仪、手持测距仪取代，标定点位的交会放样方式被全站仪坐标放样或 RTK(Real-Time Kinematic，载波相位实时动态差分定位技术)放样取代，纸质地形图被数字地形图取代等。

本书编写紧扣高等职业教育培养高素质技术技能型人才的目标和学情特点，贯彻"项目引领、任务驱动"的教学理念，体现"理论够用、实践为重、理实一体"的职教特色，打破以知识传授为主要特征的传统教材模式。本书根据建筑施工企业测量员职业岗位需求重构教学内容，将纷繁复杂的建筑工程测量内容解构为 8 个项目，基于测量员岗位工作过程对教学项目进行整合，遵循学习认知规律由易到难、由简单到综合设计教学任务，按照工程测量员职业技能鉴定标准设置单元作业与考核自测题，充分反映行业新仪器、新技术、新工艺和新规范，突出测量员岗位素质要求对价值观的引领，强调专业能力、方法能力和社会能力的综合培养，满足高职院校建筑工程测量课程"教学做"一体化改革和学生可持续发展的需求。

本书是编著团队在多年从事建筑工程测量课程教学过程中，不断探索、研究和总结而形成的"三接四化"教改实践经验和集体智慧结晶。"三接"是指课程内容与职业岗位需求对接、教学过程与工作过程对接、课程考核与职业技能鉴定对接；"四化"是指课程内容项目化、实践教学任务化、技能训练标准化、教学手段信息化。"三接四化"教学模式很好地解决了理论与实践"两张皮"的现象，通过校企合作共同构建项目化课程，将实际生产任务转换为课堂实践教学任务，技能训练的标准和要求严格执行国家《工程测量员》职业资格标准和国家标准《工程测量规范》(GB 50026—2007)要求，教学采用线上线下相结合的混合式教学模式，充分调动学生的学习积极性和参与度，以培养学生运用所学知识分析解决问题，训练学生运用所学技能完成实践操作的能力，最终让学生零距离对接建筑工程施工单位一线生产工作。

除课程导入外，本书共分为 8 个项目，由江苏城乡建设职业学院袁建刚、刘胜男、张清波及江苏省测绘地理信息局职业技能鉴定指导中心甄怡君等编写，袁建刚负责统稿。其中，袁建刚负责编写课程导入、项目 1、项目 2、项目 5，刘胜男负责编写项目 3、项目 4、项目 8，张清波负责编写项目 6、项目 7，甄怡君负责编写附录及各个项目的知识自测模块。

在编写本书过程中，编者得到了江苏省测绘地理信息局职业技能鉴定指导中心的指导和帮助，同时参阅了大量文献，引用了同类书刊中的一些资料，在此一并表示感谢！

由于作者水平有限，书中不妥和疏漏之处在所难免，恳请专家和广大读者批评指正，以便我们在今后的工作中不断改进和完善。

编著者

2019 年 3 月

目 录

0 课程导入

0.1 课程的定位与作用

建筑物是人类生产、生活的场所，是社会科技水平、经济实力、物质文明的象征。在建筑工程建设中，测量工作有着广泛的应用，任何环节都需要进行测量工作，而且测量的精度和速度直接影响到整个工程的质量和进度。测量工作在工程施工过程中就好比是“眼睛”，为每一步施工指引方向。没有测量，施工将寸步难行；测量稍有差错，将对工程造成致命的影响。

工程测量是每个工程技术人员必须具备的能力，其工作内容贯穿于建筑工程的始终。在工程勘察阶段，需要进行工程地质测绘，测定地质点位置和高程；在工程设计阶段，需要建立测图控制网，测绘大比例尺地形图，为工程规划设计提供地形资料；在工程施工阶段，需要进行施工放样和设备安装测量，给定施工标志，以作为施工的依据；施工结束以后，需要进行竣工测量，编绘竣工总平面图，用以评定施工质量，为建筑物以后的维修管理、扩(改)建提供资料；在运营管理阶段，对一些重要的大型建筑物还需要进行变形观测，以监视其运行情况，确保工程安全。

从上述建筑工程测量的工作内容中不难看出，测量工作在工程建设的各个阶段都起着重要的作用。因此，本课程是土木建筑大类各专业必修的一门专业平台课程，其主要功能是使学生掌握测量工作的基础知识，具备建筑工程施工测量与放线的工作能力，胜任测量员(建筑施工方向)一线岗位工作。

本课程应以“建筑识图与构造”课程为基础，与“建筑 CAD”课程同时开设，以强化建筑工程的按图施工意识，提高测量技术的现代化水平，为后续施工技术课程打下坚实基础。

0.2 地球的形状与大小

测量工作的任务是确定地面点的空间位置，其主要工作是在地球自然表面上进行的，测量的成果又需要归算到一定的平面上，才能进行计算和绘图。所以，必须了解地球的形状和大小。

如图 0-1 所示，地球是一个南北极稍扁、赤道略鼓，平均半径约为 6371km 的椭球体。其自然表面上有高山、丘陵、平原、盆地、湖泊、河流和海洋等，呈现高低起伏的形态。我国的珠穆朗玛峰峰顶是地球的最高点，其岩石面海拔高程为 8844.43m(2005 年数据)；而地球最低处为太平洋的马里亚纳海沟，其深度为 11034m。尽管地球表面有这样大的高低差距，但相对于地球的平均半径而言可以忽略不计。

0.2.1 大地水准面

地球的自然表面形状十分复杂，不便于用数学公式表达。地球表面的总面积约为 5.1 亿 km^2，其中海洋面积为 3.61 亿 km^2，约占地球表面的 71%；陆地面积为 1.49 亿 km^2，约占地球表面的 29%。因此，可以把海水面所包围的地球形体近似看作地球的形状，即设想有一个静止的海水面向陆地延伸而形成一个封闭的曲面。由于海水有潮汐，时高时低，因此取平均静止的海水面作为地球形状和大小的标准。

地球表面任一质点都同时受到两个作用力：其一是地球自转产生的惯性离心力，其二是整个地球质量产生的引力，这两种力的合力称为重力。引力方向指向地球质心。如果地球自转角速度是常数，惯性离心力的方向垂直于地球自转轴向外，重力方向则是两者合力的方向，如图 0-2 所示。重力的作用线又称为铅垂线(图 0-2)。用细绳悬挂一个锤球，其静止时所指示的方向即为铅垂线方向。铅垂线是测量外业工作的基准线。

图 0-1 地球

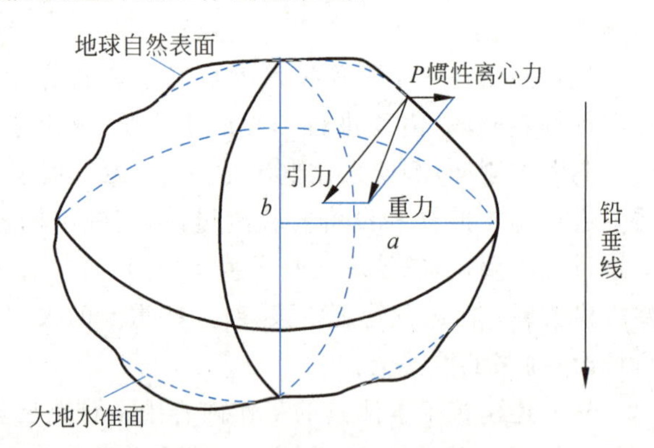

图 0-2 重力与铅垂线

处于静止状态的水面称为水准面。由物理学可知，水准面是一个重力等位面，处处与重力方向(铅垂线方向)垂直。与水准面相切的平面称为水平面。由于水面高低不一，因此水准面有无数个，其中与平均海水面相吻合的水准面称为大地水准面，如图 0-3 所示。大地水准面是唯一的，由大地水准面所包围的地球形体称为大地体。

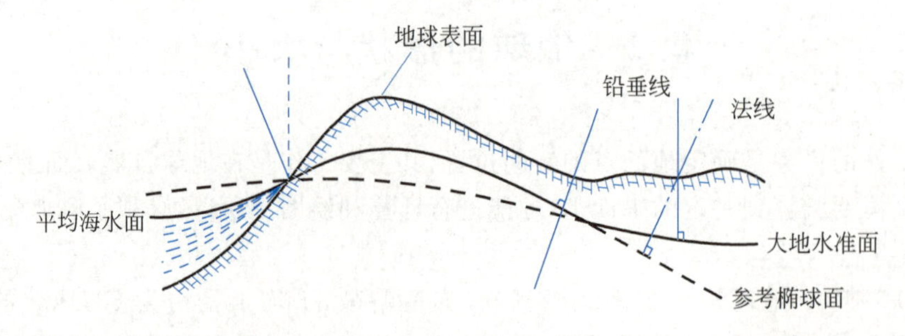

图 0-3 大地水准面

0.2.2 参考椭球体

大地水准面与地球表面相比，可以说是一个光滑的曲面，但由于地球内部物质的密度分布不均匀，地球各处万有引力的大小不同，因此地面上各点的铅垂线方向是不规则变化的。这种不规则的变化决定了大地水准面实际上是一个略有起伏的不规则曲面，无法用数学公式精确表达。如果将地球表面上的物体投影到这个复杂的曲面上，计算起来将非常困难。为了计算和绘图方便，必须选择一个与大地水准面非常接近，能用数学方程式表示的曲面来代替它。

长期大量的测量实践研究表明，地球形状极近似于一个两极稍扁的旋转椭球，即一个椭圆绕其短轴旋转而成的形体，这个几何形体称为旋转椭球体，其外表面为旋转椭球面，如图 0-4所示。

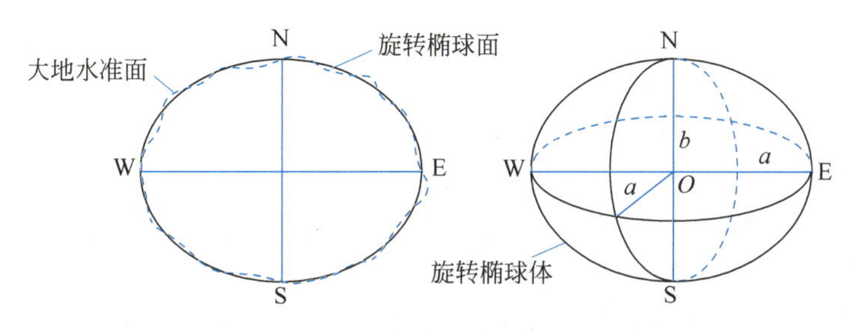

图 0-4 旋转椭球体

代表地球形状和大小的旋转椭球称为地球椭球。与大地水准面最接近的地球椭球称为总地球椭球；与某个区域，如一个国家大地水准面最为密合的椭球称为参考椭球，其椭球面称为参考椭球面。如果对参考椭球面的数学式加入地球重力异常变化参数的改正，便可得到大地水准面的近似数学式。

在实际工作中，参考椭球面是测量内业计算的基准面，大地水准面是测量外业工作的基准面。以大地水准面作为测量外业工作的基准面，有以下两方面原因：一是当对测量成果的要求不十分严格时，不必改正到参考椭球面上；二是在实际工作中，可以非常容易地得到水准面和铅垂线。用大地水准面作为测量的基准面，可以大大简化操作和计算工作。

0.3 误差的基本知识

0.3.1 误差及其表示方法

在测量工作中，某量的观测值与该量的真实值之间必然存在着微小差异，该差异称为误差。但有时由于人为的疏忽或措施不周也会造成观测值与真实值之间的较大差异，这不属于误差而是错误。误差与错误的根本区别在于，前者是不可避免的，而后者可以通过仔细、认真和规范的工作加以避免。

0.3.2 误差的来源

在测量工作中，产生误差的原因有很多种，但归纳起来一般有以下 3 个方面：

(1) 仪器(工具)的制造和校正不可能十分完善；

(2) 观测人员的感觉器官鉴别能力有限，技术水平、工作态度和身体状况等各有差异；

(3) 温度、湿度、风力、地球曲率和大气折光等外界自然条件的影响。

上述 3 个方面综合起来称为观测条件。测量成果的精确程度简称为精度。观测条件相同的各次观测称为等精度观测，观测条件不同的各次观测称为非等精度观测。一般情况下，观测条件好，观测时产生的误差可能就小，因而观测精度就高；相反，如果观测条件差，观测时产生的误差可能较大，因而观测精度就低。

0.3.3 误差的分类及性质

误差按性质可分为两类：系统误差和偶然误差。

1. 系统误差

在同一观测条件下，对某一量值测得的一系列观测值，其误差的数值、符号均相同，或按一定规律变化，这种误差称为系统误差。系统误差具有以下特点：

(1) 系统误差的大小(绝对值)为一常数或按一定规律变化；

(2) 系统误差的符号(正、负)保持不变；

(3) 系统误差具有累积性，即误差大小随单一观测值的倍数累积；

(4) 系统误差具有可消减性，找出系统误差产生的原因和规律，通过计算改正或改变观测条件，可使误差消减。

2. 偶然误差

在同一观测条件下，对某量所测得的一系列观测值，其误差的大小(绝对值)和符号(正、负)都表现出偶然性，但就大量观测误差整体来看，则具有统计规律性，这种误差称为偶然误差。偶然误差具有以下特点：

(1) 在一定观测条件下，偶然误差的大小(绝对值)不超过一定的限值，即大误差出现的有界性；

(2) 绝对值较小的误差比绝对值较大的误差出现的可能性大，即小误差出现的密集性；

(3) 绝对值相等的正误差和负误差出现的可能性相等，即正负误差出现的对称性；

(4) 偶然误差的算术平均值随观测次数的无限增加而趋近于零，即全部误差出现的抵消性。

0.3.4 衡量精度的标准

1. 中误差

我国统一采用中误差作为衡量精度的标准。中误差在统计学中称为标准差，用 m 表示，其计算公式为

$$m = \pm\sqrt{\frac{[\Delta\Delta]}{n}} \tag{0-1}$$

$$[\Delta\Delta] = \Delta_1^2 + \Delta_2^2 + \cdots + \Delta_n^2$$

式中：Δ——真误差；

[ ]——高斯取和符号；

n——观测值的个数。

真误差 Δ 衡量的是某个观测值的精度；中误差 m 衡量的是一组观测值的精度。中误差 m 越小，说明误差的分布越密集，各观测值之间的差异越小，观测的精度越高；反之，中误差 m 越大，说明误差的分布越离散，各观测值之间的差异越大，观测的精度越低。

根据偶然误差的第 4 个特点，当观测次数无限增加时，其偶然误差的算术平均值趋近于零，即算术平均值就趋近于未知量的真值。但是在实际测量工作中，观测次数总是有限的，通常取算术平均值作为最后结果，它比所有的观测值都可靠，故把算术平均值称为"最可靠值"或"最或然值"。未知量的算术平均值与观测值之差称为观测值的改正数，用 v 表示。

在实际工作中，由于真值是一个未知量，因此中误差的计算不用真误差，而用观测值的改正数。

$$m = \pm\sqrt{\frac{[vv]}{n-1}} \tag{0-2}$$

$$[vv] = v_1^2 + v_2^2 + \cdots + v_n^2$$

式中：v——观测值的改正数；

n——观测值的个数。

用观测值的改正数计算中误差的公式称为白塞尔公式。

2. 相对误差

在距离测量过程中，误差的大小和距离的长短有关，对于这种情况，仅用中误差不能完全表达测量结果的精度，必须采用相对误差。相对误差可分为相对中误差和相对真误差，用 K 表示。

(1) 相对中误差的计算公式为

$$K = \frac{|m|}{\overline{D}} = \frac{1}{N} \tag{0-3}$$

式中：m——观测值的中误差；

$\overline{D}$——观测值的算术平均值。

(2) 相对真误差的计算公式为

$$K = \frac{|D_{往} - D_{返}|}{\overline{D}} = \frac{|\Delta D|}{\overline{D}} = \frac{1}{N} \tag{0-4}$$

式中：$D_{往}$——往测距离；

$D_{返}$——返测距离；

$\overline{D}$——往返测平均值；

ΔD——往返测较差。

相对误差通常用分子为1的分式表示，分母 N 值越大，观测精度则越高。

3. 允许误差

由偶然误差的第一个特性可知，在一定的观测条件下，偶然误差的绝对值不会超过一定的限值。根据大量的实践和误差理论统计证明，在一系列同精度的观测误差中，偶然误差的绝对值大于1倍中误差的出现个数约占总数的32%，绝对值大于2倍中误差的出现个数约占总数的4.5%，绝对值大于3倍中误差的出现个数约占总数的0.27%。因此，在测量工作中，通常取2～3倍中误差作为偶然误差的允许值，称为允许误差。

如果观测值的误差超过了3倍中误差，可认为该观测结果不可靠，应舍去不用或重测。现行作业规范中，为了严格要求，确保测量成果质量，常以2倍中误差作为允许误差。

0.4 测量工作的原则与程序

测量工作不可避免地会产生误差，甚至还会产生错误，为了限制误差的积累传递，保证整体的测量精度，测量工作必须遵循“从整体到局部、先控制后碎部、由高级到低级”的原则进行。

测量工作的程序分为控制测量和碎部测量两步。

遵循测量工作的原则和程序，不但可以减少误差的积累传递，而且可以在几个控制点上同时进行测量工作，既加快了测量的进度，缩短了工期，又节约了开支。

测量工作有外业和内业之分。外业工作主要是指在室外进行的仪器操作，以及观测手簿的记录计算与检核；内业工作主要是指在室内整理并计算外业的测量数据，以及进行绘图工作等内容。

为了防止出现错误，在外业和内业工作中，还必须遵循另外一个基本原则“边工作边校核”，用检核的数据说明测量成果的合格性和可靠性。一旦发现错误或者成果达不到精度要求，必须找出原因返工重测，以保证各个环节测量成果的合格性和可靠性。

0.5 学习的方法与要求

本课程具有理论严密、技术先进、实践性强等特点。课程教学结合在线开放课程建设，采用线下线上混合式教学模式，课前线上知识学习及任务准备，课中线下任务实施及线上互动，课后线上知识巩固及总结提升。通过本课程的学习，应达到掌握现代建筑工程测量的基本理论和基本技能，理解专业术语的基本概念及相互关系，能够将测量技能和建筑工程实际有机结合起来的目标。学习过程中要力求做到以下几点。

1. 自主学习

课程项目结构按照工作过程，遵循由易到难、由单一到综合的学习认知规律排序。因此，从第一个项目开始就要认真投入，课前主动在平台观看微课视频，完成对相关知识点的学习；课上主动参与小组活动，积极思考，完成安排的学习任务。学习中若有不懂不会的问题，应在课堂上及时提问或在平台发起讨论话题，务必在下个项目开始前弄懂弄会。

2. 加强实践

课程理论知识与实践操作结合紧密，正确使用仪器是基本功。小组活动中要充分利用时间抓紧仪器操作练习，多动手提高仪器操作熟练程度，多动脑思考为什么要这样做，在操作实践过程中加深对理论知识的理解和应用。

3. 遵规守矩

测量工作要求实事求是、精益求精，严格遵守相关规范的技术要求，严禁伪造数据。课堂教学为理实一体化模式，需要进行实践操作，严禁穿拖鞋、高跟鞋上课，女生不得穿裙子、露脐装。无论何时何地，仪器都不允许无人看护。

4. 团队合作

测量工作需要团队成员互相配合才能顺利完成。团队成员之间要互相理解，互相配合，互相帮助，团结合作。

5. 职业素养

遵守职业道德，爱岗敬业，忠于职守，具有高度的责任心，严格执行安全操作规程，养成规范化作业的良好习惯。任务结束要做到工完场清，仪器工具清点摆放到位。

项目1 水准仪使用及维护

学习目标

知识目标

1. 了解水准仪的用途并熟悉其构造。
2. 掌握水准尺的尺面分划及注记特征。
3. 熟悉水准仪的基本操作程序。
4. 理解视差产生的原因并掌握消除方法。

能力目标

1. 能描述水准仪各部件的名称及作用。
2. 会正确安置水准仪并粗平。
3. 能快速照准水准尺并消除视差。
4. 会正确读取水准尺读数。

一切液体在静止状态下其自由表面都呈水平面，这是从古至今水准仪所依据的基本原理。我国水准测量技术的萌芽可追溯到传说中的大禹治水时期，秦汉时期开始广泛使用水准测量方法，并有了从事水准测量的专门技术人员“水工”，到了唐宋时期已经形成了一整套相当完备的水准测量方法[①]。那么，在我国盛唐时期的水准工具长什么样？现代的水准仪又有哪些进步和特点呢？让我们通过本项目来探究和学习。

导入案例

唐代水准测量技术

唐代李筌所著兵书《太白阴经》中对当时的水准工具和测量方法有详细的记载。工具的形制和测量方法描述如下。

“水平槽长二尺四寸，两头中间凿为三池。池横阔一寸八分，纵阔一寸，深一寸三分。池间相去一尺四寸，中间有通水渠，阔三分，深一寸三分。池各置浮木，木阔狭微小于池，空三分。上建立齿，高八分，阔一寸七分，厚一分。槽下为转关脚，高下与眼等，以水注之，三池浮木齐起，眇目视之，三齿齐平，以为天下准。或十步，或一里，乃至十数里，目力所及，随置照板度竿，亦以白绳计其尺寸，则高下丈尺分寸可知也。

照板形如方扇，长四尺，下二尺，黑上二尺，白阔三尺，柄长一尺，大可握度，竿长二丈，刻作二百寸二千分，每寸内刻小分，其分随向远近高下立竿，以照板映之，眇目视之，三浮木齿及照板黑映齐平，则召主板人，以度竿上分寸为高下，递相往来，尺寸相乘，则水源高下，可以

① 冯立升．中国古代的水准测量技术[J]．自然科学史研究，1990(02)：190-196．

分寸度也。”[①]

该记载对当时测量地势所用的“水平”(水准仪)进行了详细描述。这套测量工具由三部分组成,即“水平”“照板”“度竿”,如图 1-1 所示。“水平”包括水平槽,水平槽的长度为二尺四寸,两头与中间共凿有三个池子。池子的横向长度为一寸八分,纵向长度为一寸,深一寸三分,池与池间相隔一尺五分,中间有通水渠相连,通水渠宽三分,深度与池深相同。各水池中放有浮木,浮木的宽狭略小于池的宽狭,其厚为三分;浮木上建有“立齿”,齿高八分,宽一寸七分,厚一分。槽下设有可以转动的脚。“照板”是一形如方扇的板,长为四尺,其中下面二尺为黑色,上面二尺为白色,宽为三尺,手柄长一尺。“度竿”即测竿,长二丈,其刻度精确至“分”,共二千分。

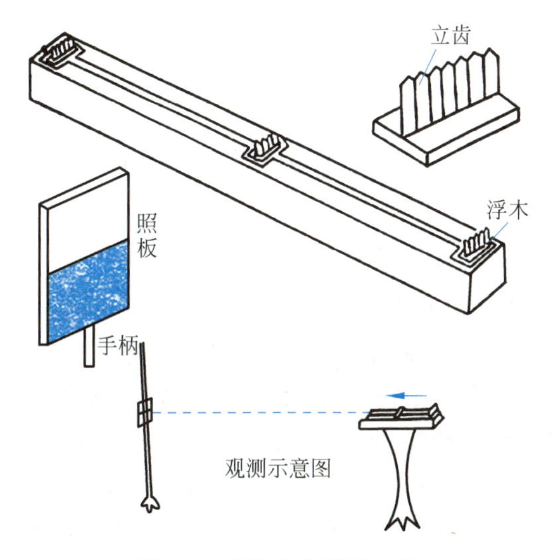

图 1-1 唐代水准测量工具

观测时,首先将水注入水平槽的池子中,三浮木随之浮起,其上的“立齿”尖端则会保持在同一水平线上;然后,观测者即可借立齿尖端水平地眺望远处的“度竿”。由于“度竿”的刻度太小,观测者不能像我们使用现代化水准仪那样直接由望远镜读数,于是间接地利用“照板”巧妙地解决了这一问题,即持“度竿”的人还要握一“照板”,并将“照板”在“度竿”的后方上下移动,当观测者见到板上的黑白交线与其瞄准视线齐平时,则召持板人停止移动,并由持板人记下“度竿”上所对应的刻度。由于“照板”目标较大,因此可以测距离能由十步(唐以后,一步等于五尺)或一里,达十几里目力能及之地。

这套测量工具的使用方法与现在的水准测量大同小异。在整套工具的设计技术方面,充分体现了我国古代劳动人民的聪明才智。其一,是“照板”上的黑白二色的问题。有了其宽达二尺的黑白二色,目标则大,易被观测者发现,但更重要的意义则在于以黑白二色的交线作为观测线,准确可靠,这是现代水准尺上以间隔的黑白或红白二色的交线作刻度线的先行,在测量史上是一个重要的建树。其二,是浮木的数目问题。为什么不用两个(实际上两个就够了)而用三个?这是考虑到在测量过程中,可能因为某些故障浮木不能保持水平而采用的一种校准措施。这些故障有池中水深不够,使浮木“搁浅”;通水渠不畅,使得三池水位

① 《太白阴经》卷四“战具·水攻具篇 第三十七”。

不平；池框内缘卡塞浮木等。而有了三个浮木，当可及时发现这些故障。同时，三个浮木在外形上不可能做得完全相同，其内部密度也不可能完全相等，故在水中的沉浮程度也不可能完全一致，而如果有了三个浮木，自然也可起到消除这种误差的作用。其三，是关于"立齿"的设计问题。为什么要采用立"齿"，而不用立"板"？这是因为如果采用无齿的板，在观测照板时就会发生这样的现象：或是靠近观测者的立"板"遮住了离开观测者的立"板"，或是离开观测者的立"板"高于靠近观测者的立"板"，两种情况都会导致视线不平。如果采用齿形的板，则可以消除如上现象，因为即使靠近观测者的立齿端部高于离开观测者的立齿端部，由于有齿间空隙，前者也不会遮盖后者，从而可使观测者能从容地调整视线顺利进行观测。

任务 1.1 认识并学会使用水准仪

水准仪是在 17—18 世纪发明了望远镜和水准器后出现的。20 世纪初，在制出内调焦望远镜和符合水准器的基础上生产出了微倾水准仪。20 世纪 50 年代初出现了自动安平水准仪；60 年代研制出了激光水准仪；90 年代出现了电子水准仪。微倾水准仪是通过手动调整使水准仪获得水平视线；自动安平水准仪是通过补偿器自动获得水平视线；电子水准仪则是在自动安平水准仪的基础上实现电子读数、自动记录、存储和计算的光机电一体化的高科技产品。

自动安平水准仪与微倾水准仪相比没有水准管和微倾螺旋，使用时只要使圆水准器的气泡居中，借助仪器内的补偿器即可得到水平视线，因此使用这种仪器可大大缩短观测时间。它还具有操作简单、速度快、精度稳定、可靠等优点，因此，该类型仪器被广泛应用于国家三、四等水准测量和一般工程及大型机器安装等水准测量。本书将以目前工程中最常用的国产自动安平水准仪为例进行介绍。

国产水准仪按其精度可分为 DS05、DS1、DS3、DS10 等不同型号，建筑工程测量中最常用的是 DS3 型水准仪，其中字母 D 和 S 分别表示"大地测量"和"水准仪"汉语拼音的第一个字母，字母中如含有 Z 则表明为自动安平水准仪；字母后的数字下标表示仪器的精度等级，即每千米往返测量高差中数的偶然中误差，以 mm 为单位，数字越小，精度越高。

1.1.1 水准仪的构造

微课：水准仪的构造

自动安平水准仪主要由望远镜、圆水准器和基座 3 部分组成，其外形及各部件名称如图 1-2所示。仪器采用精密微型轴承悬吊补偿器棱镜组，利用重力原理安平视线。携带和运输自动安平水准仪时，应尽量避免剧烈振动，以免损坏补偿器。

1. 望远镜

自动安平水准仪的望远镜为内调焦式的正像望远镜，用来精确瞄准远处目标并对水准尺进行读数。它主要由物镜、调焦透镜、补偿器棱镜组、十字丝分划板和目

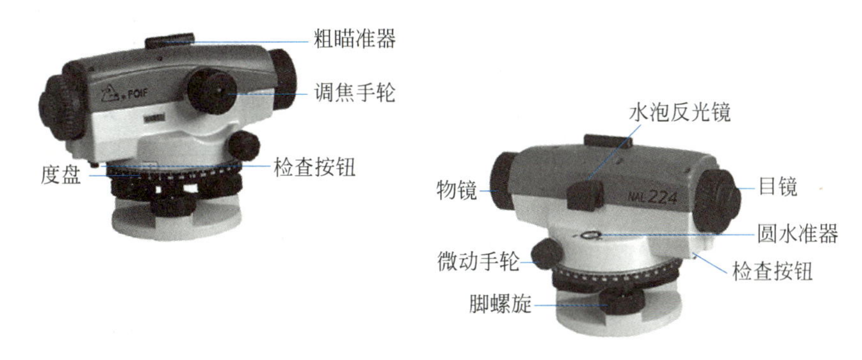

图 1-2 自动安平水准仪外形及各部件名称

镜组成，其结构如图 1-3(a)所示。

(1) 物镜。物镜采用单片加双胶透镜形式，具有良好的成像质量，结构简单。

(2) 调焦透镜。内调焦式望远镜的物镜和目镜位置是不动的，为保证不同距离的像面都与十字丝分划板重合，在望远镜系统内部需要有一透镜作轴向移动，该移动透镜称为调焦透镜。调焦透镜的移动通过转动调焦手轮来实现。

(3) 补偿器棱镜组。自动补偿器采用精密微型轴承吊挂补偿棱镜，整个摆体运转灵敏，摆动范围可通过限位螺钉进行调节。补偿器采用空气阻尼器，具有良好的阻尼性能，保证仪器工作可靠。仪器上还设有补偿器检查按钮，可随时检查补偿器是否处于正常工作状态。

(4) 十字丝分划板。十字丝分划板是安装在目镜筒内的一块光学玻璃板，上面刻有3 根横丝和 1 根垂直于横丝的竖丝，如图 1-3(b)所示。中间长的横丝称为中丝，用于读取水准尺分划的读数；上、下两根较短的横丝称为上丝和下丝。上、下丝合称视距丝，用来测定水准仪至水准尺的距离。

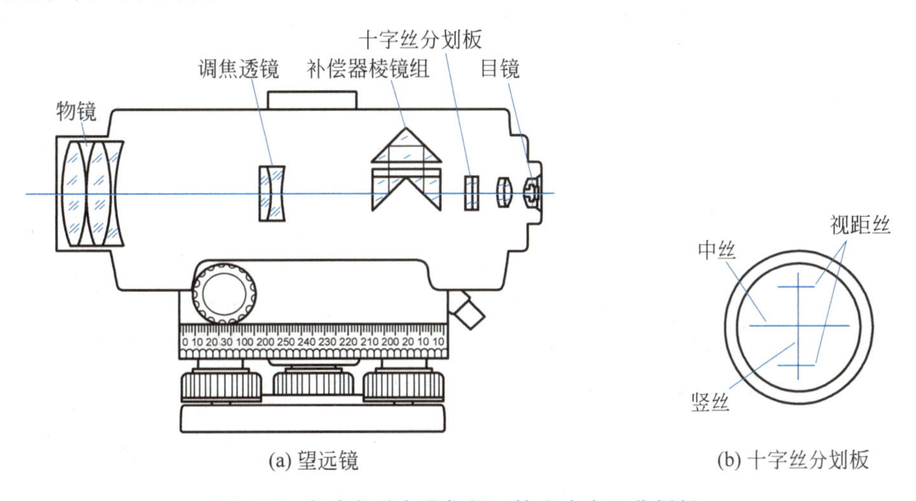

图 1-3 自动安平水准仪望远镜和十字丝分划板

物镜光心与十字丝交点的连线称为望远镜的视准轴，用 CC 表示。当水准仪整平后，视准轴即处于水平位置，称为水准测量所需的水平视线。

(5) 目镜。目镜由一组复合透镜组成，其作用是将物镜所成的实像连同十字丝一起放大成虚像。旋转目镜调焦螺旋，可以使十字丝影像清晰，称为目镜对光。

2. 水准器

水准器是用来表示视准轴是否水平或仪器的竖轴是否竖直的装置。自动安平水准仪只有圆水准器，如图 1-4 所示。它由玻璃圆柱管制成，圆水准器玻璃内壁是一个球面，球面中央刻有一个小圆圈，小圆圈的圆心称为圆水准器零点。通过球面上零点的法线 $L'L'$ 称为圆水准器轴。当圆水准器气泡居中时，圆水准器轴处于竖直位置，切于零点的平面也就水平了。

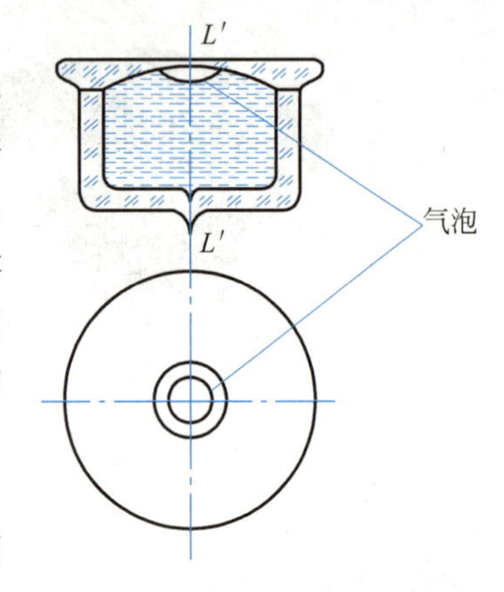

图 1-4 圆水准器

3. 基座

基座由轴座、脚螺旋、底板和三角形压板组成，其作用是支承仪器的上部，并与三脚架连接。

1.1.2 水准尺和尺垫

微课：水准尺与尺垫

水准测量时需要与水准仪配合使用到的工具有水准尺和尺垫。

1. 水准尺

水准尺是水准测量时使用的标尺，其质量好坏直接影响水准测量的精度。因此，水准尺需用伸缩性小、不易变形的优质材料制成，如优质木材、玻璃钢、铝合金等。工程中常用的水准尺有双面尺和塔尺两种，分别如图 1-5 所示。

(1) 双面尺。双面尺常用木材制成，有黑、红两面，多用于三、四等水准测量，以两把尺为一对使用。尺的两面均有分划，一面为黑白相间，称为黑面尺，也称主尺，尺底起点为零；另一面为红白相间，称为红面尺，也称辅尺，尺底起点为 4.687m 或 4.787m。两面的最小分划均为 1cm。为了方便读数，尺面上的分划制作成了 E 形，每一个 E 代表 5cm，并在整分米处注记数字，与 E 的最长端相对应。

(2) 塔尺。塔尺常用铝合金等轻质高强材料制成，采用塔式收缩形式，尺长一般为 3m 或 5m，尺底起点为零，尺面上黑白格相间，最小分划为 1cm，有的为 0.5cm 或 0.1cm，整分米处有数字注记，数字注记上点的个数表示整米数。塔尺携带方便，但接头处误差较大，影响精度，多用于建筑测量中。

2. 尺垫

尺垫是在转点处放置水准尺用的，它用生铁铸成，一般为三角形，中央有一突起的半球体，下方有 3 个支脚，如图 1-6 所示。使用尺垫时，将支脚牢固地插入土中，以防下沉，上方突起的半球形顶点作为竖立水准尺和标志转点之用。

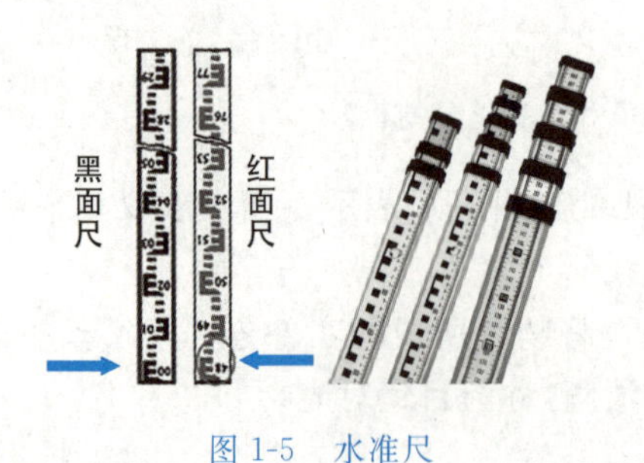

图 1-5 水准尺

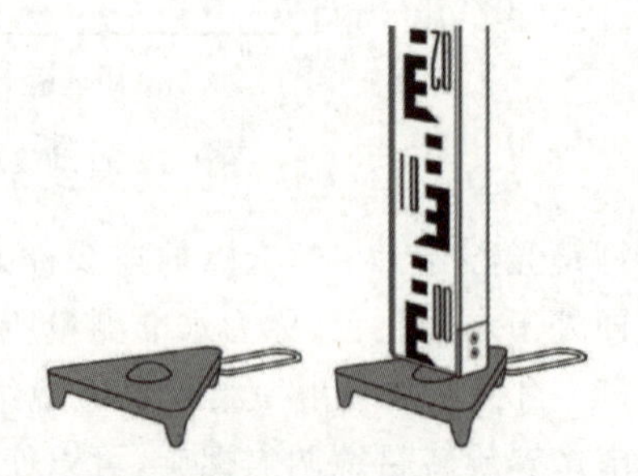

图 1-6 尺垫

1.1.3 水准仪的使用

微课：水准仪的使用

自动安平水准仪的使用，按程序可分为安置仪器→粗平→瞄准→补偿器检查→读数。

1. 安置仪器

在测站处松开三脚架架腿固定螺旋，按观测者的身高调节架腿的长度，使高度适中后拧紧固定螺旋。撑开三脚架至跨度、高度适中位置，使架头大致水平。从仪器箱中取出水准仪放到三脚架架头上，一手握住仪器，一手将连接螺旋旋入仪器基座内并拧紧。当在松软的土质地面安置仪器时，为防止仪器下沉，应将三脚架的脚尖踩入土中。

2. 粗平

粗平即通过旋转脚螺旋或调整三脚架架腿的位置使圆水准器气泡居中，从而使仪器的竖轴大致铅垂，使望远镜的视准轴大致水平。利用脚螺旋调平的操作方法是：先用两手分别以相对或相背方向转动两个脚螺旋，使气泡移动到过零点的与这两个脚螺旋的垂直平分线平行的直线上，然后转动第三个脚螺旋使气泡居中。气泡移动的规律是：气泡移动方向与左手大拇指旋转脚螺旋的方向一致，如图 1-7 所示。粗平的两步工作应反复进行，直至气泡居中为止。

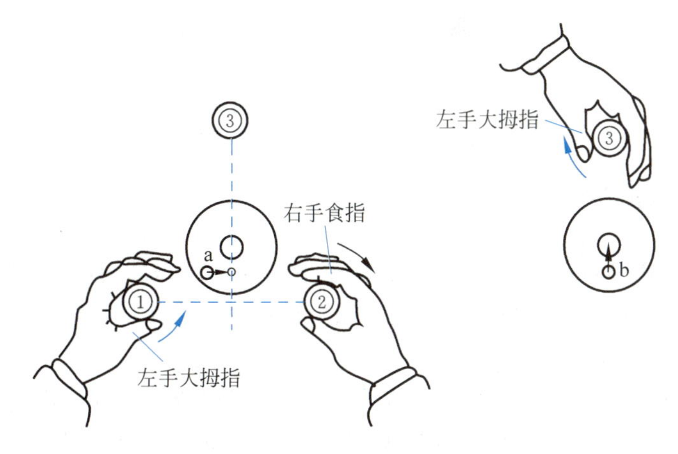

图 1-7 粗平操作

3. 瞄准

瞄准就是使望远镜对准水准尺，清晰地看到目标和十字丝成像，以便准确地进行水准尺读数。瞄准基本方法如下。

(1) 目镜对光。将望远镜转向明亮的背景，调节目镜调焦螺旋，使十字丝成像清晰。

(2) 粗略照准。转动望远镜，通过粗瞄准器大致对准水准尺。

(3) 物镜对光。转动望远镜调焦手轮，使水准尺成像清晰。

(4) 精确瞄准。转动微动螺旋，使十字丝的竖丝对准水准尺像中间或边缘位置。若尺歪斜，指挥扶尺扶正。

(5) 消除视差。视差是一种现象，即当眼睛在目镜处上下微微移动时，十字丝与水准尺分划影像之间有相对移动。视差产生的原因是目标的影像没有落在十字丝平面上。视差的存在会严重影响瞄准和读数精度，必须加以检查并消除。消除视差的方法是仔细地进行目镜调焦和物镜调焦，直至眼睛上下移动时读数不变为止。

4. 补偿器检查

把检查按钮按到底并马上松开，同时观察标尺，如果标尺像摆动后中丝恢复原位，则补偿器处于正常状态，视线水平；如果标尺像不动或者非正常摆动，表明补偿器失灵或超出工作范围，必须检查原因，确保补偿器正常工作后才能进行下一步读数。补偿器检查不必每次读数都进行，但是每天首次使用或者仪器倒置后使用都应进行检查。

5. 读数

读数即用十字丝的中丝读取在水准尺上的分划值。读数前要先认清水准尺的注记特征，读数时要按从小到大的方向，分别读取米、分米、厘米、毫米 4 位数字，其中毫米为估读数。图 1-8 所示分别为瞄准双面尺黑、红两面的读数值，黑面读数为 1.608m，红面读数为 6.295m。在工作中读数记录通常以 mm 为单位填写，因此读数时习惯上不读小数点，只读 1608、6295。

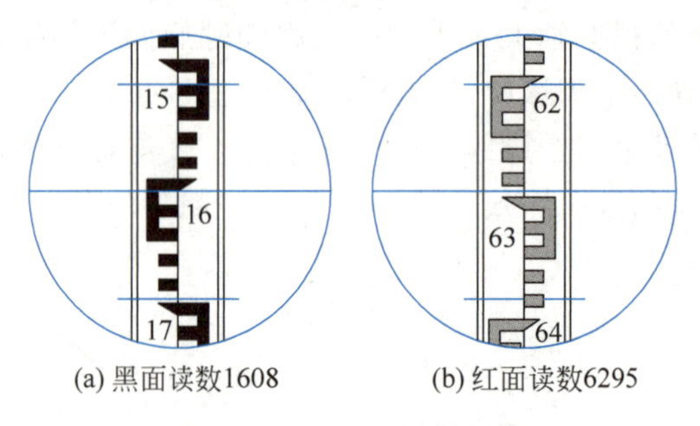

(a) 黑面读数1608　　(b) 红面读数6295

图 1-8　双面尺读数

1.1.4　测量仪器搬运及保管

测量仪器构造精密，较为贵重。为了保证仪器的精确度，延长仪器的使用年限，除经常进行检校外，还应掌握仪器的维护知识，注意安全搬运及正确保管，防止意外事故发生。

1. 仪器的搬运迁站

(1) 测量仪器在运输途中，不应将仪器直接放在车厢的底板上，应放在软的座垫上或装在有防震垫的专用箱中，避免剧烈震动和碰撞，必要时将仪器抱在怀中。

(2) 在平坦地区近距离迁站时，可以将仪器连同脚架一同搬迁。搬迁时收拢脚架抱在肋下，一手托住仪器支架或基座，竖直稳步搬运，严禁斜扛仪器，以防碰摔。在起伏地区或长距离迁站时，应将仪器装箱，扣好锁扣后搬运。

(3) 步行迁站时，应先检查仪器箱的拎环、背带等是否牢固，箱盖锁扣是否扣好或锁住，再将仪器箱拎在手中或背在肩背上搬运。

2. 仪器的安装使用

(1) 到达测站后，应先将脚架放稳，然后开箱取仪器。开箱时仪器箱应平放在地面上或其他平台上，不要托在手上或抱在怀里开箱，以免不小心将仪器箱摔坏。

(2) 仪器在取出前一定要先松开制动螺旋，以免取出仪器时因强行扭转而损坏制动、微动装置，甚至损坏轴系。取仪器时应用双手，一手握住提柄，一手托住基座，垂直向上取出，切不可单手直接从仪器箱中拎取仪器。仪器取出后应及时合上箱盖，以免灰尘进入箱内。

(3) 将仪器放在三脚架架头上后，应随即用连接螺旋将仪器连接在三脚架上，以免仪器从三脚架架头上滑落。

(4) 自动安平水准仪的机械部分大多采用了摩擦制动(无制动螺旋)，可以直接控制望远镜的转动，但转动时会略紧。对于非摩擦制动方式的仪器，使用时不可将制动螺旋旋得过紧，制动螺旋未松开时不能用力转动仪器或望远镜，以免损坏仪器。

(5) 仪器安置在测站上，当暂停操作时，必须有人在旁边看护；在道路等公共场所测量，必须有专人保护仪器，手持红白旗或身穿警示服，以防止车辆碰撞，确保人员和仪器安全。

(6) 仪器在作业过程中应撑伞保护，尽量避免阳光直射或淋雨受潮。自动安平水准仪在开始使用前，应先按动检查按钮检查补偿器是否失灵。

3. 仪器的装箱保管

(1) 开箱取出仪器前，应先记住仪器在箱中的安放位置，以便在工作结束后将仪器按原样放回。

(2) 测量结束后，应用软毛刷拂去仪器上的灰尘，望远镜的光学零件表面不得用手或硬物直接触碰，以防油污或擦伤。

(3) 仪器装箱前，应先松开制动螺旋，待仪器在箱中正确安放好后，再旋紧制动螺旋。

(4) 如仪器箱关不上，应查清原因，确认正确安放后再关箱，切不可强行用蛮力关箱。

(5) 仪器应保持干燥，遇雨后将其擦干，放在通风处晾干后再装箱。仪器长时间不用，应定期取出通风、通电，以保持仪器良好的工作状态。

(6) 仪器保管要设置专库存放，环境要求干燥、通风、防震、防尘、防锈。各种仪器均不可受压、受潮或受高温，仪器箱不得靠近火炉或暖气管。

[做中学 1-1]　水准仪的认识和使用

水准仪是精密光学仪器，主要用于水准测量工作。使用前应熟悉仪器有关的性能和结构，仔细阅读仪器说明书，弄清每个部件的名称和作用，以及使用方法和注意事项。操作人员对仪器的熟悉程度和操作熟练程度，将对水准测量工作的效率和精度产生重要影响。下面跟随以下步骤的引导，来认识了解水准仪，学会水准仪的正确使用方法。

步骤 1：仪图对照，熟悉各部件的名称及作用。

参照前述知识点内容，试着说出图 1-9 所示仪器各部件的名称和作用，并填写记录。

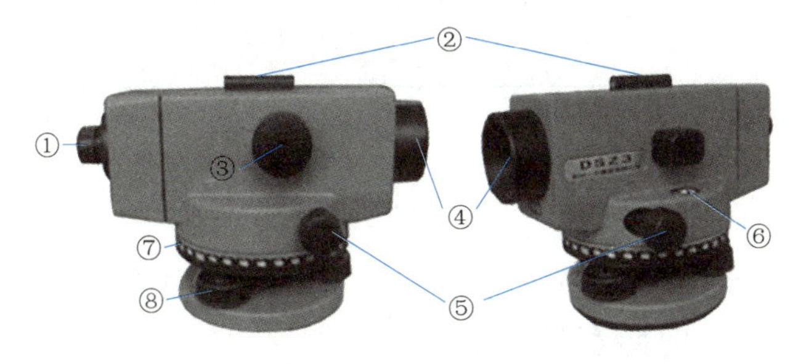

图 1-9　水准仪实物图

仪器名称：________　仪器型号：________

① ________　② ________　③ ________　④ ________

⑤ ________　⑥ ________　⑦ ________　⑧ ________

步骤 2：安置水准仪。将三脚架撑开，将仪器从箱内取出，一手拿住望远镜，一手托住基座，放上架头后，立即旋紧连接螺旋。

步骤 3：粗平。摆动三脚架的一条架腿使圆水准器气泡大致居中(气泡部分进入圆圈)，任意选定一对脚螺旋，用双手同时向内(或向外)旋转这对脚螺旋，使气泡沿着这两个脚螺旋连线的平行方向移动，直到过水准器零点且与该连线垂直的“中垂方向”线上为止。然后转动第 3 个脚螺旋，使气泡移至圆圈中央。

试试看，你能够摆动一条架腿直接使得圆水准器气泡居中吗？

步骤 4：瞄准。目镜对光看清十字丝，利用粗瞄准器大致瞄准水准尺，从望远镜中能看清水准尺，转动微动手轮使得十字丝对准水准尺边缘或中央，检查并消除视差。

步骤 5：读数。认识水准尺的分划和注记规律，按从小往大的方向读取 4 位读数，并记入表 1-1，相互检查复核读数是否正确。

表 1-1 水准仪使用读数记录表

水准尺面	上丝	下丝	中丝	检核结论
黑面				
红面				
黑面				
红面				

步骤 6：结束装箱。操作结束后，将基座 3 个脚螺旋回旋到适中位置，松开连接螺旋，取下仪器按原样放回仪器箱，锁好锁扣。收好三脚架，连同仪器箱按要求摆放到位，实践操作结束。

[随堂测试 1-1] 水准仪主要部件有哪些？各有什么作用？请复习本任务所学内容，结合水准仪操作实践经验，填写表 1-2。

表 1-2 水准仪部件名称及操作效果对照分析表

使用程序	部件名称	操作行为	操作效果	备注
1. 安置仪器				
2. 粗平				
3. 瞄准				
4. 补偿器检查				
5. 读数				

任务 1.2 简单水准测量

1.2.1 地面点的高程

微课：地面点的高程

测量工作是在地球表面进行的，其实质是确定地面点的空间位置。为了确定地面点的空间位置，需要建立坐标系。一个点在空间的位置需用 3 个坐标量来表示。在一般测量工作中，常将地面点的空间位置用平面位置和高程表示，它们分别从属于大地坐标系(或高斯平面直角坐标系)和指定的高程系统。

地面点的高程，即地面点到高程基准面的铅垂距离，由于选用的基准面不同而有不同的高程系统。地球上处于静止状态的水面称为水准面，水准面上处处与重力方向(铅垂线方向)垂直。我们把一个假想的、与静止的平均海水面重合并向陆地延伸且包围整个地球的特定重力等位面称为大地水准面。在一般测量工作中均以大地水准面作为高程基准面。

1. 绝对高程

地面点到大地水准面的铅垂距离称为该点的绝对高程或海拔，简称高程，用 H 表示。如图 1-10 所示，H_A、H_B 分别表示地面点 A、B 的高程。

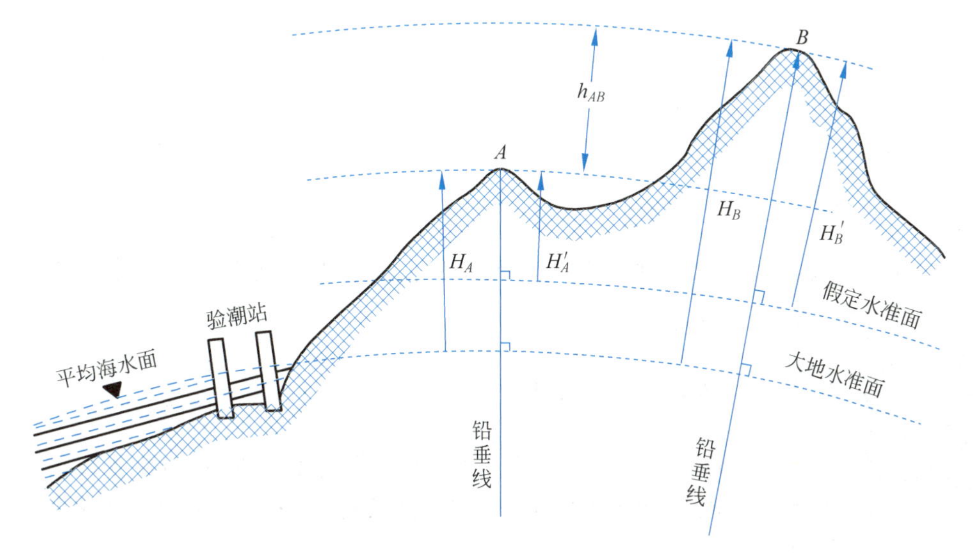

图 1-10 高程和高差

为了建立全国统一的高程系统，我国曾采用青岛验潮站 1950—1956 年的验潮资料推算了黄海平均海水面，称为“1956 年黄海平均高程面”，以此建立了“1956 年黄海高程系”，于 1959 年开始在全国统一采用。后来又利用该站 1952—1979 年的验潮资料计算确定了新的黄海平均海水面，称为“1985 国家高程基准”。我国自 1988 年 1 月 1 日起开始采用“1985 国家高程基准”作为高程起算的统一基准。

为了长期、牢固地表示出高程基准面的位置，必须用精密水准测量的方法将其联测到陆地上预先设置好的一个固定点，定出这个点的高程作为全国水准测量的起算高程，这个固定点称为水准原点。我国的水准原点位于青岛观象山，由 1 个原点和 5 个附点构成水准原点网。在“1985 国家高程基准”中水准原点的高程为 72.260m，在“1956 年黄海高程系”中水准原点的高程为 72.289m，如图 1-11 所示。

2. 相对高程

在局部地区，如果引用绝对高程有困难，可采用假定高程系统。假定一个水准面作为高程基准面，地面点至假定水准面的铅垂距离称为相对高程或假定高程。如图 1-10 所示，H_A'、H_B'分别表示地面点 A、B 的相对高程。

两点的高程之差称为高差，用 h 表示。如图 1-10 所示，A、B 两点间的高差为

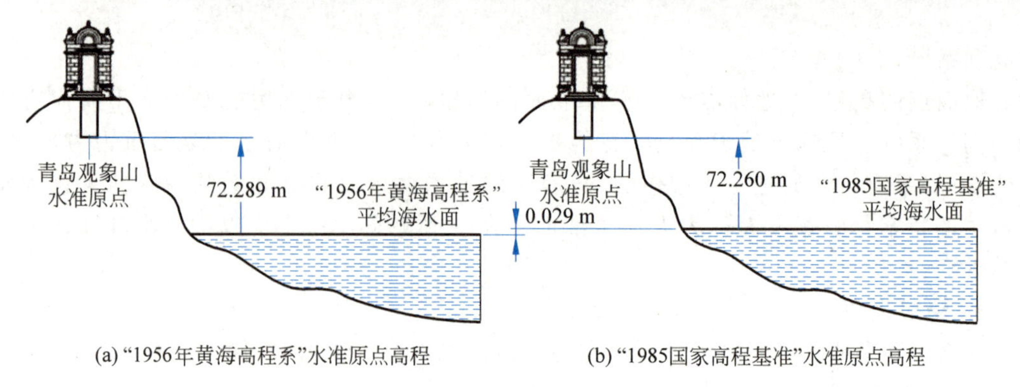

(a)“1956年黄海高程系”水准原点高程 (b)“1985国家高程基准”水准原点高程

图 1-11 水准原点高程

$$h_{AB}=H_B-H_A=H'_B-H'_A$$

当 $h_{AB}>0$ 时，B 点高于 A 点；当 $h_{AB}<0$ 时，B 点低于 A 点。

B、A 两点间的高差为

$$h_{BA}=H_A-H_B=H'_A-H'_B$$

从以上两式可知，两点之间的高差与高程起算面无关，A、B 两点的高差与 B、A 两点的高差绝对值相等，符号相反。

微课：水准测量原理

1.2.2 水准测量原理

水准测量的原理是利用水准仪所提供的水平视线，通过读取竖立在两个测点上水准尺的读数，测定两点之间的高差，再根据已知点高程推算另一测点的高程。

如图 1-12 所示，已知 A 点的高程，欲求 B 点的高程。根据水准测量原理，需要先测定出 A、B 两点间的高差 h_{AB}。测量方法为：将水准仪安置在两点之间，在 A、B 点上竖立水准尺，利用水准仪提供的一条水平视线对水准尺进行观测读数，分别得到后视读数 a 和前视读数 b，则 A、B 两点间的高差为

$$h_{AB}=a-b$$

通常水准测量的方向是从已知点到待测点进行的，即已知点始终在待测点的后面。所以，在测量中“后”是指已知，“前”是指待测。在图 1-12中，A 点为后视点，读数 a 为后视读数；B 点为前视点，读数 b 为前视读数。因此，A、B 两点间的高差等于后视读数减去前视读数。当读数 $a>b$ 时，高差为正值，说明 B 点高于 A 点；反之，当读数 $a<b$ 时，则高差为负值，说明 B 点低于 A 点。水准测量其他相关术语如下。

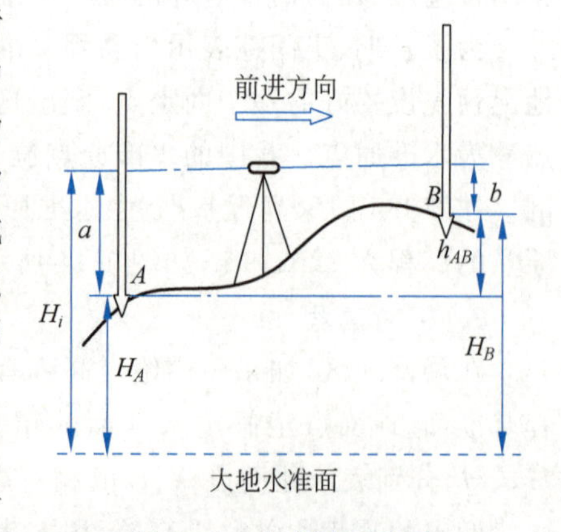

图 1-12 水准测量原理

视线长度(视距)：水准仪到测点的水平距离。

测站：外业测量时安放仪器进行观测的地点。水准测量的测站按顺序用阿拉伯数字表示。

后视距离：测站到已知点的水平距离。

前视距离：测站到待测点的水平距离。

1.2.3 高程的计算方法

微课：高程的计算方法

从图1-12中可以得出公式 $H_A+a=H_B+b$，根据计算的先后顺序不同，待测点高程 H_B 的计算方法通常有两种。

1. 高差法

先计算出高差 $h_{AB}=a-b$，再根据已知点 A 点的高程 H_A，计算待测点 B 点的高程：

$$H_B = H_A + h_{AB}$$

这种利用高差计算高程的方法就称为高差法。

2. 视线高法

先计算视线高程 $H_i=H_A+a$，再计算待测点 B 点的高程：

$$H_B = H_i - b$$

这种用视线高程计算 B 点高程的方法就称为视线高法。当架设一次水准仪要测量出多个前视点的高程时，采用视线高法计算这些点的高程非常方便。

［做中学 1-2］ 单站水准测量

测定地面点高程的工作称为高程测量。水准测量是精密测量地面点高程最主要的方法，它广泛应用于国家高程控制测量、工程勘测和建筑工程施工测量中。下面跟随以下步骤的引导，来熟悉水准测量的基本原理，学会正确的水准测量方法。

步骤1：地面选定相距50m左右的 A 和 B 两点，其中 A 点作为已知点（$H_A=87.452$m），B 点作为待定点。

步骤2：在距离 A、B 两点大致相等处安置水准仪并粗平，同时在 A、B 两点各竖立一根水准尺。

步骤3：瞄准 A 点的水准尺读取中丝读数，转动望远镜瞄准 B 点水准尺读取中丝读数，分别记入表1-3后视读数、前视读数栏内。

步骤4：在表1-3中完成 A、B 两点间的高差及 B 点高程的计算。

表1-3 水准测量记录、计算表

仪器编号：　　　　日期：　　　　天气：　　　　呈像：　　　　姓名：

观测次数	测点	后视读数	前视读数	高差	高程	备注
第1次	A				87.452	
	B					
第2次	A				87.452	
	B					

步骤5：重新安置仪器，按照步骤3和步骤4进行第2次观测，两次观测高差之差不超过5mm，可视为精度合格；如果超过5mm应查明原因，是读数错误还是计算错误，并将错

误的原因填写在备注栏内。

步骤 6：结束实践操作，将仪器装箱收回原位，换人练习观测。

［随堂测试 1-2］ 如图 1-13 所示，有一块场地要以 A 点的高程为基准平整为一个平面。已知 $H_A=1550.268\text{m}$，在场地中心安置水准仪，测得 A、B、C、D 4 点的水准尺读数分别为：$a=1.432\text{m}$，$b=0.693\text{m}$，$c=1.258\text{m}$，$d=2.394\text{m}$，现要求 B、C、D 3 点的高程。请分别用高差法和视线高法进行计算，并进行比较得出结论，哪种方法更简单实用。

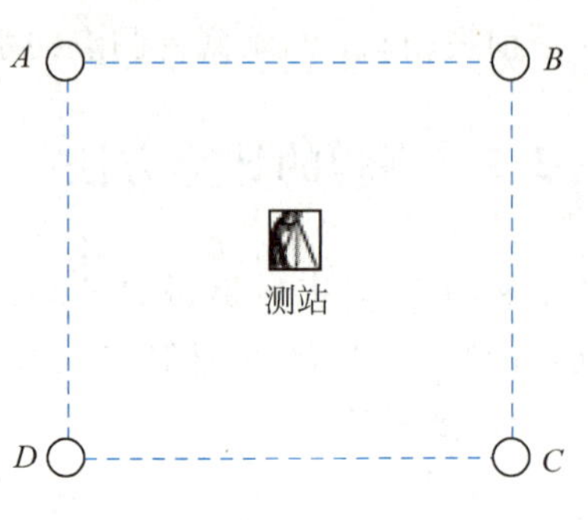

图 1-13　场地平整平面图

任务 1.3　水准仪常规检校

1.3.1　水准仪的轴线及其应满足的条件

微课：自动安平水准仪的常规检校

如图 1-14 所示，自动安平水准仪的主要轴线有视准轴 CC、仪器竖轴 VV 及圆水准器轴 $L'L'$。各轴线间应满足下列几何条件。

（1）圆水准器轴应平行于仪器竖轴（$L'L' /\!/ VV$）。当条件满足时，圆水准器气泡居中，仪器的竖轴处于竖直位置，这样无论仪器转动到任何位置，圆水准器气泡都应该居中。

（2）十字丝分划板的横丝应垂直于仪器竖轴，即十字丝中丝水平。这样，在水准尺上进行读数时，可以用横丝的任何部位读数。

（3）视准轴应水平。圆水准器气泡居中时，仪器自动补偿装置起作用，可保证视准轴处于水平位置。

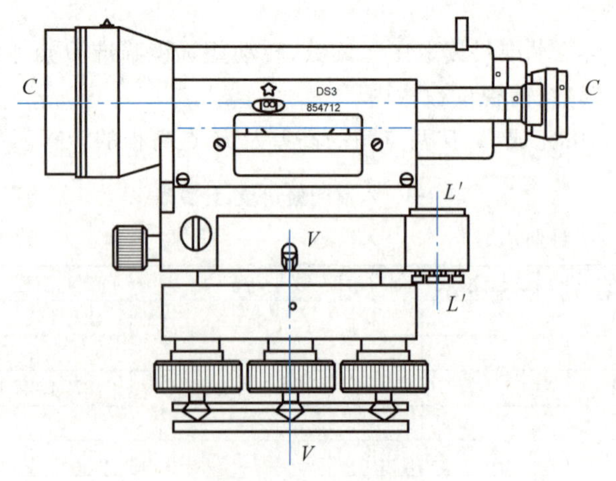

图 1-14　自动安平水准仪的主要轴线

以上这些条件，在仪器出厂前一般都是经过严格检校的，但是由于仪器长期使用和运输中的震动等原因，可能使某些部件松动，导致各轴线间的关系发生变化。因此，为保证水准测量质量,在正式作业前,必须对水准仪进行检验和校正。

1.3.2 圆水准器的检验与校正

1. 检验

将仪器安置在三脚架上,用脚螺旋使圆水准器气泡居中。将仪器绕竖轴旋转180°,如果气泡中心偏离圆水准器的零点,则说明圆水准器轴位置不正确,即 $L'L'$ 不平行于 VV,需要校正。

2. 校正

旋转脚螺旋使气泡中心向圆水准器的零点移动偏距的一半,然后使用校正针拨动圆水准器的3个校正螺钉,使气泡移动到圆水准器的零点。将仪器再绕竖轴旋转180°,如果气泡中心与圆水准器的零点重合,则校正完毕,否则还要重复前面的校正工作,最后拧紧固定螺钉。

1.3.3 十字丝的检验与校正

1. 检验

整平仪器后,用十字丝横丝的一端对准远处一明显标志点 P,如图1-15(a)所示,旋转微动手轮转动水准仪,如果标志点 P 始终在横丝上移动,如图1-15(b)所示,说明横丝垂直于竖轴；否则,需要校正,如图1-15(c)和(d)所示。

2. 校正

旋下十字丝分划板护罩,如图1-15(e)所示,用螺钉旋具松开4个压环螺钉,如图1-15(f)所示,按横丝倾斜的反方向转动十字丝组件,再进行检验。如果点 P 始终在横丝上移动,表明横丝已经水平,最后拧紧4个压环螺钉。

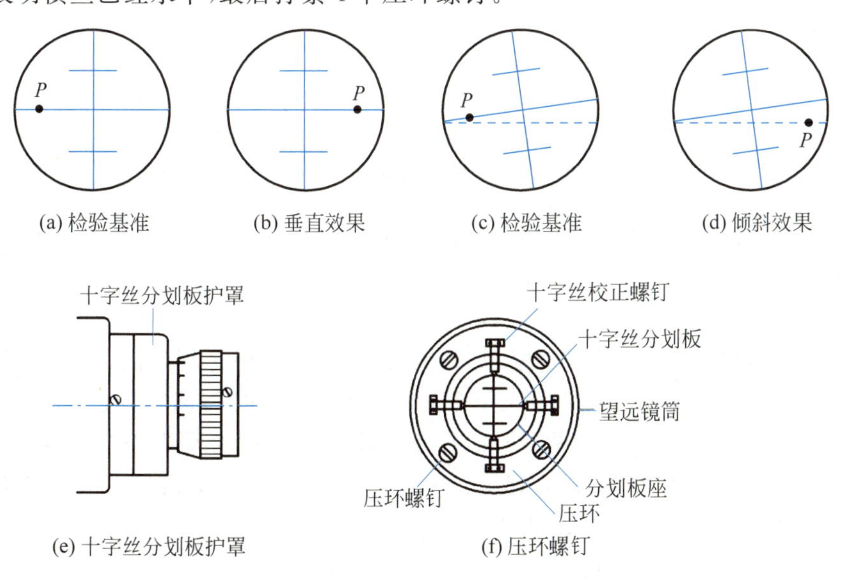

图1-15　十字丝的检验与校正

1.3.4 视准轴水平的检验与校正(i 角检校)

1. 检验

如图 1-16 所示,在平坦的地面上选定相距约 80m 的 A、B 两点,打木桩或放置尺垫做标志并在其上竖立水准尺。将水准仪安置在与 A、B 两点等距离处的 C 点,采用变动仪器高法或双面尺法测出两点的高差。若两次测得的高差之差不超过 5mm,则取其平均值作为正确结果 h_{AB}。由于测站距两把水准尺的距离相等,因此 i 角引起的前、后视水准尺的读数误差 x 相等,可以在高差计算中抵消,故 h_{AB} 不受 i 角误差的影响。

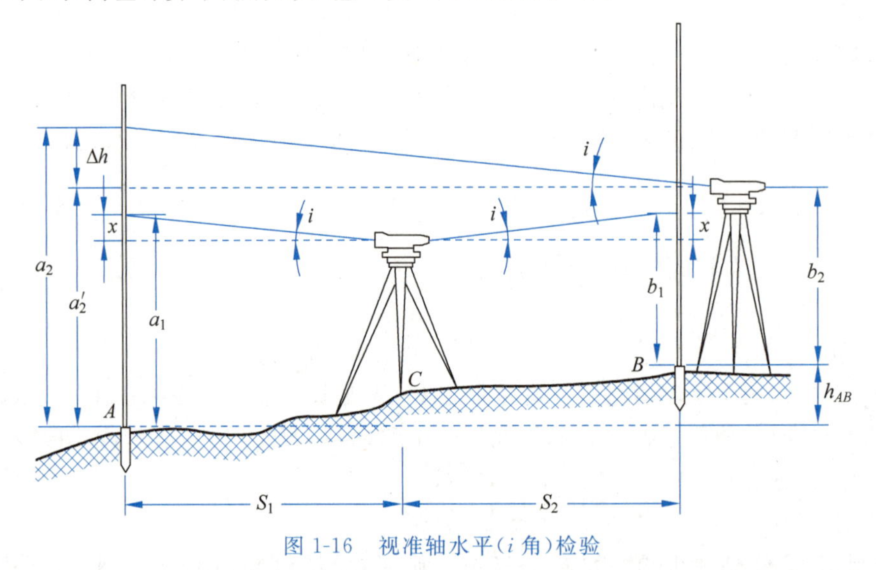

图 1-16 视准轴水平(i 角)检验

将水准仪搬到距离 B 点约 2.5m 处,测量 A、B 两点的高差。设后、前视尺的读数分别为 a_2、b_2,由此计算出的高差为 $h'_{AB}=a_2-b_2$,两次设站观测的高差之差为

$$\Delta h = h'_{AB} - h_{AB}$$

由图 1-16 可以得出,i 角的计算公式为

$$i = \frac{\Delta h}{S_{AB}+2.5}\rho = \frac{\Delta h}{82.5}\rho$$

式中,$\rho=206\,265''$。规范规定,用于三、四等水准测量的水准仪,其 i 角不得大于 $20''$,否则需要校正。

2. 校正

求出 A 点水准尺上的正确读数为 $a'_2=a_2-\Delta h$。打开保护盖,利用十字丝分划板调节校正螺钉,使十字丝中丝对准 A 点水准尺上的正确读数 a'_2。注意,调节校正螺钉一般是成对作用的,在校正时应遵循“先松后紧”的规则,即如果要紧上端,必须先松开下端,让出一定的空隙。转动时应遵循等量原则,逆时针旋转为松开,顺时针旋转为旋紧。校正结束后,应用上述方法重新检验一遍。如果仍然不正确,则重新校正。

[做中学 1-3] 水准仪检验

“工欲善其事,必先利其器。”为保证测量工作顺利进行,提高测量成果精度,在正式作业前，必须对仪器进行检验，确保各项指标能满足测量要求。下面跟随以下步骤的引导，了解自动安平水准仪的检验内容。

步骤1：选定一个场地，安置好水准仪。

步骤2：进行一般性检验，并做好检验记录，填入表1-4。

表1-4 水准仪一般性检验记录表

检验项目	检验结果
三脚架是否牢固	
脚螺旋是否有效	
调焦手轮是否有效	
望远镜成像是否清晰	
补偿器是否有效	
外观是否有损伤	

步骤3：检验圆水准器。粗平后，转动望远镜180°，检查发现：圆水准器气泡(□是 □否)在圆圈范围内。若不在，请记录偏离中心值：________。

步骤4：检验十字丝。用十字丝横丝的最左端对准远处一个明显标志点，旋转微动手轮向左转动望远镜，检查发现：标志点(□是 □否)始终在横丝上移动。

步骤5：检验结束，换人练习。

[随堂测试1-3] 水准仪的主要轴线有视准轴、仪器竖轴、圆水准器轴，它们相互之间应满足什么关系呢？请复习本任务所学内容，结合实际操作经验，填写表1-5。

表1-5 自动安平水准仪轴线关系表

轴线	视准轴	仪器竖轴	圆水准器轴	十字丝横丝
视准轴	/			
仪器竖轴		/		
圆水准器轴			/	
十字丝横丝				/

知识自测

一、单项选择题

1. 视准轴是指(　　)的连线。

A. 物镜光心与目镜光心　　B. 目镜光心与十字丝中心

C. 物镜光心与十字丝中心

2. 自动安平水准仪的特点是(　　)使视线水平。

A. 用安平补偿器代替管水准器　　B. 用安平补偿器代替圆水准器

C. 用安平补偿器和管水准器

3. 转动目镜对光螺旋的目的是(　　)。

A. 看清十字丝　　B. 看清远处目标　　C. 消除视差

4. 消除视差的方法是(　　)，使十字丝和目标影像清晰。

A. 转动物镜对光螺旋　　B. 转动目镜对光螺旋

C. 反复交替调节目镜及物镜对光螺旋

5. 转动3个脚螺旋使圆水准器气泡居中的目的是(　　)。

A. 使仪器竖轴处于铅垂位置　　B. 提供一条水平视线

C. 使仪器竖轴平行于圆水准器轴

6. DS3水准仪,数字3表示的意义是(　　)。

A. 每千米往返测高差中数的中误差不超过3mm

B. 每千米往返测高差中数的相对误差不超过3mm

C. 每千米往返测高差中数的绝对误差不超过3mm

D. 每千米往返测高差中数的极限误差不超过3mm

7. 使水准仪的圆水准器气泡居中,应旋转(　　)。

A. 微动螺旋　　B. 微倾螺旋　　C. 脚螺旋　　D. 对光螺旋

8. 下面关于使用自动安平水准仪的叙述,正确的是(　　)。

A. 无须"精平",更不要"粗平"即可观测

B. 无论视准轴倾斜多大,仪器均可自动补偿,使之得到水平视线读数

C. 必须进行"粗平",方可读得水平视线读数

D. 不仅能提高观测速度,而且能大大提高观测精度

9. 目镜对光和物镜对光分别与(　　)有关。

A. 目标远近、观测者视力　　B. 目标远近、望远镜放大率

C. 观测者视力、望远镜放大率　　D. 观测者视力、目标远近

10. 在水准仪的检校过程中,安置水准仪,转动脚螺旋使圆水准器气泡居中,当仪器绕竖轴旋转180°后,气泡偏离零点,说明(　　)。

A. 水准管轴不平行于仪器横轴　　B. 圆水准器轴不平行于仪器竖轴

C. 水准管轴不垂直于仪器竖轴　　D. 十字丝的横丝垂直于仪器竖轴

二、多项选择题

1. 自动安平水准仪(　　)。

A. 既没有圆水准器,也没有管水准器　　B. 没有圆水准器

C. 既有圆水准器,也有管水准器　　D. 没有管水准器

E. 没有微倾螺旋

2. 常用的水准尺有(　　)。

A. 塔尺　　B. 双面水准尺　　C. 钢尺

D. 钢卷尺　　E. 折尺

3. 水准仪的望远镜主要由(　　)等组成。

A. 物镜　　B. 目镜

C. 调焦透镜　　D. 十字丝分划板

E. 视准轴

4. 水准器的分划值越大,说明(　　)。

A. 内圆弧的半径越大　　B. 其灵敏度越低

C. 气泡整平越困难　　D. 整平精度越低

E. 整平精度越高

5. 根据水准测量的原理，仪器的视线高等于(　　)。

A. 后视读数+后视点高程　　B. 前视读数+后视点高程

C. 后视读数+前视点高程　　D. 前视读数+前视点高程

E. 前视读数+后视读数

三、综合探究题

1. 产生视差的原因是什么？怎样可以消除视差？
2. 利用脚螺旋使圆水准器气泡居中的规律是什么？
3. 水准测量时，为什么要求前、后视距离尽量相等？

技能实训

[实训项目]

水准仪 i 角检验。

[实训目的]

1. 了解水准仪各轴线间应满足的几何条件。
2. 理解水准测量的原理，并学会高差测量的方法。
3. 掌握水准仪 i 角检验方法。

[实训准备]

1. 小组内进行观测、记录、计算、立尺分工安排。
2. 每组借领自动安平水准仪 1 台、水准尺 1 对、尺垫 1 对、记录板 1 个、皮尺 1 把。
3. 确定平坦地面作为实训场地。

[实训内容]

1. 用皮尺丈量 80m，分别确定 A、B 两点并放置尺垫，踩紧后竖立水准尺。

2. 安置水准仪于 A、B 两点的正中间，粗平后分别读取 A、B 两点水准尺上的中丝读数 a_1、b_1，计算出高差 $h_1=a_1-b_1$。

3. 重新安置仪器，同法再测一次得 h_2，若 $\Delta h=h_1-h_2\leqslant\pm5\text{mm}$，取平均值作为正确高差 h_{AB}，否则重新观测。

4. 将仪器搬至离 B 点 2.5m 处，粗平后读取 A、B 尺中丝读数 a_2、b_2，计算 $h'_{AB}=a_2-b_2$。

5. 计算两次搬站观测高差之差 $\Delta h=h'_{AB}-h_{AB}$，以及仪器的 i 角误差 $i=\dfrac{\Delta h}{S_{AB}+2.5}\rho=\dfrac{\Delta h}{82.5}\rho$。

[实训记录]

水准仪 i 角检验记录表如表 1-6 所示。

表 1-6　水准仪 i 角检验记录表

仪器位置	项　目	第 1 次	第 2 次	略　图
A、B 两点正中间	A 点读数 a			
	B 点读数 b			
	高差 h			
	正确高差 h_{AB}			

续表

仪器位置	项　目	第1次	第2次	略　图
B点附近2.5m处	A点读数a			
	B点读数b			
	高差h'_{AB}			
	高差之差$\Delta h=h'_{AB}-h_{AB}$			
	计算$i=\frac{\Delta h}{S_{AB}+2.5}\rho=\frac{\Delta h}{82.5}\rho$			
	检验结论			

[实训思考]

项目2 高程控制测量

学习目标

知识目标

1. 了解工程高程控制网的等级划分及布设形式。
2. 掌握单一水准路线的布设形式和测量方法。
3. 掌握四等水准测量的观测程序及成果计算方法。

能力目标

1. 能根据已知高程点引测出指定点的高程值。
2. 能将待定点与已知点组成水准路线进行观测并评定精度等级。

测量工作必须遵循“从整体到局部、先控制后碎部、高精度控制低精度”的原则，即先在全测区范围内选定若干具有全局控制意义的点位，这些点称为控制点。精确测定控制点高程(H)的工作称为高程控制测量。由高程控制点组成的网状几何图形称为高程控制网。高程控制网按用途可分为国家高程控制网、城市高程控制网、工程高程控制网和图根高程控制网。那么，就具体的建筑工程而言，满足建筑施工需要的工程高程控制网该如何布设，又有哪些测量要求呢？让我们通过本项目来探究和学习。

导入案例

某工程高程控制网的建立

某工程是一座现代化的大型住院和医技综合楼，工程总建筑面积 10.5 万 m^2；建筑高度医技部 6.700m，门诊部 20.200m，住院部 45.500m；工程设计标高±0.000 相当于绝对标高为 4.100m；基础为桩承台筏板基础，自然地坪标高为－0.350m，基础底标高不等。面积大、施工流水段较多、施工组织要求严密、工期紧张是该工程的特点。

为了更好地配合主体结构施工，确保施工进度不受影响，做到测量成果准确无误，项目部高度重视测量放线工作，成立了专门的测量放线组，对所有进场的仪器设备及人员进行调配，安排了组长 1 名和测量放线工 3 名，并对所有进场的仪器设备重新进行检定。主任工程师进行技术交底；组长负责测量放线工作的组织安排、仪器设备管理、现场安全管理、工作质量、工作进度及技术方案实施；测量放线工具体负责测量放线操作，要求具有测量放线岗位证书，熟悉各种测量仪器的操作，能够独立完成各种测量放线任务。

本工程的高程控制依据为业主指定的已知高程控制点 GPSC-09(H＝3.745m)。如图 2-1所示，为保证主体施工与桩基工程施工标高控制的一致性，测量放线组在场地东面围墙上设置 BM1、BM2(标高为 0.500m)，北面围墙上设置 BM3、BM4(标高为 0.500m)，将高程控制点 GPSC-09 与 BM1、BM2、BM3、BM4 4 个标高控制点组成场区高程控制网。高程控制测量的精度等级要求为四等，外业观测按照四等水准测量的技术要求进行，闭合差满足四等精度要求，并经内业平差计算后形成高程控制点成果值。

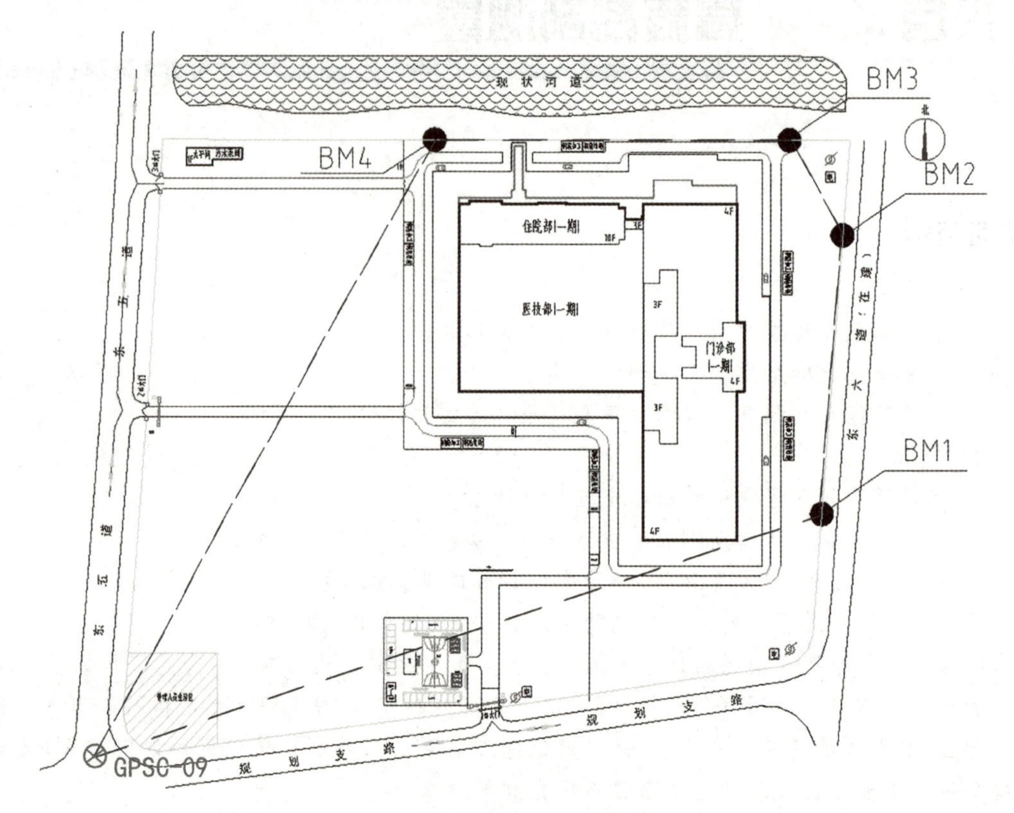

图 2-1　某工程高程控制网

学习任务

任务 2.1　普通水准路线测量

微课：水准点和水准路线

2.1.1　水准点和水准路线

1. 水准点

水准点(Benchmark，BM)是在高程控制网中用水准测量方法测定其高程的控制点，一般分为永久性水准点和临时性水准点两大类。

永久性水准点的标石一般用混凝土预制而成，顶面嵌入半球形的金属标志表示该水准点的点位。图 2-2 所示为建筑工地上常用的永久性水准点，国家等级的永久性水准点如图 2-3和图 2-4 所示。临时性水准点可选在地面突出的坚硬岩石或房屋勒脚、台阶上，用红漆做标记，也可用大木桩打入地下，桩顶上钉一半球形的钉子作为标志，如图 2-5 所示。

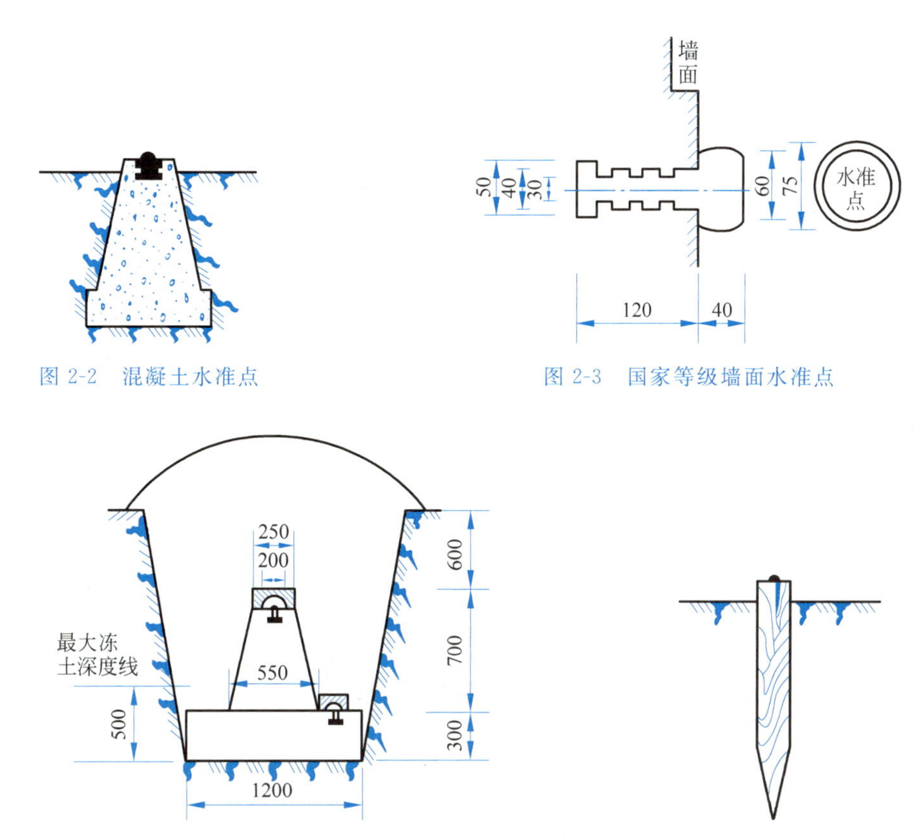

图 2-2 混凝土水准点

图 2-3 国家等级墙面水准点

图 2-4 国家等级混凝土水准点

图 2-5 临时性水准点

为便于寻找，所有水准点都应绘制点之记，一般应在埋石之后立即绘制。点之记要注明水准点的编号、等级、与周围地物的位置关系，如图 2-6 所示。

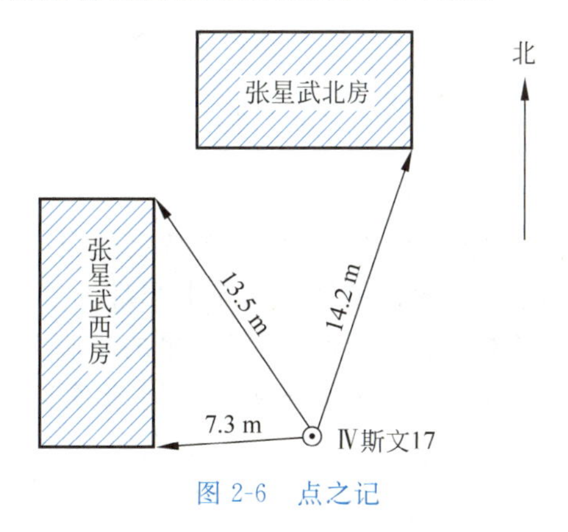

图 2-6 点之记

2. 水准路线

水准路线的布设分为单一水准路线和水准网。单一水准路线的形式有 3 种，即附合水准路线、闭合水准路线和支水准路线，如图 2-7 所示。水准网由若干条单一水准路线相互连接构成，单一路线相互连接的交点称为结点。

1）附合水准路线

如图 2-7(a)所示，BM1 和 BM2 为已知高程点，1、2、3 为待定高程点。从水准点 BM1 出

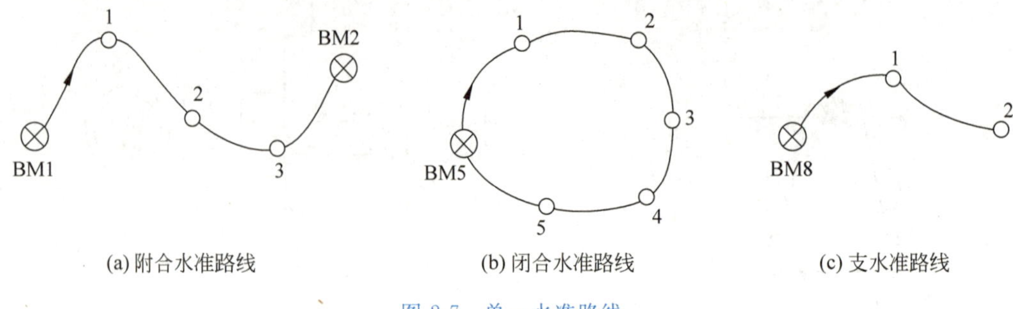

图 2-7 单一水准路线

发，沿各个待定高程点进行水准测量，最后附合到另一已知水准点 BM2，这种水准路线称为附合水准路线。

附合水准路线各测段高差代数和应等于两个已知高程水准点之间的高差，即

$$\sum h_{理} = H_{终} - H_{始}$$

各测段高差代数和与其理论值的差值称为高差闭合差 f_h，即

$$f_h = \sum h_{测} - \sum h_{理} = \sum h_{测} - (H_{终} - H_{始})$$

2）闭合水准路线

如图 2-7(b)所示，由已知高程的水准点 BM5 出发，沿环线待定高程点 1、2、3、4、5 进行水准测量，最后回到原水准点 BM5，这种水准路线称为闭合水准路线。

闭合水准路线上各测段高差的代数和应等于零，即

$$\sum h_{理} = 0$$

如果不等于零，则高差闭合差为

$$f_h = \sum h_{测}$$

3）支水准路线

如图 2-7(c)所示，由已知水准点 BM8 出发，沿各待定高程点进行水准测量，既不附合到其他水准点上，也不自行闭合，这种水准路线称为支水准路线。

支水准路线本身不具备检核条件，要检核测量成果的正确性，需进行往返测，往测高差与返测高差的代数和理论上应为零。如不等于零，则高差闭合差为

$$f_h = \sum h_{往} + \sum h_{返}$$

微课：连续设站水准测量

2.1.2 连续水准测量原理

水准测量时，如果两点距离较近且坡度也不大，可以在距离两点大致相等的位置安置仪器，直接进行观测。但在实际工作中，往往两点间距离较远或者坡度较大，无法用一个测站完成水准测量工作。此时，必须在两点之间

设置若干个过渡点，通过分段多测站观测完成观测任务。这些起传递高程作用的过渡点称为转点，用 TP(Turning Point)表示。

转点是水准测量过程中临时选定的立尺点，其上既有前视读数又有后视读数。转点的位置必须选在土质坚实、易于观测、靠近路边比较安全的地方。在观测中如果地面比较松软或精度要求较高，应防止转点下沉引起观测误差。

如图 2-8 所示，已知 A 点高程，求 B 点高程。

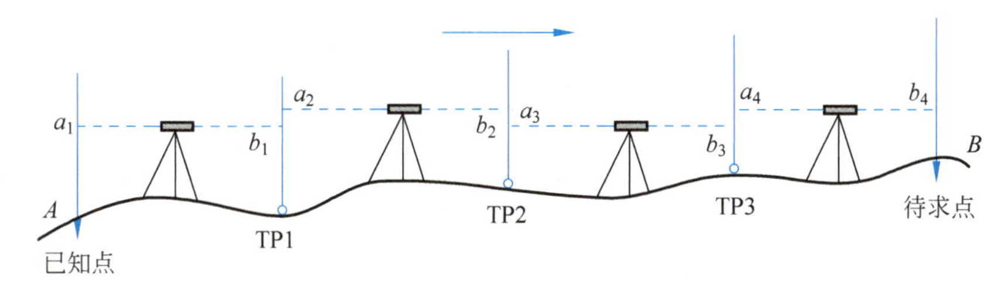

图 2-8 连续设站水准测量

由于 B 点距 A 点较远，因此在 A、B 之间设置 3 个转点，用 4 个测站完成水准测量工作。各测站的高差分别为

$$h_1 = a_1 - b_1$$
$$h_2 = a_2 - b_2$$
$$h_3 = a_3 - b_3$$
$$h_4 = a_4 - b_4$$

将上述 4 个等式相加可得

$$h_1 + h_2 + h_3 + h_4 = a_1 + a_2 + a_3 + a_4 - b_1 - b_2 - b_3 - b_4$$

即 A、B 两点的高差为

$$h_{AB} = \sum h = \sum a - \sum b$$

上式表明，A、B 两点间的高差不仅等于各测站观测高差的总和，还应等于各测站后视读数总和减去前视读数总和。

由此可求得 B 点的高程为

$$H_B = H_A + h_{AB} = H_A + \sum a - \sum b$$

2.1.3 普通水准路线施测方法

微课：水准路线的施测方法

当欲测的高程点距水准点较远或高差很大时，就需要连续多次安置仪器以测出两点的高差。如图 2-9 所示，已知水准点 BMA 的高程为 19.153m，现欲测量 B 点的高程，其观测步骤如下。

在离 BMA 点不足 200m 处选定转点 TP1，在 BMA、TP1 两点上分别竖立水准尺。观测者第一次在点 BMA 和点 TP1 距离大致相等处安置水准仪，用圆水准器将仪器粗平后，先

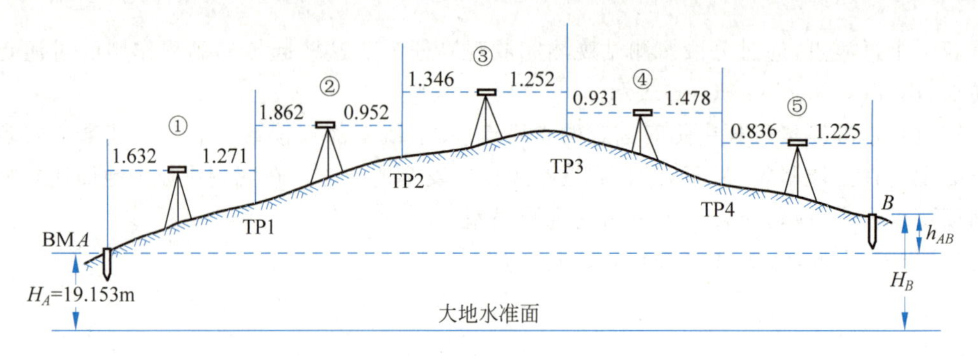

图 2-9 普通水准路线测量外业观测

瞄准已知点 BMA 上的水准尺，读取中丝读数得 1632，报数；记录者听见观测者的报数，首先复读一遍，确认准确无误后，将读数 1632 记入表 2-1 观测点 BMA 的后视读数栏内；观测员旋转望远镜，瞄准转点 TP1 上的水准尺，读取中丝读数得 1271，报数；记录者复读、确认无误后将读数 1271 记入表 2-1 点 TP1 的前视读数栏内，并计算出两点之间的高差 h_1。此为第 1 个测站上的工作。

表 2-1 普通水准路线测量记录手簿(样表)

测区：环　山　　　仪器型号：DSZ3　　　观测者：×××

时间：2011 年 3 月 6 日　　　天　　气：晴　　　记录者：×××

测站	点号	水准尺读数		高差	高程	备注
		后视	前视			
1	BMA	1632		+0.361	19.153	已知
	TP1		1271			
2	TP1	1862		+0.910		
	TP2		0952			
3	TP2	1346		+0.094		
	TP3		1252			
4	TP3	0931		−0.547		
	TP4		1478			
5	TP4	0836		−0.389		
	B		1225		19.582	
计算检核	Σ	6607	6178	+0.429		
	$\sum a-\sum b=+0.429$			$\sum h=+0.429$	$H_B-H_A=+0.429$	

继续观测时，点 TP1 上的水准尺不动，立尺者把 BMA 点上的水准尺移到转点 TP2，观测者把仪器安置到转点 TP1 和转点 TP2 之间，同法进行观测、记录和计算，得到高差 h_2，完成第 2 个测站上的工作。依次类推，最后测到 B 点。

根据水准测量原理，每安置一次仪器，便可测得一个高差，即

$$h_1=1.632-1.271=+0.361(\mathrm{m})$$
$$h_2=1.862-0.952=+0.910(\mathrm{m})$$
$$h_3=1.346-1.252=+0.094(\mathrm{m})$$
$$h_4=0.931-1.478=-0.547(\mathrm{m})$$
$$h_5=0.836-1.225=-0.389(\mathrm{m})$$

将各式相加，得

$$\sum h = h_1 + h_2 + h_3 + h_4 + h_5 = +0.361 + 0.910 + 0.094 - 0.547 - 0.389 = +0.429(\text{m})$$

则 B 点的高程为

$$H_B = H_A + \sum h = 19.153 + 0.429 = 19.582(\text{m})$$

由上述可知，在观测过程中转点 TP1、TP2、TP3、TP4 仅起传递高程的作用，不必设置固定标志，无须算出高程。为了提高测量精度，避免点位移动和土质松软引起水准尺下沉，转点处应放置尺垫，将水准尺立于尺垫圆球顶部。

2.1.4 水准测量记录与计算规则

为确保测量原始资料真实可靠，记录者在记录前应充分理解记录表格各栏目的含义，记录各数据的位置应符合格式要求；记录时必须严肃认真，一丝不苟，严格遵守以下规定。

(1) 记录数据必须直接填写在规定的表格内，随测随记，不得转抄。记录者应先回读再记录，以防听错记错。

(2) 外业记录与计算均用 2H 或 3H 绘图铅笔记录，字体应端正清晰，字体大小只能占记录表格格高的一半，以便留出空隙更改错误。

(3) 记录表格上规定的内容及项目必须填写完整，不得空白。

(4) 记录手簿上禁止擦拭、涂改与挖补，如记错需要改正时，不得就字改字，应以横线或斜线划去(不得使原字模糊不清)，在原字上方补记正确的数字。原始观测数据的尾数(长度单位的 cm、mm，角度单位的″)不得更改。

(5) 观测成果不能连环涂改，即已修改了计算结果，则不准再改计算得此结果的任何一个原始读数，改正任一原始读数，则不准改其计算结果。假如两个读数均错误(如水准测量的黑、红面读数，角度测量中的盘左、盘右读数，距离丈量中的往返测读数等)，则应重测重记。已改过的数字又发现错误时，不准再改，应重测重记。

(6) 观测数据应表现其精度及真实性，占位的 0 不能漏写，如水准尺读数 0953 不能记成 953，角度观测的分、秒值 4°03′06″不能记成 4°3′6″。观测手簿中，对于有正负意义的量，必须带上“+”号和“-”号，即使是“+”号也不能省略。

(7) 数据计算时应根据所取的位数，按“4 舍 6 入，5 前单进双舍”的规则进行凑整。

(8) 记录者记录完一个测站的数据后，应当场进行必要的计算和检核，确认无误后方可迁站。

(9) 内业计算用钢笔书写，如计算数字有错误，可以用橡皮或刀片擦(刮)去重写，或将错字划去另写。

微课：成果处理与计算

2.1.5 水准测量成果计算

水准测量的外业测量数据，如经检核无误，满足规定等级精度要求，就可以进行内业成果计算。成果计算的主要内容是调整高差闭合差，最后计算出各待定点的高程。以下分别介绍各种水准路线的内业成果计算方法。

1. 附合水准路线的成果计算

图 2-10 所示为一附合水准路线的相关外业测量数据，已知水准点 A 的高程为 65.376m，水准点 B 的高程为 68.623m。现以此为例介绍附合水准路线的成果计算步骤。

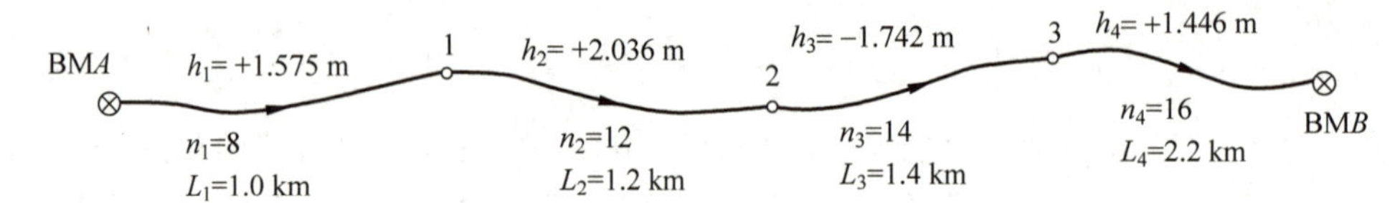

图 2-10　附合水准路线的相关外业测量数据

1）填写观测数据和已知数据

将点号、测段长度、测站数、观测高差及已知水准点 A、B 的高程填入附合水准路线成果计算表中各栏内，如表 2-2 第 1、2、3、4、7 列所示。

表 2-2　附合水准路线成果计算表（样表）

点号	测段长度/km	测站数	观测高差/m	改正数/mm	改正后高差/m	高程/m	备注
1	2	3	4	5	6	7	8
BMA						65.376	
	1.0	8	+1.575	−12	+1.563		
1						66.939	
	1.2	12	+2.036	−14	+2.022		
2						68.961	
	1.4	14	−1.742	−16	−1.758		
3						67.203	
	2.2	16	+1.446	−26	+1.420		
BMB						68.623	
Σ	5.8	50	+3.315	−68	+3.247		
辅助计算	$f_h=+3.315-(68.623-65.376)=+0.068(\text{m})=+68(\text{mm})$ $f_{h容}=\pm40\sqrt{L}=\pm40\sqrt{5.8}=\pm96(\text{mm})$　$\lvert f_h\rvert<\lvert f_{h容}\rvert$　成果合格						

2）闭合差的计算

$$f_h=\sum h_{测}-(H_{终}-H_{始})=+3.315-(68.623-65.376)$$
$$=+0.068(\text{m})=+68(\text{mm})$$

根据水准路线的测站数及路线长度计算每千米测站数：

$$\frac{\sum n}{\sum L}=\frac{50}{5.8}=8.6<16$$

故高差闭合差允许值采用平地计算公式。平地普通水准测量高差闭合差允许值为

$$f_{h容}=\pm40\sqrt{L}=\pm40\sqrt{5.8}=\pm96(\text{mm})$$

因 $\lvert f_h\rvert<\lvert f_{h容}\rvert$，故成果合格。

3）闭合差的调整

一般认为，高差闭合差的产生与水准路线的长度或水准路线的测站数成正比。因此，高差闭合差调整的原则和方法是，按与测站数或测段长度成正比例的原则，将高差闭合差反号分配到各相应测段上，得高差改正数，即

$$v_i = -\frac{f_h}{\sum n} n_i \quad \text{或} \quad v_i = -\frac{f_h}{\sum L} L_i$$

式中：v_i——第 i 测段的高差改正数；

$\sum n$、$\sum L$——水准路线总测站数、总长度；

n_i、L_i——第 i 测段的测站数、测段长度。

本例中，各测段改正数为

$$v_1 = -\frac{f_h}{\sum L} L_1 = -\frac{68}{5.8} \times 1.0 = -12(\text{mm})$$

$$v_2 = -\frac{f_h}{\sum L} L_2 = -\frac{68}{5.8} \times 1.2 = -14(\text{mm})$$

$$v_3 = -\frac{f_h}{\sum L} L_3 = -\frac{68}{5.8} \times 1.4 = -16(\text{mm})$$

$$v_4 = -\frac{f_h}{\sum L} L_4 = -\frac{68}{5.8} \times 2.2 = -26(\text{mm})$$

各测段改正数计算完成后，将各改正数相加，其总和应与高差闭合差大小相等，符号相反，以此进行检核，并达到消除闭合差的目的，即

$$\sum v = -f_h$$

在实际计算中，由于进位凑整误差的存在，可能会出现改正数的总和不等于闭合差的情况，即出现按前述原则调整，闭合差不够调整或有剩余的现象。此时，可将凑整误差放在最后一个测段上，在最后一个测段上多改正或少改正一些，强制改正数的总和与闭合差相等，达到消除闭合差的目的。

4）计算改正后高差

各测段改正后高差等于各测段观测高差加上相应的改正数，即

$$\bar{h}_i = h_i + v_i$$

式中：$\bar{h}_i$——第 i 测段的改正后高差。

本例中，各测段改正后高差为

$$\bar{h}_1 = h_1 + v_1 = +1.575 + (-0.012) = +1.563(\text{m})$$

$$\bar{h}_2 = h_2 + v_2 = +2.306 + (-0.014) = +2.022(\text{m})$$

$$\bar{h}_3 = h_3 + v_3 = -1.742 + (-0.016) = -1.758(\text{m})$$

$$\bar{h}_4 = h_4 + v_4 = +1.446 + (-0.026) = +1.420(\text{m})$$

改正后高差计算，也应求其总和，检核其是否等于线路观测高差代数和的理论值，即

$$\sum \bar{h} = H_B - H_A$$

5）计算待定点高程

根据已知水准点 A 的高程和各测段改正后高差，即可依此推算出各待定点的高程，即

$$H_1 = H_A + \bar{h}_1 = 65.376 + 1.563 = 66.939(\mathrm{m})$$

$$H_2 = H_1 + \bar{h}_2 = 66.939 + 2.022 = 68.961(\mathrm{m})$$

$$H_3 = H_2 + \bar{h}_3 = 68.961 + (-1.758) = 67.203(\mathrm{m})$$

计算检核：

$$H_{B(\text{推算})} = H_3 + \bar{h}_4 = 67.203 + 1.420 = 68.623(\mathrm{m}) = H_{B(\text{已知})}$$

2. 闭合水准路线的成果计算

闭合水准路线的成果计算步骤与附合水准路线相同，不同的是由于水准路线形状不一样，其高差闭合差计算公式也不一样。闭合水准路线观测高差总和理论值应为 0，故高差闭合差计算公式为

$$f_h = \sum h_{\text{测}}$$

3. 支水准路线的成果计算

如图 2-11 所示的支水准路线，已知水准点 A 的高程为 186.500m，往、返测站共 16 站。

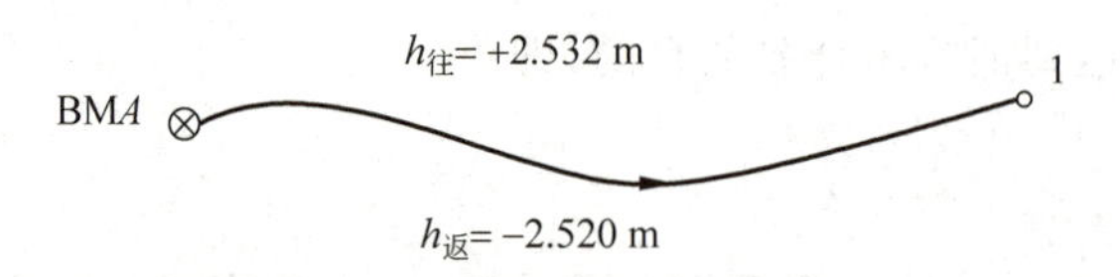

图 2-11　支水准路线测量示例

其高差闭合差为

$$f_h = \sum h_{\text{往}} + \sum h_{\text{返}} = +2.532 + (-2.520) = +0.012(\mathrm{m}) = +12(\mathrm{mm})$$

高差闭合差允许值为

$$f_{h\text{容}} = \pm 12\sqrt{n} = \pm 12\sqrt{16} = \pm 48(\mathrm{mm})$$

$|f_h| < |f_{h\text{容}}|$，说明符合普通水准测量的精度要求，可取往测和返测高差绝对值的平均值作为 A、1 两点间的高差，其符号与往测高差符号相同，即

$$\bar{h}_{A1} = (h_{\text{往}} - h_{\text{返}})/2 = (+2.532 + 2.520) \div 2 = +2.526(\mathrm{m})$$

待测点 1 点的高程为

$$H_1 = H_A + \bar{h}_{A1} = 186.500 + 2.526 = 189.026(\mathrm{m})$$

［做中学 2-1］　高程引测

某工程业主指定的原始高程点为工地附近 500m 左右的路沿边石上点 A3，其绝对高程为 49.853m。施工时需要以该点为依据，将原始高程引测至工地现场 S1 点。下面跟随以下步骤的引导，熟悉连续水准测量原理，学会正确的水准路线测量方法。

步骤 1：在实训基地或校园道路选定相距 500m 左右的 A3 和 S1 两点，做好点位标记。确定 A3 点至 S1 点的行进路线，在线路方向上选定两个转点，保证每个测站前后视线能通视且长度不超过 100m。

步骤 2：在已知高程的 A3 点竖立水准尺作为后视尺，在转点 TP1 放置尺垫并在尺垫上竖立水准尺作为前视尺；在距离 A3、TP1 两点大致相等处安置水准仪并粗平，分别读取后、前视读数，记入表 2-3 中，并计算出这两点之间的高差，完成第 1 个测站的观测。

步骤 3：将仪器迁至第 2 个测站，即在距离转点 TP1 和转点 TP2 两点大致相等处安置水准仪并粗平，转点 TP1 处的水准尺不动，仅把尺面转向前进方向，A3 点上的水准尺向前移动至转点 TP2，完成第 2 个测站的观测。

步骤 4：将仪器迁至第 3 个测站，即在距离转点 TP2 和 S1 点大致相等处安置水准仪并粗平，转点 TP2 处的水准尺不动（尺面转向前进方向），转点 TP1 上的水准尺向前移动至 S1 点，完成第 3 个测站的观测。

步骤 5：在表 2-3 中完成计算检核及 S1 点高程的计算。

表 2-3　普通水准测量记录手簿

测区：　　　　仪器型号：　　　　观测者：

时间：　　　　天　　气：　　　　记录者：

测　　站	点　　号	水准尺读数		高　　差	高　　程	备注
		后视	前视			
1	A3				49.853	已知
	TP1					
2	TP1					
	TP2					
3	TP2					
	S1					
	$\sum$					
计算检核	$\sum a-\sum b=$			$\sum h=$	$H_{S1}-H_{A3}=$	

步骤 6：结束实践操作，清点整理仪器工具，摆放回指定位置。

［随堂测试 2-1］　测量成果不可避免存在着误差，其误差来源主要分为仪器误差、观测误差和外界条件的影响 3 部分。请上网查阅水准测量相关文献资料，并结合自己水准路线测量的实践体会，将减少水准测量误差的措施填写在表 2-4 中。

表 2-4 水准测量误差减少措施分析表

误差分类	误差来源	减少措施	减少程度（消除/减小）
仪器误差	水准仪：视准轴不水平		
	水准尺：刻画不准、尺底磨损、弯曲变形等		
观测误差	读数估读不准确		
	对光存在视差		
	水准尺倾斜		
外界条件的影响	地球曲率和大气折光的影响		
	土质松软		
	温度		

任务 2.2 等级水准路线测量

2.2.1 等级水准测量技术要求

为了统一工程测量的技术要求，使工程测量产品满足质量可靠、安全适用的原则，国家标准《工程测量规范》(GB 50026—2007)中对水准测量做了明确的要求。各等级水准测量和水准观测的主要技术要求如表 2-5 和表 2-6 所示。

表 2-5 水准测量的主要技术要求

等级	每千米高差全中误差/mm	路线长度/km	水准仪型号	水准尺	观测次数		往返较差、附合或环线闭合差	
					与已知点联测	附合或环线	平地/mm	山地/mm
二等	2	—	DS1	因瓦	往、返各一次	往、返各一次	$4\sqrt{L}$	—
三等	6	≤50	DS1	因瓦	往、返各一次	往一次	$12\sqrt{L}$	$4\sqrt{n}$
			DS3	双面		往、返各一次		
四等	10	≤16	DS3	双面	往、返各一次	往一次	$20\sqrt{L}$	$6\sqrt{n}$
五等	15	—	DS3	单面	往、返各一次	往一次	$30\sqrt{L}$	—

注：1. 结点之间或结点与高级点之间，其路线的长度不应大于表中规定的 0.7 倍；

2. L 为往返测段、附合或环线的水准路线长度(km)，n 为测站数；

3. 数字水准仪测量的技术要求和同等级的光学水准仪相同。

表 2-6 水准观测的主要技术要求

等级	水准仪型号	视线长度/m	前后视较差/m	前后视累积差/m	视线离地面最低高度/m	基、辅分划或黑、红面读数较差/mm	基、辅分划或黑、红面所测高差较差/mm
二等	DS1	50	1	3	0.5	0.5	0.7
三等	DS1	100	3	6	0.3	1.0	1.5
	DS3	75				2.0	3.0

续表

等级	水准仪型号	视线长度/m	前后视较差/m	前后视累积差/m	视线离地面最低高度/m	基、辅分划或黑、红面读数较差/mm	基、辅分划或黑、红面所测高差较差/mm
四等	DS3	100	5	10	0.2	3.0	5.0
五等	DS3	100	近似相等	—	—	—	—

注：1. 二等水准视线长度小于20m时，其视线高度不应低于0.3m；

2. 三、四等水准采用变动仪器高度观测单面水准尺时，所测两次高差较差，应与黑、红面所测高差之差的要求相同；

3. 数字水准仪观测，不受基、辅分划或黑、红面读数较差指标的限制，但测站两次观测的高差较差，应满足表中相应等级基、辅分划或黑、红面所测高差较差的限值。

2.2.2　四等水准测量观测方法

微课：三、四等水准测量的观测方法

四等水准测量是建立测区首级高程控制网最常用的方法，通常用DS3型水准仪和双面水准尺进行，即仪高保持不变，用双面尺的黑、红两面读两次数，取平均值作为结果。四等水准测量在测站上的观测程序如下。

(1) 照准后视尺的黑面，分别读取上、下丝和中丝读数。

(2) 照准后视尺的红面，读取中丝读数。

(3) 照准前视尺的黑面，分别读取上、下丝和中丝读数。

(4) 照准前视尺的红面，读取中丝读数。

以上观测顺序称为“后—后—前—前(黑—红—黑—红)”，在后视和前视读数时，均先读黑面再读红面，读黑面时读三丝读数，读红面时只读中丝读数。

2.2.3　四等水准测量记录计算与检核

微课：三、四等水准测量的记录计算与检核

1. 四等水准测量记录表

四等水准测量记录表格式如表2-7所示，括号内数字表示观测和计算的顺序，同时也说明有关数字在表格内应填写的位置。

表2-7　四等水准测量记录表(样表)

<table>
<tr><th rowspan="4">测站编号</th><th rowspan="4">测点编号</th><th>后尺 上丝</th><th>前尺 上丝</th><th rowspan="4">方向及尺号</th><th colspan="2" rowspan="2">水准尺读数/m</th><th rowspan="4">K+黑减红/mm</th><th rowspan="4">高差中数/m</th><th rowspan="4">备注</th></tr>
<tr><th>下丝</th><th>下丝</th></tr>
<tr><th>后视距</th><th>前视距</th><th rowspan="2">黑面</th><th rowspan="2">红面</th></tr>
<tr><th>视距差</th><th>累积差</th></tr>
<tr><td rowspan="4"></td><td rowspan="4"></td><td>(1)</td><td>(5)</td><td>后</td><td>(3)</td><td>(4)</td><td>(13)</td><td></td><td rowspan="4"></td></tr>
<tr><td>(2)</td><td>(6)</td><td>前</td><td>(7)</td><td>(8)</td><td>(14)</td><td></td></tr>
<tr><td>(9)</td><td>(10)</td><td>后-前</td><td>(15)</td><td>(16)</td><td>(17)</td><td>(18)</td></tr>
<tr><td>(11)</td><td>(12)</td><td></td><td></td><td></td><td></td><td></td></tr>
</table>

续表

测站编号	测点编号	后尺 上丝	前尺 上丝	方向及尺号	水准尺读数/mm		K+黑减红/mm	高差中数/m	备注
		后尺 下丝	前尺 下丝		黑面	红面			
		后视距	前视距						
		视距差	累积差						
1	BM1 | TP1	1891	0758	后 7	1708	6395	0		
		1525	0390	前 8	0574	5361	0		
		36.6	36.8	后-前	+1134	+1034	0	+1.134	
		−0.2	−0.2						
2	TP1 | TP2	2746	0867	后 8	2530	7319	−2		
		2313	0425	前 7	0646	5333	0		
		43.3	44.2	后-前	+1884	+1986	−2	+1.885	
		−0.9	−1.1						
3	TP2 | TP3	2043	0849	后 7	1773	6459	+1		
		1502	0318	前 8	0584	5372	−1		
		54.1	53.1	后-前	+1189	+1087	+2	+1.188	
		+1.0	−0.1						
4	TP3 | BM2	1167	1677	后 8	0911	5696	+2		
		0655	1155	前 7	1416	6102	+1		
		51.2	52.2	后-前	−0505	−0406	+1	−0.506	
		−1.0	−1.1						
检核	$\sum(9)=185.2$ $-\sum(10)=186.3$ -1.1 末站(12) $=-1.1$ 总视距 $=\sum(9)+\sum(10)$ $=371.5$			总高差 $=\sum(18)=3.701$ $\left[\sum(15)+\sum(16)\right]\div 2=3.7015$ $\sum[(3)+(4)]=32.791$ $-\sum[(7)+(8)]=25.388$ $=7.403$ $7.403\times 1/2=3.7015$					

2. 计算和检核

1）测站上的计算和检核

四等水准测量每测站上的计算，分为视距、高差和检核计算 3 部分。

(1) 视距部分。

后视距离(9)＝(1)－(2)，前视距离(10)＝(5)－(6)。

前后视距在表中以 m 为单位填写，上下丝读数记录单位为 m 时，视距结果应为(上丝－下丝)×100；上下丝读数记录单位为 mm 时，视距结果应为(上丝－下丝)÷10。

前后视距差(11)＝(9)－(10)，其值不得超过 5m；前后视距累积差(12)＝本站的(11)＋上站的(12)，其值不得超过 10m。

视距差和累积差任一项超过限值，都应该调整仪器位置重新观测。

(2) 高差部分。

后视黑、红面读数差(13)＝(3)＋K－(4)，前视黑、红面读数差(14)＝(7)＋K－(8)。

K 为相应水准尺黑、红两面的常数差，一对双面水准尺的常数差应分别为 4687 和 4787。四等水准测量黑、红面读数差不得超过 3mm。

黑面高差(15)=(3)−(7)，红面高差(16)=(4)−(8)。

平均高差(18)=[(15)+(16)±100]÷2，按照"4 舍 6 入，5 前单进双舍"的取位规则取位至 1mm。

(3) 检核计算。

黑、红两面的高差之差(17)=(15)−(16)±100，同时也应等于(13)−(14)。其中，当后、前视尺分别为 4787、4687 时，用+100；后、前视尺分别为 4687、4787 时，用−100。四等水准测量的两面高差之差不得超过 5mm。

平均高差(18)=[(15)+(16)±100]÷2，同时应等于(15)−(17)÷2。

2) 总的计算和检核

在记录手簿每页末或者每一测段完成后，应做如下检核。

(1) 视距计算检核：

$$\text{末站的}(12)=\sum(9)-\sum(10)$$
$$\text{总视距}=\sum(9)+\sum(10)$$

(2) 高差的计算和检核：当测站数为偶数时，总高差 $=\sum(18)=\left[\sum(15)+\sum(16)\right]\div 2$；当测站数为奇数时，总高差 $=\sum(18)=\left[\sum(15)+\sum(16)\pm 100\right]\div 2$。

[做中学 2-2] 单站四等水准测量

四等水准测量与普通水准测量相比，主要是在测站上观测的程序和需要计算的数据更复杂，精度要求更高。下面跟随以下步骤的引导，熟悉四等水准测量测站上的观测程序和计算方法。

步骤 1：在实训基地或校园道路选定相距 100m 左右的 A 和 B 两点，放置尺垫作为点位标记。

步骤 2：在 A 点竖立水准尺作为后视尺，在 B 点竖立水准尺作为前视尺。在距离 A、B 两点大致相等处安置水准仪，用十字丝上下丝分别估读前、后视距离，若视距差不超过 5m，粗平仪器，准备观测；否则，调整仪器直至视距差不超过 5m 为止。

步骤 3：瞄准 A 点水准尺黑面，读取上、下丝读数和中丝读数，将读数记入表 2-8 第(1)～(3)格，并立即计算出后视距离填入(9)格。

步骤 4：翻转 A 点水准尺，将红面对准仪器，读取红面中丝读数，将读数记入表 2-8 第(4)格，并立即计算出 A 点黑、红面读数差填入(13)格。该值不得超过 3mm，否则说明读数误差过大，需要重新观测。

步骤 5：转动望远镜，瞄准 B 点水准尺黑面，读取上、下丝读数和中丝读数，将读数记入表 2-8 第(5)～(7)格，并立即计算出前视距离、视距差和累积差，填入(10)～(12)格。视距差的值不得超过 5m，累积差的值不得超过 10m，否则需要调整仪器位置重新观测。

步骤 6：翻转 B 点水准尺，将红面对准仪器，读取红面中丝读数，将读数记入表 2-8 第

(8)格,并立即计算出 B 点黑红面读数差填入(14)格。该值与 A 点要求一样,不得超过 3mm。

步骤 7: 计算黑面高差、红面高差并进行检核,分别填入表 2-8 第(15)～(17)格。高差检核值不得超过 5mm,否则必须重新观测。

步骤 8: 计算高差中数(平均值),填入表 2-8 第(18)格。

表 2-8　四等水准测量记录表

测站编号	测点编号	后尺 上丝 后尺 下丝 后视距 视距差	前尺 上丝 前尺 下丝 前视距 累积差	方向及尺号	水准尺读数/mm 黑面	水准尺读数/mm 红面	K+黑减红/mm	高差中数/m	备注
		(1)	(5)	后	(3)	(4)	(13)		
		(2)	(6)	前	(7)	(8)	(14)		
		(9)	(10)	后-前	(15)	(16)	(17)	(18)	
		(11)	(12)						
1	A-B			后					
				前					
				后-前					
				后					
				前					
				后-前					

步骤 9: 结束实践操作,清点整理仪器工具,换人练习。

[随堂测试 2-2]　不同精度等级的水准测量限差要求不一样,精度等级越高,其限差要求越小。总体来说,水准测量的限差要求可分为观测限差和线路限差两类,请把四等水准测量的限差要求按照分类列出来,填写在表 2-9 中。

表 2-9　四等水准测量限差统计表

限差分类	限差名称	限差要求
观测限差		
线路限差		

知识自测

一、单项选择题

1. 若 A 点到 B 点的高差 $h_{AB}>0$,则表示(　　)。

A. A 点比 B 点高　　　　B. A 点比 B 点低

C. A 点和 B 点同高　　D. 不能比较

2. 整理水准测量数据时，计算检核所依据的基本公式是(　　)。

A. $\sum a-\sum b=\sum h$　　B. $\sum h=\sum H_{终}-\sum H_{始}$

C. $\sum a-\sum b=\sum h=H_{终}-H_{始}$　　D. $f_h \leqslant f_{h容}$

3. 闭合水准路线高差闭合差的理论值为(　　)。

A. 总为0　　B. 与路线形状有关

C. 为一不等于0的常数　　D. 由路线中任意两点确定

4. 国家标准《工程测量规范》(GB 50026—2007)规定，四等水准测量中黑、红两面高差之差不得超过(　　)mm。

A. 1　　B. 2　　C. 3　　D. 5

5. 等级水准测量闭合差限差计算公式 $f_h=\pm 40\sqrt{L}$ mm，式中 L 的单位为(　　)。

A. mm　　B. cm　　C. m　　D. km

6. 下列关于测量记录的要求，叙述错误的是(　　)。

A. 测量记录应保证原始真实，不得擦拭涂改

B. 测量记录应做到内容完整，应填项目不能空缺

C. 为保证测量记录表格的清洁，应先在稿纸上记录，确保无误后再填写

D. 在测量记录时，记错或算错的数字只能用细斜线划去，并在错数上方写正确数字

7. 一闭合水准路线测量由6测站完成，观测高差总和为+12mm，其中两相邻水准点间均为2个测站完成，则其高差改正数为(　　)。

A. －4mm　　B. －2mm　　C. ＋2mm　　D. ＋4mm

8. 水准测量计算校核 $\sum h=\sum a-\sum b$ 和 $h=H_{终}-H_{起}$ 可分别校核(　　)是否有误。

A. 水准点高程、水准尺读数　　B. 水准点高差、记录

C. 高程计算、高差计算　　D. 高差计算、高程计算

9. 附合水准路线内业计算时，高差闭合差采用(　　)计算。

A. $f_h=\sum h_{测}-(H_{终}-H_{起})$　　B. $f_h=\sum h_{测}-(H_{起}-H_{终})$

C. $f_h=\sum h_{测}$　　D. $f_h=(H_{终}-H_{起})-\sum h_{测}$

10. 用水准仪进行水准测量时，要求尽量使前后视距相等，是为了(　　)。

A. 消除或减弱管水准轴不垂直于仪器旋转轴误差的影响

B. 消除或减弱仪器下沉误差的影响

C. 消除或减弱标尺分划误差的影响

D. 消除或减弱仪器管水准轴不平行于视准轴的误差影响

二、多项选择题

1. 水准测量中，使前后视距大致相等，可以消除或削弱(　　)。

A. 水准管轴不平行视准轴的误差　　B. 地球曲率产生的误差

C. 大气折光产生的误差　　D. 阳光照射产生的误差

E. 估读误差

2. 在 A、B 两点之间进行水准测量，得到满足精度要求的往、返测高差为 $h_{往}=+0.005$m，$h_{返}=-0.009$m。已知 A 点高程 $H_A=417.462$m，则(　　)。

A. B 点的高程为 417.460m　　B. B 点的高程为 417.469m

C. 往、返测高差闭合差为+0.014m　　D. B 点的高程为 417.467m

E. 往、返测高差闭合差为−0.004m

3. 影响水准测量成果的误差有(　　)。

A. 视差未消除　　B. 水准尺未竖直

C. 估读毫米数不准　　D. 地球曲率和大气折光

E. 阳光照射

4. 在水准测量时，若水准尺倾斜，其读数值(　　)。

A. 当水准尺向前或向后倾斜时增大

B. 当水准尺向左或向右倾斜时减小

C. 总是增大

D. 总是减小

E. 无论水准尺怎样倾斜，其读数值都不正确

5. 高差闭合差调整的原则是按(　　)成比例分配。

A. 高差大小　　B. 测站数

C. 水准路线长度　　D. 水准点间的距离

E. 往、返测站数总和

三、综合探究题

1. 建立高程控制网的目的是什么？如何分类？如何确定其等级？

2. 为做好四等水准测量工作，要注意采取哪些防治措施？

技能实训

[实训项目]

四等闭合水准路线测量。

[实训目的]

1. 熟悉四等水准测量的主要技术要求。

2. 掌握四等水准测量的观测、记录、计算、校核方法。

3. 掌握水准路线测量成果的计算方法。

[实训准备]

1. 小组内进行观测、记录计算、立尺等分工安排。

2. 每组借领自动安平水准仪 1 台、双面水准尺 1 对、尺垫 1 对、记录板 1 个。

3. 每组自备计算器 1 个、铅笔 1 支、小刀 1 把、计算用纸若干。

[实训内容]

1. 选定一已知高程点 BMA(高程为 100.000m)和两个待定点 B、C 组成一条闭合水准路线，B 点距离 BMA 点 300m 左右，C 点距离 B 点 200m 左右、距离 BMA 点 300m 左右。

2. 从 BMA 点开始，沿路线 BMA→B→C→BMA 分 3 段进行观测，每个测段必须为偶数站。

3. 每测站观测按照四等水准测量观测的技术要求执行，若有超限必须重新观测。

4. 观测数据记入表 2-10，完成记录表各项计算及检核。

5. 观测结束后，按四等水准测量要求评定线路闭合差，若符合精度要求，完成表 2-11；否则检查错误原因，并重新计算或观测。

［实训记录］

四等水准测量记录表如表 2-10 所示，水准路线成果计算表如表 2-11 所示。

表 2-10　四等水准测量记录表

日期：　　　　天气：　　　　仪器编号：　　　　测量人员：

测站编号	测点编号	后尺 上丝	前尺 上丝	方向及尺号	水准尺读数/m		K+黑减红/mm	高差中数/m	备注
		后尺 下丝	前尺 下丝		黑面	红面			
		后视距	前视距						
		视距差	累积差						
				后					
				前					
				后-前					
				后					
				前					
				后-前					
				后					
				前					
				后-前					
				后					
				前					
				后-前					
				后					
				前					
				后-前					
				后					
				前					
				后-前					
				后					
				前					
				后-前					

续表

测站编号	测点编号	后尺 上丝	前尺 上丝	方向及尺号	水准尺读数/m		K+黑减红/mm	高差中数/m	备注
		后尺 下丝	前尺 下丝						
		后视距	前视距		黑面	红面			
		视距差	累积差						
				后					
				前					
				后-前					
				后					
				前					
				后-前					
				后					
				前					
				后-前					
				后					
				前					
				后-前					
				后					
				前					
				后-前					
				后					
				前					
				后-前					
				后					
				前					
				后-前					
				后					
				前					
				后-前					
				后					
				前					
				后-前					

表 2-11 水准路线成果计算表

点号	距离/km	实测高差/m	改正数/mm	改正后高差/m	高程/m	备注
辅助计算						

[实训思考]

项目 3　全站仪使用及维护

学习目标

知识目标

1. 了解全站仪的用途并熟悉其构造。
2. 掌握全站仪的安置方法。
3. 掌握水平角和竖直角的观测原理。
4. 掌握测回法测角的观测步骤和数据处理方法。

能力目标

1. 能描述全站仪各部件的名称及作用。
2. 能正确安置全站仪并快速瞄准目标。
3. 能用测回法观测水平角并记录计算。

导入案例

十五六世纪，在英国、法国等西方国家，因为航海和战争，需要绘制各种地图、海图。最早绘制地图时使用的是三角测量法，就是根据两个已知点上的观测结果，求出远处第三点的位置，但由于没有合适的仪器，导致角度测量手段有限，精度不高，由此绘制出的地形图精度也不高。1730 年，英国机械师西森(Sisson)首先研制出了经纬仪，大大提高了角度观测精度，同时也简化了测量和计算过程，为绘制地图提供了更精确的数据。后来，经纬仪被广泛应用于各项工程建设中。

在测量工作中，通常需要同时获取角度和距离数据，以便确定待定点点位。20 世纪 80 年代，人们将经纬仪与测距仪结合，形成全站仪的雏形——半站仪，大大提高了作业效率。当半站仪的功能进一步完善之后，形成了我们现在所说的全站仪。全站仪的发展经历了由工具型全站仪到计算机型全站仪的阶段。1977 年，全球首款具有机载数据处理功能的全站仪问世，它具有测角、测距、数据处理等功能。但受当时技术限制，全站仪还无法存储测量数据，要借助纸或手簿手动来记录数据，这类全站仪被称为工具型全站仪。20 世纪 90 年代，在工具型全站仪的基础上，计算机型全站仪出现了。计算机型全站仪可以存储数据，解决了工具型全站仪需要手动记录数据的问题，同时还可以用菜单进行操作，装有机载软件，可以进行系统开发，功能更加先进。

学习任务

任务 3.1　认识并学会使用全站仪

全站仪，即全站型电子速测仪(Electronic Total Station)，是一种集光、机、电为一体的高技术测量仪器，具备光电测距、光电测角功能及数字化测量能力，因一次安置就可完成该测站的全部测量工作而得名。全站仪自动化程度高，功能强大，实用性强，是应用非常广泛的测量仪器之一。

全站仪按结构可分为组合式和整体式两种。组合式全站仪是利用连接设备将电子经纬仪、光电测距仪和电子数据记录装置组合在一起的仪器；整体式全站仪则是将测角部分、测距部分和电子记录装置设计成一体的仪器，其望远镜的光轴和光波测距部分的光轴是同轴的，可以同时进行水平角、垂直角和距离测量，还可以对测量数据进行记录、处理、传输。相较于组合式全站仪，整体式全站仪体积小，结构紧凑，操作便捷，被人们广泛使用。

3.1.1　全站仪的构造

微课：全站仪的构造

近年来，随着微电子技术、电子计算技术和电子记录技术的迅速发展，众多测绘仪器厂家不断推出各种型号的全站仪，以满足各类用户各种用途的需求。但各种品牌型号的全站仪构造大致相同，主要由电源部分、测角系统、测距系统、数据处理部分、通信接口及显示屏、键盘等组成。以南方 330 系列全站仪为例，仪器各部件名称如图 3-1 所示。

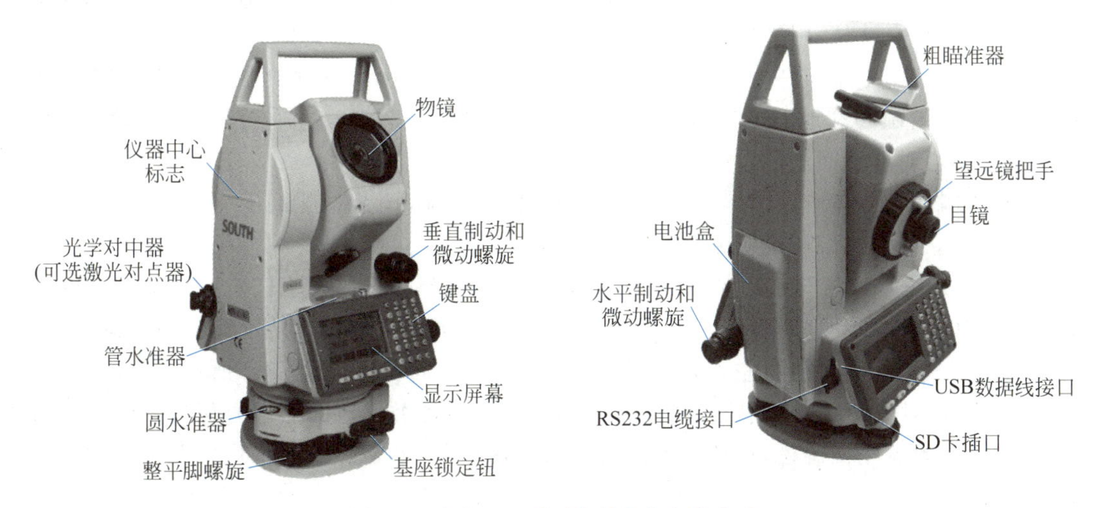

图 3-1　南方 330 系列全站仪各部件名称

(1) 电源部分是可充电电池，为各部分供电。

(2) 测角系统是电子经纬仪，可以测定水平角、竖直角，设置方位角。

(3) 测距系统为光电测距仪,可以测定两点之间的距离。

(4) 数据处理部分接受输入指令,控制各种观测作业方式,进行数据处理。

(5) 输入/输出部分包括键盘、显示器、数据通信接口。

全站仪的照准部是指在基座以上,在水平面内绕旋转轴旋转的全部部件的总称,主要由望远镜、管水准器、水平制动和微动螺旋、垂直制动和微动螺旋、光学对中器等部件组成。照准部可绕仪器竖轴在水平面内旋转,由水平制动和微动螺旋控制。

(1) 望远镜:固定在仪器横轴上,可绕横轴俯仰转动照准高低不同的目标,由垂直制动和微动螺旋控制。

(2) 管水准器:用来精确整平仪器。

(3) 水平制动和微动螺旋。用来控制照准部在水平面内的制动和微动。

(4) 垂直制动和微动螺旋。用来控制望远镜在竖直面内的制动和微动。

(5) 光学对中器。用来进行仪器对中。

全站仪的基座与水准仪的构成和作用基本相同,利用中心连接螺旋将全站仪与脚架连接起来,基座上有3个脚螺旋,用于仪器粗平。

3.1.2 全站仪的使用

微课:全站仪的安置

1. 安置全站仪

使用全站仪时,首先要在测站上安置仪器,即对中和整平。对中的目的是使仪器中心与测站点的标志中心位于同一铅垂线上;整平的目的是使水平度盘处于水平位置。安置全站仪的操作步骤如下。

(1) 安置脚架,连接仪器。松开三脚架架腿固定螺旋,按观测者身高调节架腿长度。在测站点上方张开三脚架架腿至跨度高度适中位置,安置脚架,保持架头大致水平。注意使测站点尽量位于三脚架脚尖构成三角形的中心点处。打开仪器箱,一手握住提手,一手托住基座,从箱中取出全站仪,用连接螺旋将全站仪固定在架头上。

(2) 粗略对中。固定一只三脚架架腿,目视对中器目镜,调节对中器目镜、物镜调焦螺旋,直至对中器圆圈和地面成像清楚;移动身边的两只架腿,通过左右旋转和前后推拉,使镜中圆圈中心对准地面点标志中心。

(3) 粗略整平。松开三脚架架腿固定螺旋,伸缩架腿,调节架腿高度,使圆水准器气泡居中。注意,气泡在哪侧,说明哪边的架腿偏高。

(4) 精确整平。松开水平制动螺旋,转动照准部使水准管平行于任意一对脚螺旋的连线,两手同时反向转动这对脚螺旋,使气泡居中;将照准部旋转90°,转动第三只脚螺旋,使气泡居中。气泡移动方向与左手大拇指旋转脚螺旋的方向相同,如图3-2所示。

(5) 精确对中。目视对中器,确认镜中小圆圈中心是否与地面点中心保持一致。如有偏差,将连接螺旋稍微旋松,在架头上前后左右平移仪器(不要旋转),将对中器圆圈中心平移到地面点中心上。

(6) 检查。精确对中完成后,检查水准管气泡是否仍然居中。如不居中,则按第(4)步方法,再次精确整平仪器,并观察整平后的对中情况。注意,第(4)步和第(5)步应反复进行,直至对中、整平同时达到要求为止。光学对中器对中偏差不超过2mm,照准部水准管偏差不超过一格。

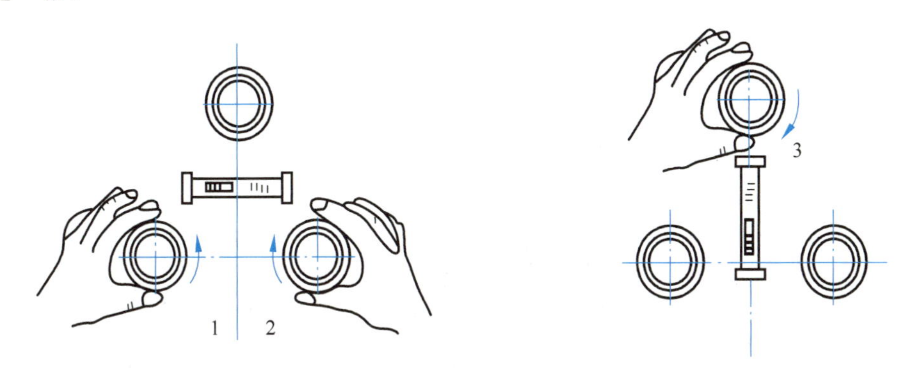

图 3-2　仪器精确整平

微课：全站仪的调焦与瞄准

2. 调焦与照准

(1) 目镜调焦。转动照准部,使望远镜对向明亮处,调节目镜调焦螺旋,使十字丝成像清晰。

(2) 粗瞄制动。松开水平制动螺旋,用望远镜上的粗瞄准器对准目标,使其位于视场内,固定望远镜制动螺旋和照准部制动螺旋。

(3) 物镜调焦。转动物镜调焦螺旋,使目标影像清晰。

(4) 微动精瞄。旋转望远镜微动螺旋,使目标像的高低适中;旋转照准部微动螺旋,使目标像被十字丝的单根竖丝平分,或被双根竖丝夹在中间。

(5) 视差消除。眼睛微微左右移动,检查有无视差,如果有,调节调焦螺旋予以消除。

3.1.3　棱镜与反射片

微课：反射棱镜及反射片

全站仪观测时,通常需要配合相应的观测目标,常用棱镜或反射片。

1. 棱镜

棱镜的光学部分是直角光学玻璃体,如同在正方体玻璃上切下的一角,透射面呈正三角形,3 个反射面呈等腰三角形。反射面镀银,面与面之间相互垂直。由于这种结构的棱镜,无论光线从哪个方向入射透射面,棱镜均会将入射光线反射回入射光的光射方向。因此测量时,只要棱镜的透射面大致垂直于测线方向,仪器便会得到回光信号。测距时,全站仪发出光信号,并接收从棱镜反射回来的光信号,计算光信号的相位移等,从而间接求得光通过的时间,最后测出全站仪到棱镜的距离。

将棱镜作为观测目标测角测距时,棱镜可以通过基座安置到三脚架上,也可以直接安置到对中杆上。在观测距离较长时,可以采用图 3-3 所示的三棱镜提高观测精度。

值得注意的是,光在玻璃中的折射率为 1.5～1.6,而在空气中的折射率近似等于 1,因此光在棱镜中传播所用的超量时间会使所测距离增大某一数值,通常称该增大的数值为棱镜常数。通常棱镜常数已在生产厂家所附的说明书上或棱镜上标出,供测距时使用。全站仪用于外业作业前,应首先确定配套使用的棱镜常数。

2. 反射片

在一些测量工作中,为了节省设站时间或棱镜架设困难时,还可以采用自贴式反射片

(图 3-4)。自贴式反射片有 20mm×20mm、40mm×40mm、60mm×60mm 等规格,背后带有不干胶,可以直接粘贴在需要观测的物体上。自贴式反射片成本低、安置方便,可长期布设于测点上,广泛应用于变形监测领域。

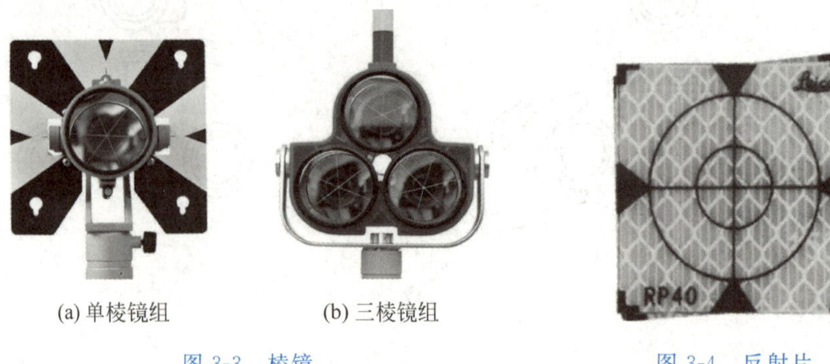

(a) 单棱镜组　　(b) 三棱镜组

图 3-3　棱镜

图 3-4　反射片

3.1.4　全站仪的保养

全站仪是一种高精度测量仪器,需有专人负责保养。只有在日常工作中注意全站仪的保养,才能延长全站仪的使用寿命,将全站仪的功效发挥到最大。

1. 全站仪的保管

(1) 仪器必须装箱运输,防止受到剧烈震荡。

(2) 放置在−40～+70℃干燥环境中。

(3) 仪器保管应注意防潮,若受潮,应在干燥环境中打开仪器箱,释放潮气。

(4) 避免在强磁场环境中作业,雷雨天气不能进行野外测量。

(5) 定期对仪器进行调试和检校。

2. 电池的保养

全站仪的电池是全站仪重要的部件之一,电池的好坏直接决定了外业时间的长短。

(1) 全站仪长期不使用时,电池每隔 3 个月要充、放电 1 次。如长期不充电,电池会因为自动放电导致电量过低,影响电池寿命。

(2) 电池在 10～30℃环境中充电,在 0～20℃环境中保存。

(3) 不要连续进行充电或放电,否则会损坏电池和充电器,如有必要进行充电或放电,则应在停止充电约 30min 后再使用充电器。

(4) 超过规定的充电时间会缩短电池的使用寿命,应尽量避免。

(5) 在电源关闭后再装入或取出电池。

3. 目镜和物镜的保养

(1) 保持目镜和物镜的干燥与清洁。

(2) 清洁时可使用干净柔软的布,需要时可用纯酒精蘸湿后使用。

(3) 避免用手直接触摸光学零部件。

4. 主机及基座的保养

(1) 望远镜与机身支架的连接处应经常用干净的布清理,如果灰尘等堆积过多,会造成望远镜的转动困难。

(2) 基座的脚螺旋处应保持干净,有灰尘应及时清理。

[做中学 3-1] 全站仪的认识和使用

全站仪作为目前主流的测绘仪器,广泛应用于各项建筑工程中。全站仪使用前应仔细阅读使用说明书,掌握每个部件的名称和作用。使用时需要做好仪器的安置和目标瞄准工作。能够快速安置仪器、瞄准目标是全站仪使用的基本功,练好这两样基本功,可以大大提高作业质量和效率。下面跟随以下步骤的引导,学习全站仪正确的使用方法。

步骤1:安置全站仪。松开三脚架架腿固定螺旋,提起架腿到观测者胸口位置,拧紧固定螺旋。将三脚架在测点上方撑开,架头大致水平,测点位于3个架腿形成的等边三角形的中心位置。一手拎提手,一手托住基座,将仪器从箱内取出,放置在架头上,拧紧连接螺旋。

步骤2:初步对中。以一只架腿为支点,两手分别抓起另外两只架腿,目视对中器,左右旋转或前后推拉,使测站点标志位于光学对中器圆圈中心位置。此时只需粗略对中即可。若光学对中器中地面和镜中圆圈成像不清晰,可以调节对中器物镜和目镜调焦螺旋,直至看清地面和镜中圆圈,再进行初步对中操作。

步骤3:初步整平。观察圆水准器中气泡所在位置,气泡偏在哪边,说明哪边的架腿高。松开三脚架架腿固定螺旋,上下调整架腿高度,直至圆水准器气泡大致居中。

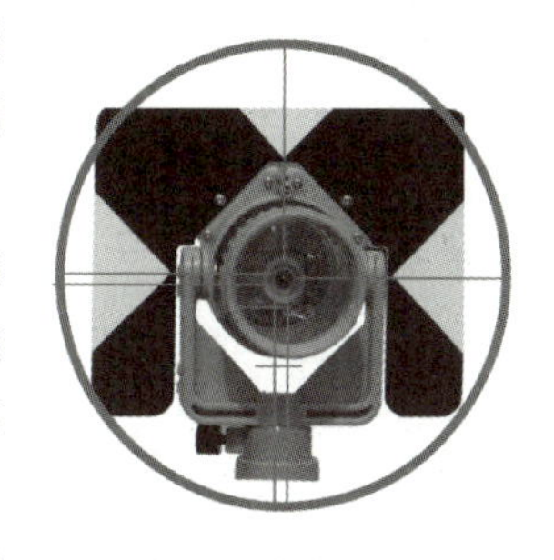

图3-5 棱镜瞄准

步骤4:精确整平。松开水平制动螺旋,旋转照准部,使水准管平行于一对脚螺旋。两手同时向内或向外旋转脚螺旋,使水准管气泡居中。照准部转动90°,使水准管与刚才位置垂直,转动第3个脚螺旋使水准管气泡居中。

步骤5:精确对中。目视对中器,检查测站点标志是否与镜中圆圈中心重合。若重合,完成仪器安置;若不重合,稍微松开连接螺旋,双手扶住基座,在架头上前后左右平移全站仪,使镜中圆圈中心对准测站点标志中心,拧紧连接螺旋。注意,平移仪器时,不要使仪器发生旋转,否则会对仪器整平有较大影响。

步骤6:检查。平移仪器后,检查水准管气泡是否居中。如不居中,则重新进行精确整平和精确对中。直至对中偏差不超过1mm,水准管气泡偏移不超过一格。

你能在3min内安置好仪器吗?

仪器安置好后,我们来进行目标的瞄准练习。

步骤7:目镜调焦。将望远镜对准天空或白墙,调节目镜调焦螺旋,使十字丝成像清晰。

步骤8:粗瞄制动。利用望远镜上的粗瞄准器,使目标棱镜位于望远镜视野内,固定水平和垂直制动螺旋。

步骤9:物镜调焦。调节物镜调焦螺旋,使棱镜成像清晰。

步骤10:微动精瞄。旋转垂直微动螺旋,调整望远镜高低位置;旋转水平微动螺旋,使棱镜中心被十字丝的单根竖丝平分,或被双根竖丝夹在中间。注意消除视差。测水平角时,只需水平方向瞄准棱镜觇牌上三角形顶点位置即可,竖直方向的高低并不影响观测结果。

你能在30s内完成目标的瞄准吗?

步骤11:读数。精确瞄准目标后,观察全站仪显示屏上的操作界面,记录目标棱镜的水平度盘读数,填入表3-1中。

表 3-1 全站仪使用读数记录表

目标点号	水平度盘读数/(° ′ ″)	备 注

步骤 12：结束装箱。操作结束后，将水平微动螺旋、垂直微动螺旋及脚螺旋旋到适中位置，松开连接螺旋，取下仪器，放回仪器箱。收好三脚架，连同仪器箱按要求摆放到位，实践操作结束。

[随堂测试 3-1] 全站仪主要部件有哪些？各有什么作用？请复习本任务所学内容，结合全站仪操作实践经验，填写表 3-2。

表 3-2 全站仪部件名称及操作效果对照分析表

使用程序	部件名称	操作行为	操作效果	备 注
安置				
初步对中				
初步整平				
精确整平				
精确对中				

任务 3.2 测回法测角测距

3.2.1 角度测量原理

微课：角度测量原理

角度测量包括水平角测量和竖直角测量，是测量的 3 项基本工作之一。水平角测量一般用于确定地面点的平面位置；竖直角测量一般用于测定地面点的高程或将倾斜距离转化为水平距离。

1. 水平角测量原理

水平角是指地面上一点到两个目标点的方向线投影到水平面上的夹角。如图 3-6 所示，A、B、O 是 3 个不同高程的地面点，将空间直线 OA、OB 投影到水平面上，夹角为 β，即为空间角 $\angle AOB$ 对应的水平角。水平角的范围为 0°～360°。

为了测量角 β，可设想在过 O 点的铅垂线 O' 点处放置水平度盘，用垂直投影的方法，将 OA、OB 两条方向线投影到水平度盘，得投影读数 a_1、b_1，据此可计算出：

$$\beta = b_1 - a_1$$

2. 竖直角测量原理

竖直角是同一竖直面内视线与水平线间的夹角。如图 3-7 所示，当视线向上倾斜时，竖直角为仰角，符号为正；当视线向下倾斜时，竖直角为俯角，符号为负。竖直角的角值范围为－90°～＋90°。

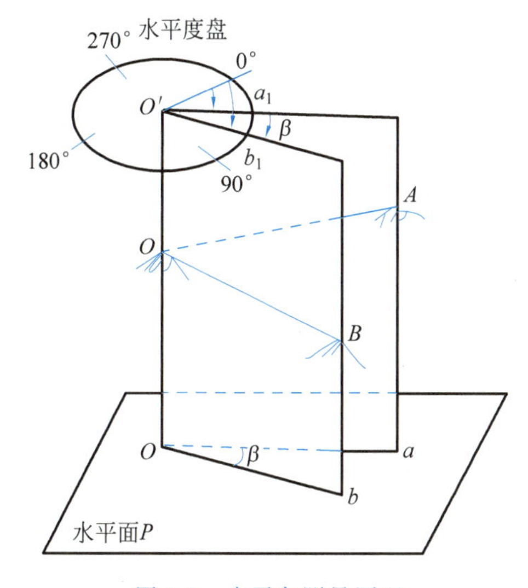

图 3-6　水平角测量原理

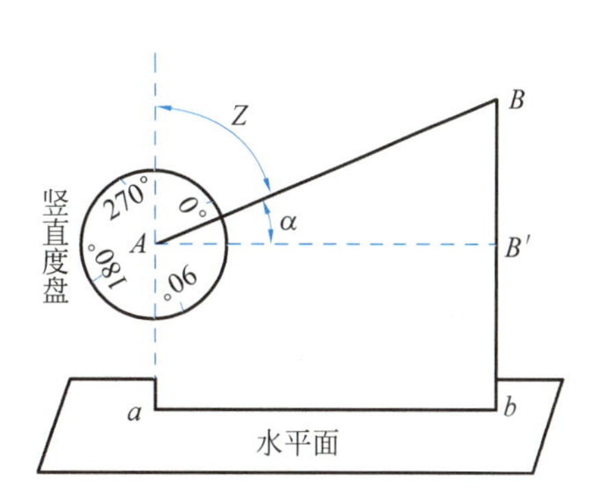

图 3-7　竖直角测量原理

竖直角与水平角一样，其角值是竖直度盘上两个方向读数之差；不同的是竖直角的两个方向中必有一个是水平方向。任何类型的经纬仪，制作上都要求当竖直指标水准管气泡居中，望远镜视准轴水平时，其竖盘读数是一个固定值。因此，在观测竖直角时，只要观测目标点一个方向并读取竖盘读数便获得该目标点的竖直角，而不必观测水平方向。

微课：测回法测水平角

3.2.2　测回法测水平角

水平角的观测方法一般根据观测目标的多少而定，常用的有测回法和方向法。测回法适用于观测两个方向之间的单个角度，是观测水平角的最基本的方法。

1. 观测程序

如图 3-8 所示，用测回法观测 OA、OB 两方向之间的水平角，具体操作步骤如下。

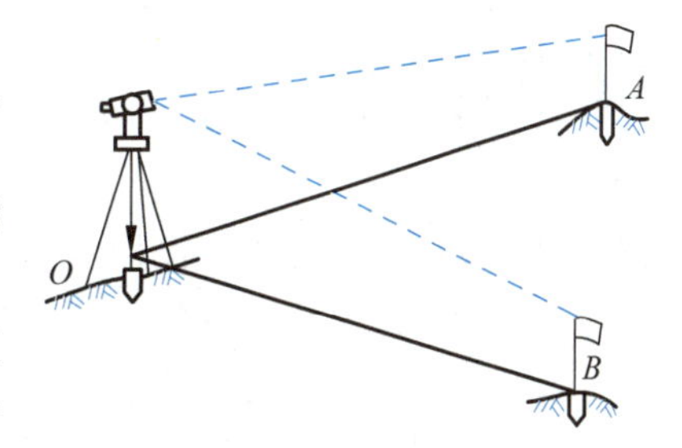

图 3-8　测回法测水平角

(1) 在 O 点安置全站仪，对中、整平；并在 A、B 两点设置照准标志。

(2) 盘左观测(竖直度盘在望远镜的左侧，又称正镜)：精确瞄准左目标 A 点，设置水平度盘读数稍大于零，读数 $a_{左}$；顺时针转动照准部，瞄准右目标 B 点，读取水平度盘读数 $b_{左}$。

以上称为上半测回，可得水平角值为

$$\beta_{左} = b_{左} - a_{左}$$

水平度盘按顺时针方向注记，因此半测回角值为右目标读数减去左目标读数，当不够减时先将右目标读数加上 360°。

(3) 盘右观测(竖直度盘在望远镜的右侧，又称倒镜)：倒转望远镜成盘右位置，瞄准右目标 B 点，读取水平度盘读数 $b_{右}$；逆时针转动照准部，瞄准左目标 A 点，读取水平度盘读数 $a_{右}$。

以上称为下半测回，可得水平角值为

$$\beta_{右} = b_{右} - a_{右}$$

上、下半测回合称一测回。

$$|\Delta\beta| = |\beta_{左} - \beta_{右}| \leqslant 40'' \text{时}(6''\text{级仪器})$$

$$\beta = \frac{1}{2}(\beta_{左} + \beta_{右})$$

对于2″级仪器，上、下半测回的角值之差不大于18″时，才能取其平均值作为一测回观测成果。

当测角精度要求较高时，往往要测几个测回。为了减少度盘分划误差的影响，各测回间应根据测回数 n 按 $180°/n$ 变换水平度盘的起始位置。如 $n=3$，则各测回的起始方向读数应等于或略大于0°、60°、120°。

2. 记录计算

水平角测量记录表(测回法)如表3-3所示。

表3-3 水平角测量记录表(测回法)

测站	测回	竖直度盘位置	目标	水平度盘数 /(° ′ ″)	半测回角值 /(° ′ ″)	一测回角值 /(° ′ ″)	各测回平均值 /(° ′ ″)	备注
O	1	左	A	0 01 18	89 30 12	89 30 15	89 30 21	
			B	89 31 30				
		右	A	180 01 24	89 30 18			
			B	269 31 42				
O	2	左	A	90 02 30	89 30 30	89 30 27		
			B	179 33 00				
		右	A	270 02 24	89 30 24			
			B	359 32 48				

微课：电子测距原理

3.2.3 光电测距原理

电磁波测距仪通过测定电磁波在测线两端点间往返传播的时间来测量距离。电磁波测距仪按所采用的载波不同，可分为光电测距仪和微波测距仪。光电测距仪一般采用光波(可见光或红外光)作为载波，微波测距仪采用无线电波和微波作为载波。光电测距仪按其测程可分为短程光电测距仪(2km以内)、中程光电测距仪(3～15km)和远程光电测距仪(大于15km)。

与钢尺量距和视距测量相比，电磁波测距具有测程远、精度高、作业快、受地形限制少等优点，因而在测量工作中得到广泛应用，其中在工程测量中应用较多的是短程红外光电测距仪。

如图3-9所示，欲测定 A、B 两点间的距离 D，可在 A 点安置能发射和接收光波的光电测距仪，在 B 点设置反射棱镜，光电测距仪发出的光束经棱镜反射后，又返回测距仪。通过测定光波在 A、B 之间传播的时间 t，根据光波在大气中的传播速度 c，按下式计算距离 D：

$$D = \frac{1}{2}ct$$

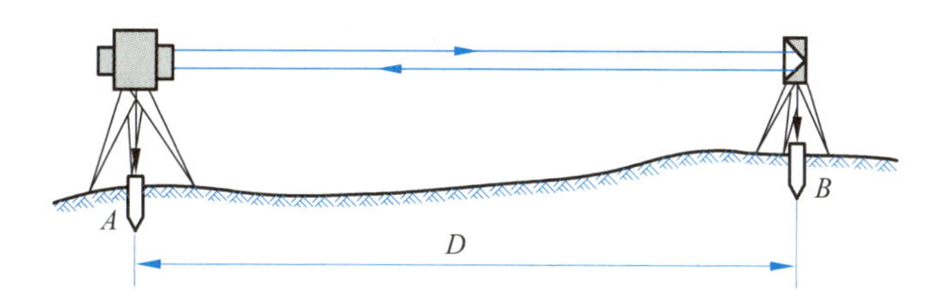

图 3-9 光电测距原理

光电测距仪测距方法根据测定时间 t 的方式不同，分为直接测定时间的脉冲测距法和间接测定时间的相位测距法。高精度的光电测距仪一般采用相位测距法。

相位式光电测距仪的测距原理是：由光源发出的光通过调制器后，成为光强随高频信号变化的调制光。通过测量调制光在待测距离上往返传播的相位差 φ 来计算距离。

相位测距法相当于用“光尺”代替钢尺量距，而 $\lambda/2$ 为光尺长度。

相位式光电测距仪中，相位计只能测出相位差的尾数 ΔN，测不出整周期数 N，因此对大于光尺的距离无法测定。为了扩大测程，应选择较长的光尺。为了解决扩大测程与保证精度的矛盾，短程测距仪上一般采用两个调制频率，即两种光尺。例如，长光尺（称为粗尺）$f_1=150\text{kHz}$，$\lambda_1/2=1000\text{m}$，用于扩大测程，测定百米、十米和米；短光尺（称为精尺）$f_2=15\text{MHz}$，$\lambda_2/2=10\text{m}$，用于保证精度，测定米、分米、厘米和毫米。

3.2.4 光电测距技术要求

光电测距主要技术要求如表 3-4 所示。

表 3-4 光电测距主要技术要求

平面控制网等级	仪器精度等级	每边测回数		一测回读数较差/mm	单程各测回较差/mm	往返测距较差/mm
		往	返			
三等	5mm 级仪器	3	3	≤5	≤7	$\leqslant 2(a+b\times D)$
	10mm 级仪器	4	4	≤10	≤15	
四等	5mm 级仪器	2	2	≤5	≤7	
	10mm 级仪器	3	2	≤10	≤15	
一级	10mm 级仪器	2	—	≤10	≤15	
二、三级	10mm 级仪器	1	—	≤10	≤15	

说明：$a+b\times D$ 表示测距仪器的标称精度。其中 a 为标称精度中的固定误差，b 为标称精度中的比例误差系数。

［做中学 3-2］ 测回法测角测距

角度测量和距离测量作为测绘的 3 项基本任务中的两项，通常用来确定地面点平面位置。角度测量和距离测量是全站仪最基本也是最重要的功能。下面通过以下步骤，了解测回法测角测距的程序。

步骤 1：在测站点 O 安置全站仪，两个目标点 A、B 安置棱镜。

步骤 2：盘左位置精确瞄准左目标 A 棱镜，设置水平度盘读数为 0°01′30″，将显示窗上水平角读数记入表 3-5。按测距键，将显示窗上水平距离记入表 3-5 中。注意，在测距前要检查棱镜常数的设置是否正确。

步骤 3：顺时针旋转照准部，精确瞄准右目标 B 棱镜，将显示窗上水平角读数记入表 3-5 中。用右目标水平角读数减去左目标水平角读数，计算上半测回角值。

步骤 4：旋转照准部，调转望远镜镜头，盘右位置精确瞄准右目标 B 棱镜，将显示窗上水平角读数记入表 3-5 中。

步骤 5：逆时针旋转照准部，精确瞄准左目标 A 棱镜，将显示窗上水平角读数记入表 3-5中。用右目标水平角读数减去左目标水平角读数，计算下半测回角值。上、下半测回角值取平均值，记入一测回角值。按测距键，将显示窗上水平距离记入表 3-5 中。两次测距取平均值，记入表 3-5 中。

上、下半测回角值之差不超过±40″，两次测距之差不超过 3mm 可视为精度合格；否则应查明原因，将错误原因填写在备注栏。

表 3-5　测回法测角测距记录表

仪器编号：　　　　日期：　　　　天气：　　　　呈像：

测　站	盘　位	目　标	水平度盘读数/(° ′ ″)	半测回角值/(° ′ ″)	一测回角值/(° ′ ″)	备　注
O	左	A				观测者：
		B				
	右	A				
		B				
边名	平距读数/m					记录者：
OA	第一次(盘左)		第二次(盘右)	平均值		
测　站	盘　位	目　标	水平度盘读数/(° ′ ″)	半测回角值/(° ′ ″)	一测回角值/(° ′ ″)	备　注
						观测者：
边名	平距读数/m					记录者：
	第一次(盘左)		第二次(盘右)	平均值		

步骤 6：结束实践操作，将仪器装箱，换人练习观测。

[随堂测试 3-2]　请上网查阅水平角测量相关文献资料，并结合自己的实践体会，将减小测角误差的措施填写在表 3-6 中。

表 3-6　水平角测量误差减少措施分析表

误差分类	误差来源	减少措施	减少程度(消除/减小)
仪器误差	度盘刻画不均		
	横轴误差		
	光学对中器视线不与竖轴旋转中心线重合		

续表

误差分类	误差来源	减少措施	减少程度(消除/减小)
观测误差	测站偏心		
	目标偏心		
	瞄准误差		
	整平误差		
外界条件的影响	地面辐射热		
	土质松软		
	温度		

任务 3.3 全站仪常规检校

微课：全站仪的常规检校

3.3.1 全站仪应满足的几何条件

如图 3-10 所示，全站仪的主要轴线有竖轴 VV、横轴 HH、视准轴 CC 和水准管轴 LL。从前述测角原理已知，为了能正确地测出水平角和竖直角，仪器必须能够精确地安置在测站点上；仪器竖轴必须处于铅垂位置；视线绕横轴旋转时，必须形成一个铅垂面；当视线水平时，竖盘读数应为 90°或 270°。为满足上述要求，全站仪各轴线之间应满足以下几何条件：

(1) 水准管轴 LL 应垂直于竖轴 VV；

(2) 十字丝竖丝应垂直于横轴 HH；

(3) 视准轴 CC 应垂直于横轴 HH；

(4) 横轴 HH 应垂直于竖轴 VV；

(5) 竖直度盘指标差为零。

仪器在出厂时，以上各项条件都是经检验合格的，但是由于在运输或长期使用过程中震动、碰撞等原因，使各部分螺钉松动，各轴线间的关系产生变化。因此，在正式作业之前，必须对仪器进行检验和校正。

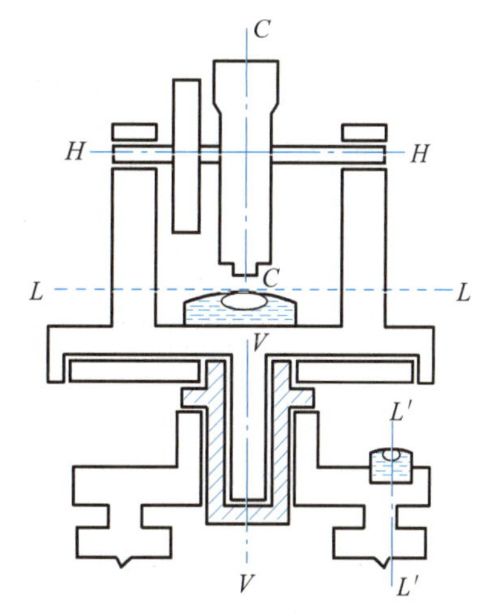

图 3-10 全站仪轴线关系

3.3.2 光学对中器的检验与校正

1. 检验

对中的目的是使测量仪器中心与所测地面点在一条铅垂线上，因此必须要求光学对中器的视准轴与仪器的竖轴在一条直线上。检查光学对中器是否正确时，先将仪器精确对中、整平，旋转对中器 180°，若仍对准地面标志中心，则表明对中器的视准轴与仪器的竖轴在一条直线上；若对中点偏差大于 2mm，则需要进行校正。

2. 校正

不同型号的仪器其校正部位是不同的,有的校正转向直角棱镜,有的校正分划板,有的两者均可校正。校正时需使用校正螺旋螺钉旋具拨动对中器上相应的校正螺钉,调整目标偏离量的一半,利用基座脚螺旋将对中点精确对中。旋转对中器 180°,反复校正几次,直至旋转到任何部位观测地面目标都在小圆中心上。

3.3.3 水准管轴的检验与校正

1. 检验

先将仪器粗略整平后,使水准管平行于一对相邻的脚螺旋,并用这一对脚螺旋使水准管气泡居中,这时水准管轴 LL 已居于水平位置,如果两者不相垂直,则竖轴 VV 不在铅垂位置,如图 3-11(a)所示。然后将照准部平转 180°,由于它是绕竖轴旋转的,竖轴位置不动,则水准管轴偏移水平位置,气泡也不再居中,如图 3-11(b)所示。假设两者不相垂直的偏差为 α,则平转后水准管轴与水平位置的偏移量为 2α。

2. 校正

校正时用脚螺旋使气泡退回原偏移量的一半,则竖轴便处于铅垂位置。再用校正装置升高或降低水准管的一端,使气泡居中,则条件满足,如图 3-11(c)所示。

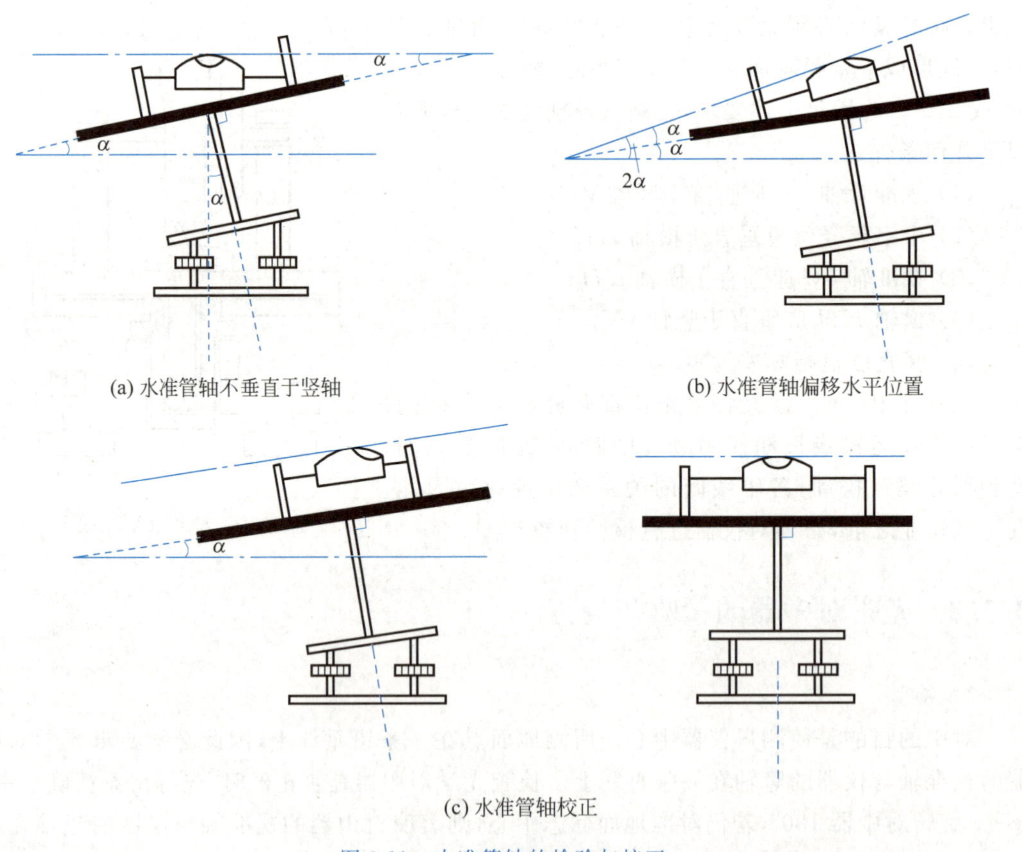

(a) 水准管轴不垂直于竖轴

(b) 水准管轴偏移水平位置

(c) 水准管轴校正

图 3-11 水准管轴的检验与校正

3.3.4 十字丝的检验与校正

1. 检验

如图 3-12 所示，将仪器整平后，用十字丝交点准确瞄准一个小而清晰的目标点，然后转动望远镜的微动螺旋，使目标点相对移动到竖丝的下端或上端。若目标点始终在竖丝上移动，则说明该项条件满足；否则，应对十字丝进行校正。

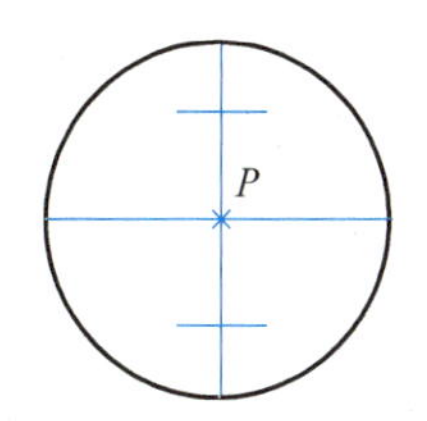

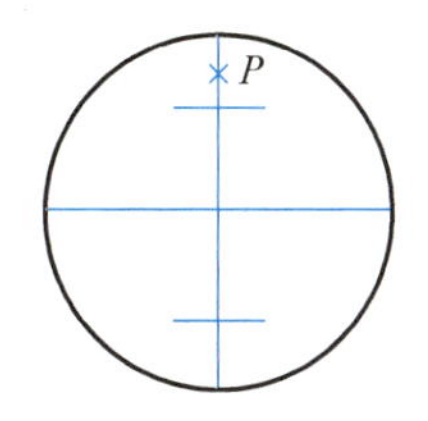

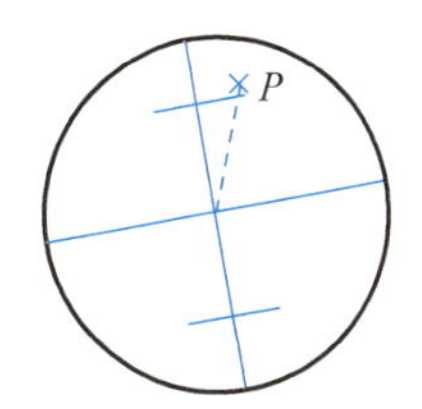

图 3-12 十字丝竖丝的检验

2. 校正

打开十字丝分划板的护罩，用起子松开十字丝分划板座的压环螺钉，如图 3-13 所示，然后左手转动分划板，直至转动望远镜的微动螺旋时竖丝始终沿着目标点上下移动为止。校正后，应将分划板的压环螺钉拧紧，并将护罩上好。

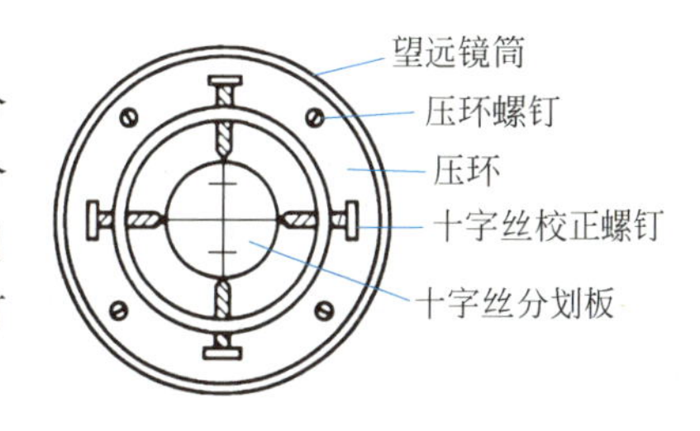

图 3-13 十字丝分划板

3.3.5 视准轴的检验与校正

1. 检验

如图 3-14 所示，在平坦场地选择相距 100m 的 A、B 两点，仪器安置在两点中间的 O 点，在 A 点设置和全站仪同高的点标志(或在墙上设同高的点标志)，在 B 点设一根标准尺，该尺与仪器同高且与 OB 垂直。检验时用盘左瞄准 A 点标志，固定照准部，倒转望远镜，在 B 点尺上定出 B_1 点的读数，再用盘右同法定出 B_2 点读数。若 B_1 与 B_2 重合，说明此条件满足，否则需要校正。

2. 校正

在 B_1、B_2 点间 1/4 处定出 B_3 点读数，使 $B_3=B_2-(B_2-B_1)/4$。拨动十字丝左、右校正螺旋，使十字丝交点与 B_3 点重合。如此反复检校，直到 $B_1B_2\leqslant 2\text{mm}$ 为止。最后旋上十字丝分划板护罩。

3.3.6 横轴的检验与校正

1. 检验

如图 3-15 所示，在距墙 10～20m 处安置全站仪，盘左位置瞄准墙上高处(仰角应大于

30°)一明显目标 P 点，然后将望远镜放置水平，在墙上标出十字丝交点位置 P_1 点；倒转望远镜成盘右位置，再次瞄准 P 点后同法定出 P_2 点。如果 P_1 与 P_2 两点重合，说明横轴垂直于竖轴，否则需要校正。

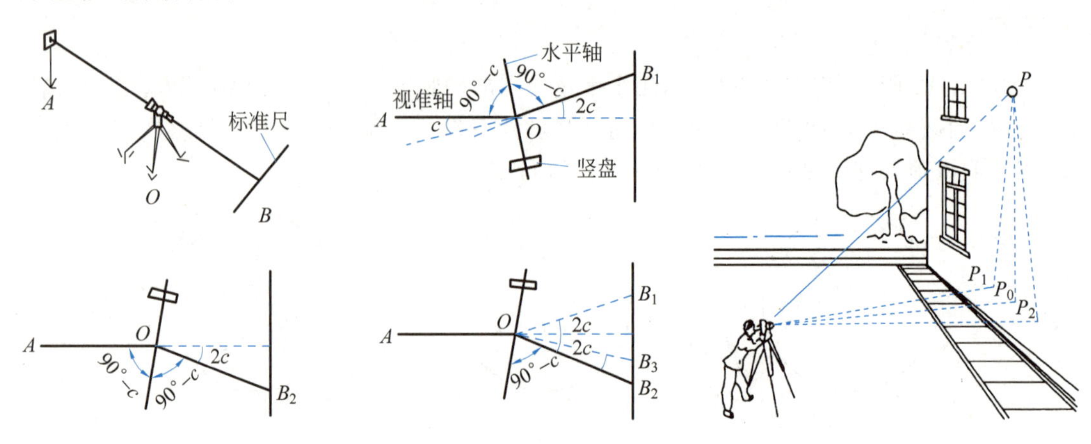

图 3-14　视准轴的检验与校正　　图 3-15　横轴的检验与校正

2. 校正

在墙上写出 P_1P_2 的中点 P_0，以盘右位置瞄准 P_0 点，固定照准后抬高望远镜，此时十字丝交点偏离 P 点。打开支架护盖，用校正针拨动支架校正螺钉，升高或降低横轴的一端，使十字丝交点逐步准确对准 P 点，紧固校正螺钉。再将望远镜向下转动到 P_0 点，如十字丝交点与 P_0 点重合，说明校正完成，若不重合，则重复上述检校过程。

全站仪密封性能好，一般能保证横轴与竖轴的垂直关系，测量人员只需进行检验。如需校正，应由专业检修人员进行。

[做中学 3-3]　全站仪检验

全站仪是高精度测量仪器，需定期进行检验，只有确保各项指标满足要求，方能发挥最大效用。下面跟随以下步骤的引导，了解全站仪检验的相关内容。

步骤 1：选定合适的场地，在测点上安置全站仪。

步骤 2：进行一般性检验，并做好检验记录，填入表 3-7 中。

表 3-7　全站仪一般性检验记录表

检验项目	检验结果
三脚架是否牢固	
螺旋洞等处是否清洁	
仪器转动是否灵活	
望远镜成像是否清晰	
制动及微动螺旋是否有效	
外观是否有损伤	

步骤 3：检查光学对中器。精确对中后，转动对中器 180°，检查对中器小圆圈中心(□是□否)依然对准地面标志中心。若有偏移，请记录偏移值为________ mm。

步骤 4：检查水准管。精确整平后，转动照准部 180°，检查发现水准管气泡(□是

□否)居中。若不居中,请记录偏离中心________格。

步骤5:检查十字丝。用十字丝交点准确瞄准一个小而清晰的目标点,转动望远镜的微动螺旋,使目标点相对移动到竖丝的下端或上端,目标点始终(□是 □否)在竖丝上。若不在,请记录偏移竖丝值:________″。

步骤6:视准轴检查。在仪器两侧各50m处选定 A、B 两点。在 A 点设置和全站仪同高的点标志,在 B 点设一根水平尺,该尺与仪器同高且与 OB 垂直。首先用盘左瞄准 A 点标志,固定照准部,倒转望远镜,定出水平尺上 B_1 点的读数,再用盘右同法定出 B_2 点读数。检查发现 B_1 与 B_2(□是 □否)重合。若不重合,请记录 B_1 与 B_2 读数差值:________mm。

步骤7:横轴检查。用全站仪盘左位置瞄准墙上高处一明显目标 P 点,然后将望远镜放置水平,在墙上标出十字丝交点位置 P_1 点;倒转望远镜成盘右位置,再次瞄准 P 点后同法定出 P_2 点。检查发现如果 P_1 与 P_2(□是 □否)重合。若不重合,请记录 P_1 与 P_2 点的偏移值:________mm。

步骤8:检查结束,换人练习。

[随堂测试3-3] 全站仪的主要轴线有竖轴、横轴、视准轴和水准管轴,它们相互之间应满足什么关系呢?请复习本任务所学内容,结合实际操作经验,填写表3-8。

表3-8 全站仪轴线关系表

轴线	竖轴	横轴	视准轴	水准管轴
竖轴				
横轴				
视准轴				
水准管轴				

知识自测

一、单项选择题

1. 测量工作中水平角的取值范围为(　　)。

A. 0°～180°　　B. −180°～+180°

C. −90°～+90°　　D. 0°～360°

2. 采用全站仪盘右进行水平角观测,瞄准观测方向左侧目标水平度盘读数为145°03′24″,瞄准右侧目标读数为34°01′42″,则该半测回测得的水平角值为(　　)。

A. 111°01′42″　　B. 248°58′18″

C. 179°05′06″　　D. −111°01′42″

3. 测回法测水平角,测完上半测回后,发现水准管气泡偏离2格多,在此情况下应(　　)。

A. 整平后观测下半测回

B. 整平后重测整个测回

C. 对中后重测整个测回

D. 继续观测下半测回

4. 当测角精度要求较高时，应变换水平度盘不同位置，观测 n 个测回取平均值，变换水平度盘位置的计算公式是（　　）。

A. $90°/n$　　B. $180°/n$

C. $270°/n$　　D. $360°/n$

5. 测回法观测水平角，盘左和盘右瞄准同一方向的水平度盘读数，理论上应（　　）。

A. 相等　　B. 相差 90°

C. 相差 180°　　D. 相差 360°

6. 全站仪视准轴 CC 与横轴 HH 应满足的几何关系是（　　）。

A. 平行　　B. 垂直　　C. 重合　　D. 呈 45°角

7. 全站仪的视准轴是（　　）。

A. 望远镜物镜光心与目镜光心的连线

B. 望远镜物镜光心与十字丝中心的连线

C. 望远镜目镜光心与十字丝中心的连线

D. 通过水准管内壁圆弧中点的切线

8. 全站仪瞄准其竖轴所在的同一竖直面内不同高度的点，其水平度盘读数（　　）。

A. 相等　　B. 不相等

C. 有时相等，有时不相等　　D. 不能确定

9. 全站仪整平的目的是使（　　）处于铅垂位置。

A. 仪器竖轴　　B. 仪器横轴　　C. 管水准轴　　D. 圆水准器轴

10. 检验全站仪水准管，初步整平仪器后，使水准管在一对脚螺旋方向居中，然后将照准部旋转（　　），气泡仍居中，说明水准管轴垂直于竖轴。

A. 45°　　B. 90°　　C. 180°　　D. 270°

二、多项选择题

1. 测回法采用盘左和盘右观测角值取平均作为一测回角值，这一操作可以消除或减弱的误差包括（　　）。

A. 照准部偏心误差　　B. 横轴误差

C. 视准轴误差　　D. 竖轴误差

E. 目标偏心误差

2. 全站仪整平的目的是（　　）。

A. 使竖轴处于铅垂位置　　B. 使水平度盘水平

C. 使横轴处于水平位置　　D. 使竖轴位于竖直度盘铅垂面内

E. 使仪器中心与测站点标志中心位于同一铅垂线上

3. 在角度测量过程中，造成测角误差的因素有（　　）。

A. 读数误差　　B. 仪器误差

C. 目标偏心误差　　D. 测量人员的错误操作

E. 照准误差

4. 下列全站仪主要轴线需满足的几何条件中，正确的有（　　）。

A. 照准部的水准管轴应垂直于竖轴

B. 视准轴应平行于水准管轴

C. 横轴应垂直于竖轴

D. 竖盘指标差应为 90°

E. 圆水准器轴应垂直于竖轴

5. 以下关于测回法水平角观测注意事项中，说法正确的是(　　)。

A. 仪器高度应与观测者的身高相适应

B. 操作过程中不要用手扶三脚架

C. 照准标志要竖直，瞄准目标时尽量照准目标中部

D. 水平角观测过程中，不得再调整照准部水准管

E. 应边观测、边记录、边计算，发现错误立即重测

三、综合探究题

1. 全站仪对中、整平的目的是什么?

2. 观测水平角时，如测两个以上测回，为什么各测回要变换起始度盘位置?

3. 全站仪主要有哪些轴线? 各轴线之间应满足什么几何条件?

技能实训

[实训项目]

测回法测量水平角。

[实训目的]

1. 掌握水平角观测原理。

2. 掌握测回法观测程序。

3. 掌握测回法记录计算方法。

[实训准备]

1. 小组内进行观测、记录、棱镜安置等分工安排。

2. 每组借领全站仪 1 台、棱镜 2 个、三脚架 3 个、记录板 1 个。

3. 确定测站点和目标点。

[实训内容]

1. 在测站点安置仪器，在目标点安置棱镜，对中、整平。

2. 第一测回盘左观测：瞄准左目标棱镜，设置水平度盘读数 0°01′30″，读取初始读数并记入表 3-9 中；顺时针旋转照准部，瞄准右目标棱镜，将水平角观测值记入表 3-9 中，计算出上半测回角值。

3. 第一测回盘右观测：瞄准右目标棱镜，将水平角观测值记入表 3-9 中；逆时针旋转照准部，瞄准左目标棱镜，将水平角观测值记入表 3-9 中，计算出下半测回角值。

4. 若上、下半测回角值之差不超过±40″，则取平均值得出一测回角值；否则应查明原因，将错误原因填写在备注栏，并在需要时重新进行观测。

5. 按第一测回同样的方法进行第二测回观测，需要注意的是，第二测回初始方向设置为 90°02′30″。

6. 两测回角值之差不超过±24″，算出测回间平均值；否则应查明原因，将错误原因填写在备注栏，并在需要时重新进行观测。

测回法测角记录表如表 3-9 所示。

表 3-9　测回法测角记录表

仪器编号：　　　　日期：　　　　天气：　　　　呈像：

观测者：　　　　记录者：

测回测站	盘位	目标	水平度盘读数	半测回角值	一测回平均角值	两测回平均角值	备注
			° ′ ″	° ′ ″	° ′ ″	° ′ ″	

[实训思考]

项目4 平面控制测量

学习目标

知识目标

1. 了解工程平面控制网的等级划分及布设形式。
2. 掌握导线的布设形式、外业施测和内业计算方法。
3. 掌握全站仪坐标测量的原理和操作步骤。
4. 掌握建筑基线、方格网的布设要求和测设方法。

能力目标

1. 能按不同等级要求完成导线外业施测和内业计算。
2. 能根据已知点坐标使用全站仪坐标测量功能获取待定点坐标。
3. 能根据施工现场条件选择合适的方法，布设施工平面控制网。

精确测定控制点平面位置的测量工作称为平面控制测量。由平面控制点组成的网状几何图形称为平面控制网。平面控制测量常采用三角网、导线网、建筑基线、建筑方格网等形式，其布设应根据总平面图和施工场地的地形条件来确定。对于地形平坦但是通视比较困难的地区，可采用导线网；对于布设较简单的小型施工场地，可以布设一条或几条建筑基线；对于建筑物多为矩形且布置比较规则的地区，可以采用建筑方格网。

导入案例

某工程平面控制网的建立

某工程的平面控制依据为业主提供的3个坐标控制点，其坐标分别为Y_1(X=377.195，Y=−206.287)，Y_2(X=260.420，Y=−70.575)，Y_3(X=540.890，Y=−22.115)。为保证主体施工定位精度，防止测量误差的积累传递，工程平面控制网采用“先整体、后局部，以高精度控制低精度”的测量原则，控制点选在硬度大、安全、易保护的位置，相邻点之间通视良好、分布均匀。

由于该工程基准控制点位于施工场地外，为便于工程施工需要，测量放线组进场后将基准控制点同监理人员复核无误后引至施工场地内。施工场地内平面控制网布设如图4-1所示。

根据场区外基准控制点Y_1、Y_2、Y_3，在施工场地内布设6个控制点并形成平面控制网，各控制点坐标为K_1(X=497.801，Y=177.724)，K_2(X=379.722，Y=72.139)，K_3(X=307.400，Y=153.020)，K_4(X=234.496，Y=87.830)，K_5(X=160.173，Y=170.947)，K_6(X=351.156，Y=341.722)，各控制点采用C20混凝土保护，地面以上设醒目的红白围护栏杆，防止施工机具、车辆碰压。

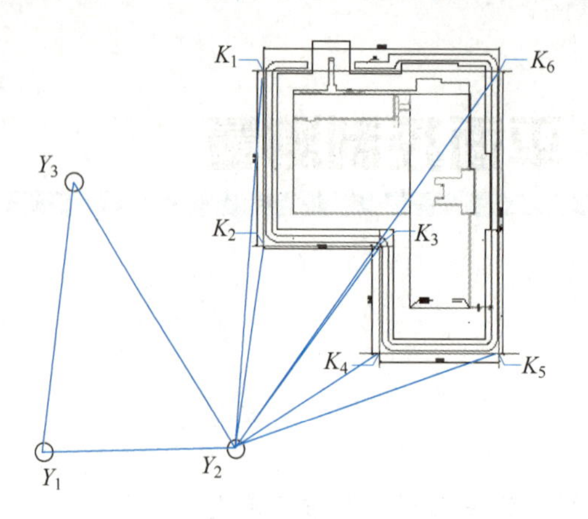

图 4-1　某工程平面控制网布设

学习任务

任务 4.1　全站仪坐标测量

4.1.1　地面点的坐标

微课：地面点的坐标

地球表面高低起伏不平，是一个不规则的曲面。大地水准面虽然比地球的自然表面要规则得多，但是还不能用一个简单的数学公式表示出来。为了便于测绘成果的计算，选择一个大小和形状同地球极为接近的旋转椭球面来代替，即以椭圆的短轴（地轴）为轴旋转而成的椭球面，称为地球椭球面。它是一个纯数学表面，可以用简单的数学公式表达，这样就可以建立点与投影面之间一一对应的函数关系。形状、大小一定且已经与大地体做了最佳拟合的地球椭球称为参考椭球。我国的最佳拟合点也称为大地原点，位于陕西省西安市泾阳县永乐镇。参考椭球面是测量、计算的基准面，也是研究大地水准面形状的参考面。

表示地面点在空间的位置需要 3 个坐标量，除了需确定点的高程以外，还需要确定它的坐标。地面点的坐标常用地理坐标或者平面直角坐标来表示。

1. 地理坐标

地理坐标按坐标所依据的基本线和基本面的不同及求坐标方法的不同可分为天文地理坐标和大地地理坐标两种。

天文地理坐标又称天文坐标，表示地面点在大地水准面上的位置，用天文经度 λ 和天文纬度 φ 表示。

大地地理坐标又称大地坐标，表示地面点在旋转椭球面上的位置，用大地经度 L 和大地纬度 B 表示。大地经纬度是根据大地原点（该点的大地经纬度与天文经纬度一致）的大地坐标，再按大地测量所得的数据推算而得的。

我国在成立之前采用海福特椭球参数，在成立之初采用克拉索夫斯基椭球参数（其大地原点在苏联，对我国密合不好，越往南方误差越大）。我国目前采用的是 1975 年国际大地测量和地球物理学联合会(International Union of Geodesy and Geophysics,IUGG)推荐的椭球,在我国称为“1980年国家大地坐标系”。2008年7月1日我国启动了2000国家大地坐标系,2018年7月1日起我国开始全面使用2000国家大地坐标系。

2. 平面直角坐标系

在实际测量工作中,若用以角度为度量单位的球面坐标来表示地面点的位置是不方便的,通常是采用平面直角坐标。测量工作中所用的平面直角坐标与数学上的笛卡尔直角坐标基本相同,只是测量工作以 x 轴为纵轴,一般表示南北方向,以 y 轴为横轴,一般表示东西方向,象限为顺时针编号,直线的方向都是从纵轴北端按顺时针方向度量的,如图4-2所示。这样的规定,使数学中的三角公式在测量坐标系中完全适用。

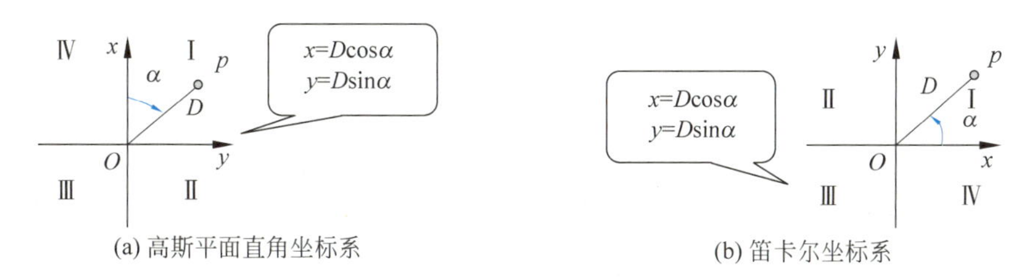

图4-2 平面直角坐标系

1) 高斯平面直角坐标系

由于地球是一个不可展平的曲面,运用任何数学方法进行平面转换都会产生误差和变形,为按照不同的需求缩小误差,就产生了各种投影方法。常用的投影方法有墨卡托投影(正轴等角圆柱投影)、高斯-克吕格投影、斜轴等面积方位投影、双标准纬线等角圆锥投影、等差分纬线多圆锥投影、正轴方位投影等。我国采用的是高斯-克吕格投影方法。

高斯-克吕格投影是由德国数学家、物理学家、天文学家高斯于19世纪20年代最先设计的,后经德国大地测量学家克吕格于1912年对投影公式加以补充完善,故称为高斯-克吕格投影,简称高斯投影。

高斯投影的方法就是假设一个椭圆柱横套在地球椭球体外并与椭球面上的某一条子午线相切,这条相切的子午线称为中央子午线。假想在椭球体中心放置一个光源,通过光线将椭球面上一定范围内的物象映射到椭圆柱的内表面上,然后将椭圆柱面沿一条母线剪开并展成平面,即获得投影后的平面图形,如图4-3所示。该投影的经纬线图形有以下特点。

(1) 投影后的中央子午线为直线,无长度变化;其余的经线投影为凹向中央子午线的对称曲线,长度较球面上的相应经线略长。

(2) 赤道的投影也为一条直线,并与中央子午线正交;其余的纬线投影为凸向赤道的对称曲线。

(3) 经纬线投影后仍然保持相互垂直的关系,说明投影后的角度无变形。

高斯投影没有角度变形,但有长度变形和面积变形,离中央子午线越远,变形就越大。为了对变形加以控制,测量中采用限制投影区域的办法,即将投影区域限制在中央子午线两侧一定的范围,这就是所谓的分带投影,如图4-4(a)所示。投影带一般分为6°带和3°带两种,如图4-4(b)所示。

6°带投影是从英国格林尼治起始子午线开始,自西向东,每隔经差6°分为一带,将地球分成60个带,其编号分别为1、2、…、60。每带的中央子午线经度可用下式计算:

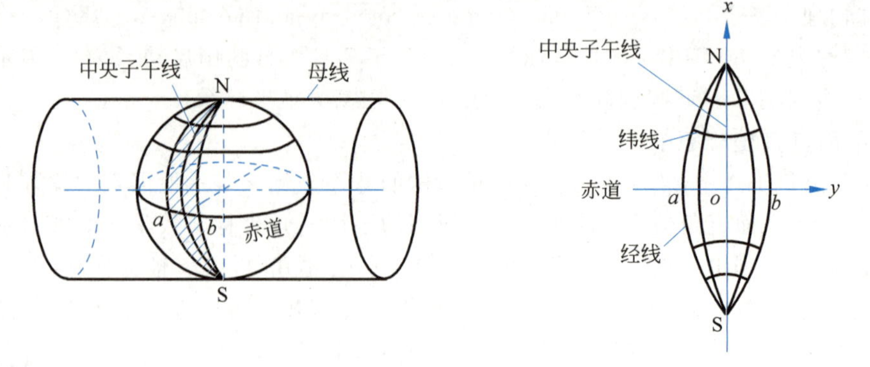

图 4-3 高斯投影方法

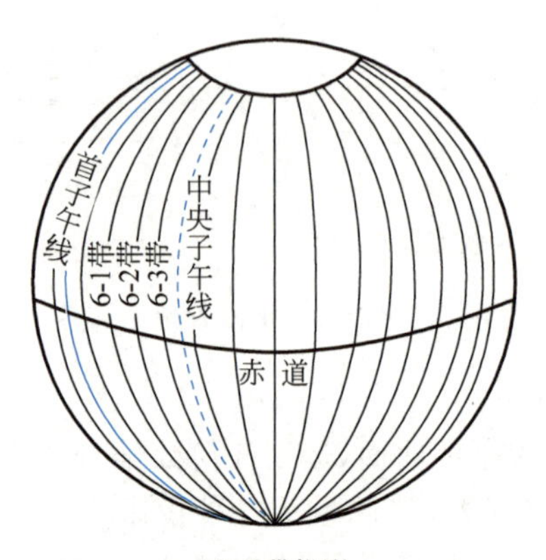

(a) 分带投影

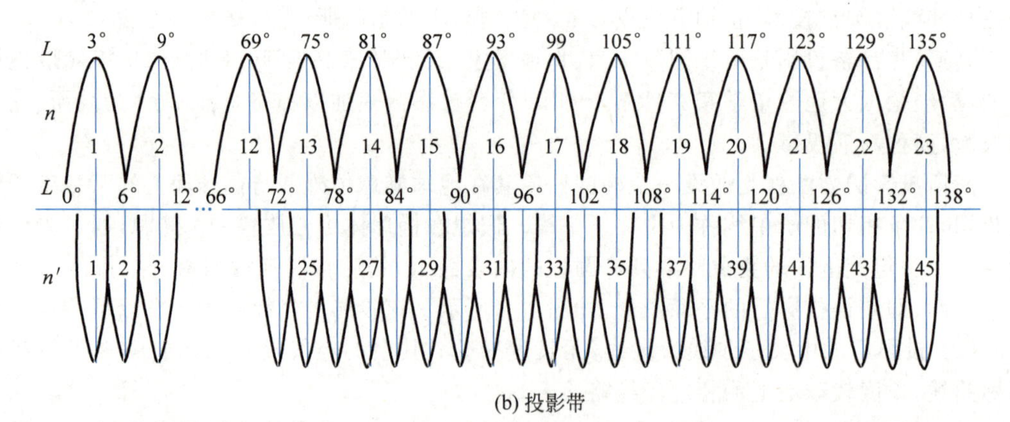

(b) 投影带

图 4-4 分带投影和投影带

$$\lambda_0 = 6N - 3$$

式中：N——6°带的带号。

6°带的最大变形在赤道与投影带最外一条经线的交点上，长度变形为 0.14%，面积变形为 0.27%。

3°带是在 6°带的基础上划分的。每 3°为一带，共 120 带，其中央子午线在奇数带时与 6°带中央子午线重合，每带的中央子午线经度可用下式计算：

$$\lambda'_0 = 3n$$

式中：n——3°带的带号。

3°带的边缘最大长度变形为0.04%，最大面积变形为0.14%。

我国领土位于东经72°～136°，共包括11个6°带，即13～23带；22个3°带，即24～45带。常州位于3°带的第40带，中央子午线经度为120°。

通过高斯投影，将中央子午线的投影作为纵坐标轴，用x表示；将赤道的投影作为横坐标轴，用y表示；两轴的交点作为坐标原点，由此构成的平面直角坐标系称为高斯平面直角坐标系，如图4-5所示。对应于每一个投影带，就有一个独立的高斯平面直角坐标系，区分各带坐标系则利用相应投影带的带号。

由于我国位于北半球，因此在我国范围内，所有点的x坐标均为正值，而y坐标则有正有负，这对于计算和使用均不方便。为了使y坐标都为正值，统一规定将纵坐标x轴向西平移500km(半个投影带的最大宽度不超过500km)，并在y坐标前加上投影带的带号。

2）独立平面直角坐标系

当测区的范围较小，能够忽略该区地球曲率的影响而将其当作平面看待时，可在此平面上建立独立的直角坐标系。一般选定子午线方向为纵轴，即x轴，原点设在测区的西南角，以避免坐标出现负值。测区内任一地面点用坐标(x,y)来表示，它们与本地区统一坐标系没有必然的联系而为独立的平面直角坐标系，如图4-6所示。独立的平面直角坐标系如有必要，可通过与国家坐标系联测而纳入统一坐标系。经过估算，在面积为300km² 的多边形范围内，可以忽略地球曲率影响而建立独立的平面直角坐标系，当测量精度要求较低时，这个范围还可以扩大数倍。

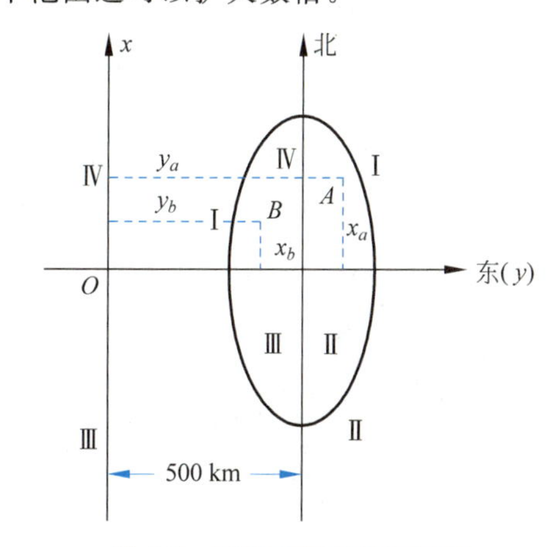

图4-5　高斯平面直角坐标系

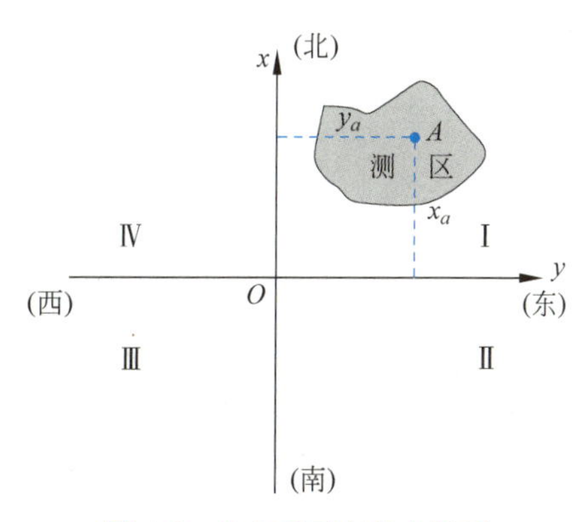

图4-6　独立平面直角坐标系

4.1.2　直线定向

微课：直线定向

测量工作中，一条直线的方向是根据某一标准方向来确定的。确定一条直线与标准方向的关系称为直线定向。

1. 标准方向的分类

1）真子午线方向

通过地面上某点并指向地球南北极的方向称为该点的真子午线方向，其中指向北极的简称为真北方向，指向南极的简称为真南方向。真子午线方向可用天文测量的方法测定。

2）磁子午线方向

磁针在地球磁场的作用下，自由静止时其轴线所指的方向称为磁子午线方向。磁子午线方向可用罗盘仪测定。

3）坐标纵轴方向

在高斯平面直角坐标系中，坐标纵轴方向就是地面点所在投影带的中央子午线方向，实际应用中常取与高斯平面直角坐标系中 x 坐标轴平行的方向为坐标纵轴方向。在同一投影带内，各点的坐标纵轴方向是彼此平行的。

如图 4-7 所示，3 种标准方向相互之间并不平行，真北方向与磁北方向之间的夹角称为磁偏角，真北方向与坐标纵轴北方向之间的夹角称为子午线收敛角。

2. 直线方向的表示方法

1）方位角

测量工作中，常采用方位角表示直线的方向。从直线起点的标准方向北端起，顺时针方向量至该直线的水平夹角，称为该直线的方位角。方位角的取值范围是 0°～360°。

因标准方向有真子午线方向、磁子午线方向和坐标纵轴方向之分，对应的方位角分别称为真方位角（用 A 表示）、磁方位角（用 A_m 表示）和坐标方位角（用 α 表示）（图 4-7）。

由于地面各点的真北（或磁北）方向互不平行，用真（磁）方位角表示直线方向会给方位角的推算带来不便，因此在一般测量工作中，常采用坐标方位角来表示直线的方向。

2）象限角

某直线的象限角是由直线起点的标准方向北端或南端起，沿顺时针或逆时针方向量至该直线的锐角，用 R 表示，如图 4-8 所示，其角值范围为 0°～90°。象限角与坐标方位角的关系如表 4-1 所示。

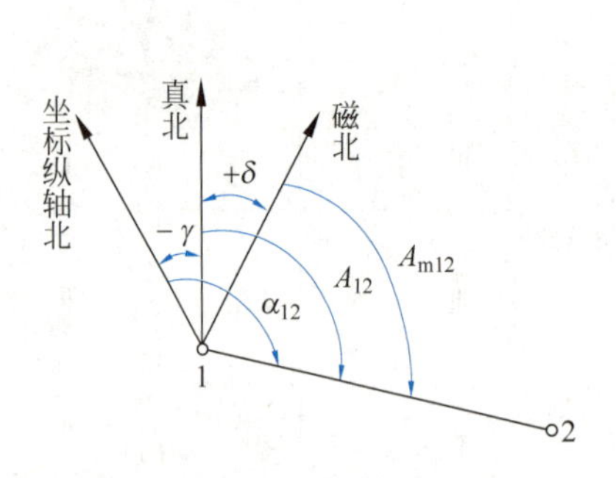

图 4-7　3 种标准方向之间的关系

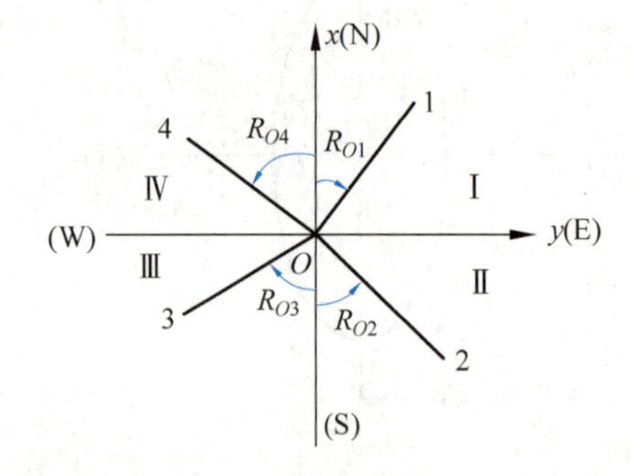

图 4-8　象限角

表 4-1　象限角与坐标方位角的关系

直线	直线方向	象限	象限角	象限角与坐标方位角的关系
$O1$	北东	Ⅰ	$R_{O1}=30°$	$\alpha_{O1}=R_{O1}$
$O2$	南东	Ⅱ	$R_{O2}=50°$	$\alpha_{O2}=180°-R_{O2}$
$O3$	南西	Ⅲ	$R_{O3}=50°$	$\alpha_{O3}=180°+R_{O3}$
$O4$	北西	Ⅳ	$R_{O4}=35°$	$\alpha_{O4}=360°-R_{O4}$

3. 坐标方位角

1）正、反坐标方位角

如图 4-9 所示，以 A 为起点、B 为终点的直线 AB 的坐标方位角 α_{AB} 称为直线 AB 的坐标方位角；而直线 BA 的坐标方位角 α_{BA} 称为直线 AB 的反坐标方位角。

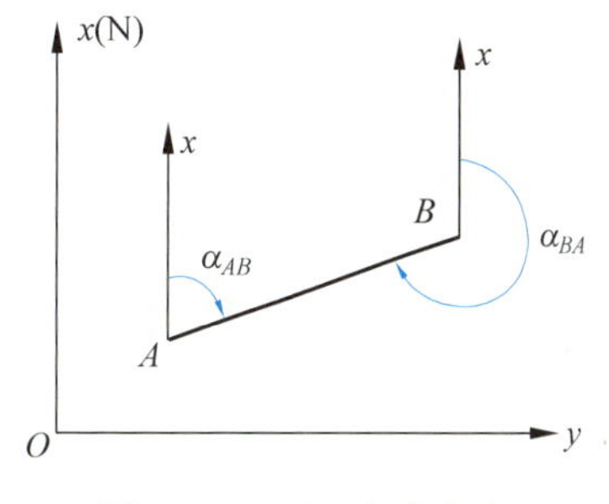

图 4-9 正反坐标方位角

由图 4-9 可以看出，正、反坐标方位角间的关系为

$$\alpha_{AB} = \alpha_{BA} \pm 180°$$

2）坐标方位角的推算

在实际工作中并不需要测定每条直线的坐标方位角，而是通过与已知坐标方位角的直线联测后，推算出各直线的坐标方位角。如图 4-10 所示，已知直线 12 的坐标方位角 α_{12}，观测了水平角 β_2 和 β_3，要求推算直线 23 和直线 34 的坐标方位角。

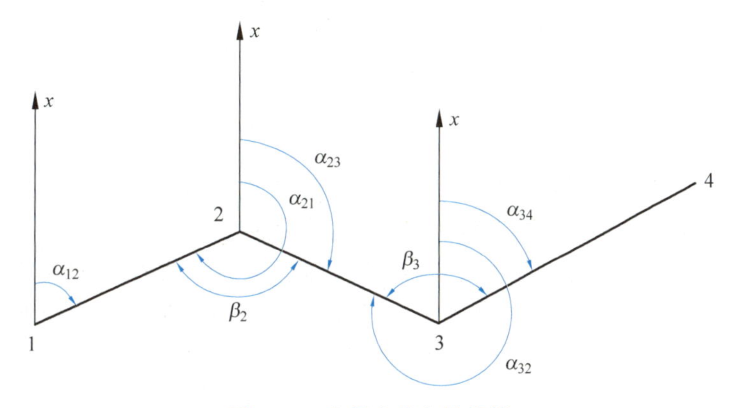

图 4-10 坐标方位角的推算

由图 4-10 可以看出：

$$\alpha_{23} = \alpha_{21} - \beta_2 = \alpha_{12} + 180° - \beta_2$$
$$\alpha_{34} = \alpha_{32} + \beta_3 = \alpha_{23} + 180° + \beta_3$$

因 β_2 在推算路线前进方向的右侧，该转折角称为右角；β_3 在左侧，该转折角称为左角。从而可归纳出推算坐标方位角的一般公式为

$$\alpha_{前} = \alpha_{后} + 180° - \beta_{右}$$

或

$$\alpha_{前} = \alpha_{后} + 180° + \beta_{左}$$

计算中，如果结果 $\alpha_{前}$ 大于 360°，应减去 360°；如果小于 0°，则应加上 360°。

4. 坐标正算与坐标反算

1）坐标正算

由已知点坐标、已知边长和该边坐标方位角求未知点坐标，称为坐标正算。坐标正算，在数学中即将极坐标转化为直角坐标。如图 4-11 所示，已

微课：坐标正算与反算

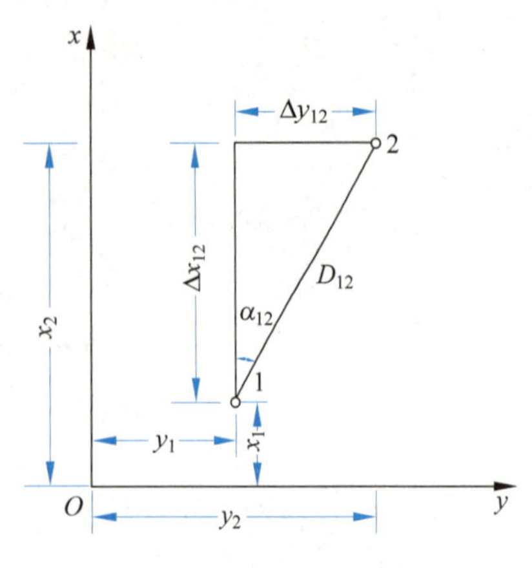

图 4-11　直角坐标与极坐标的关系

知 1 点的坐标(x_1,y_1)，直线 12 的水平距离 D_{12} 和坐标方位角 α_{12}，即可计算 2 点的坐标。计算公式为：

$$\Delta x_{12}=D_{12}\cdot\cos\alpha_{12}$$

$$\Delta y_{12}=D_{12}\cdot\sin\alpha_{12}$$

Δx_{12}、Δy_{12} 为 1、2 两点坐标之差，称为坐标增量。由此可继续计算得 2 点的坐标：

$$x_2=x_1+\Delta x_{12}$$

$$y_2=y_1+\Delta y_{12}$$

2)坐标反算

由两个已知点坐标，求其坐标方位角和边长，称为坐标反算。坐标反算，在数学中即将直角坐标转化为极坐标。如图 4-11 所示，已知 1、2 两点的坐标，可计算 1、2 两点的水平距离和坐标方位角。计算公式为：

$$\Delta x_{12}=x_2-x_1;\quad \Delta y_{12}=y_2-y_1$$

$$D_{12}=\sqrt{\Delta x_{12}^2+\Delta y_{12}^2}\quad ;R_{12}=\tan^{-1}\left|\frac{\Delta y_{12}}{\Delta x_{12}}\right|$$

式中 R_{12} 是直线 12 的象限角，换算方位角时，需根据 Δx_{12} 和 Δy_{12} 的正负判断直线所在的象限，然后按前述象限角与坐标方位角的关系进行换算。

坐标正算与坐标反算，可以利用计算器内置的极坐标和直角坐标相互转换功能快速计算。不同品牌的计算器转换操作方式不相同，具体可参考计算器的使用说明书。下面以最为常见的卡西欧计算器为例介绍计算器的操作方法。

坐标正算示例如图 4-12 所示。

REC(距离值,方位角)EXE

示例 1：将极坐标(2,30°)变换为直角坐标。

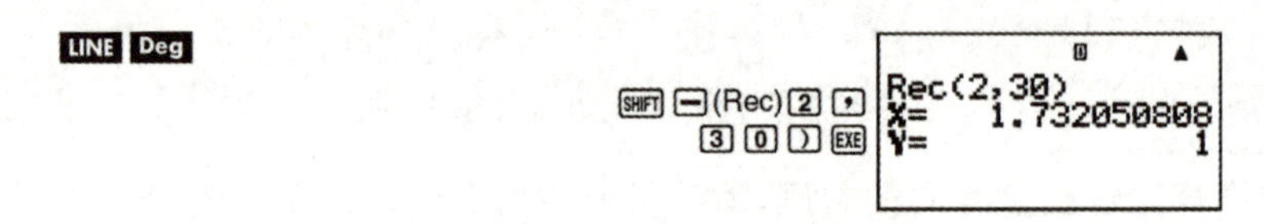

图 4-12　坐标正算示例

坐标反算示例如图 4-13 所示。

POL(X 坐标增量,Y 坐标增量)EXE

示例 2：将直角坐标$(\sqrt{2},\sqrt{2})$变换为极坐标。

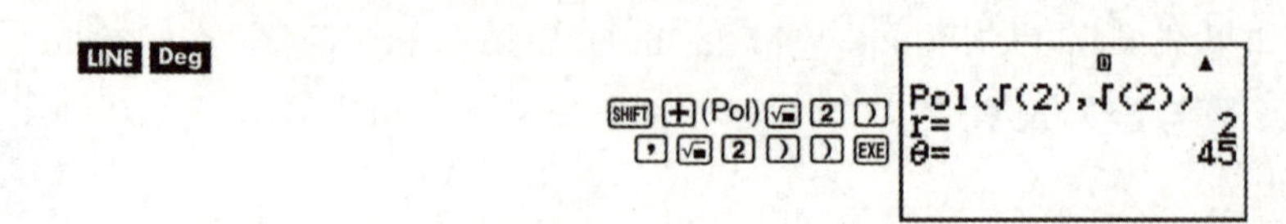

图 4-13　坐标反算示例

4.1.3　坐标测量原理

微课：坐标测量原理

如图 4-14 所示，已知 A、B 两点的三维坐标，全站仪在一个测站上可测得水平角 β、竖直角 τ 和倾斜距离 S，则待测点 1 的坐标可按以下步骤计算。

(1) 反算 BA 边方位角 α_{BA}：

$$\alpha_{BA} = \tan^{-1}\frac{E_A - E_B}{N_A - N_B}$$

(2) 推算 $B1$ 边方位角 α_{B1}：

$$\alpha_{B1} = \alpha_{BA} + \beta$$

(3) 计算坐标增量 ΔN_{B1}、ΔE_{B1} 和高差 ΔZ_{B1}：

$$\Delta N_{B1} = S\cos\tau\cos\alpha_{B1}$$
$$\Delta E_{B1} = S\cos\tau\sin\alpha_{B1}$$
$$\Delta Z_{B1} = S\sin\tau + i - l$$

式中：i——全站仪的仪器高；

l——目标点棱镜高，可用钢卷尺量取。

(4) 计算待测点 1 的三维坐标：

$$N_1 = N_B + \Delta N_{B1} = N_B + S\cos\tau\cos\alpha_{B1}$$
$$E_1 = E_B + \Delta E_{B1} = E_B + S\cos\tau\sin\alpha_{B1}$$
$$Z_1 = Z_B + \Delta Z_{B1} = Z_B + S\sin\tau + i - l$$

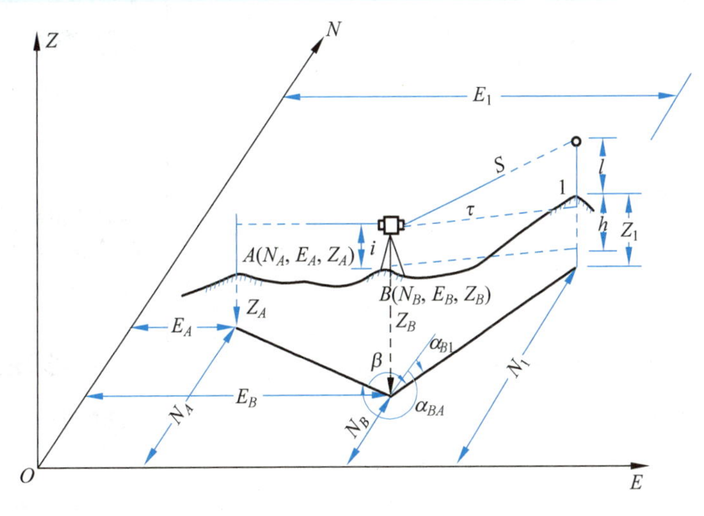

图 4-14　坐标测量原理

从上述计算公式可以看出，目标点的平面位置与仪器高和棱镜高无关，高程位置与方位角无关。因此，在实际测量工作中，可根据测量的具体要求只输入必要的参数，以提高工作效率。

4.1.4 坐标测量步骤

微课：坐标测量步骤

全站仪坐标测量实际上是先测量角度和距离，再通过内置软件由已知点坐标计算出目标点的三维坐标。因此，坐标测量必须先输入测站点坐标和后视点坐标或已知方位角。相对于传统的三大测量基本工作，直接测定点的三维坐标极大地方便了野外测量和内业计算工作。

坐标测量时要先进入坐标测量模式，具体操作步骤如表 4-2 所示。

表 4-2 坐标测量步骤

步骤	操作内容	操作键	显示窗
1	设置测站点坐标	F4	PSM -30 PPM 4.6 N: 2012.236 m E: 2115.309 m Z: 3.156 m 测量 模式 S/A P1↓ 镜高 仪高 测站 P2↓
		F3	PSM -30 PPM 4.6 N: 0.000 m E: 0.000 m Z: 0.000 m 回退
		输入数据 ENT	PSM -30 PPM 4.6 N: 6432.693 m E: 117.309 m Z: 0.126 m 镜高 仪高 测站 P2↓
2	设置仪器高、棱镜高	F4	PSM -30 PPM 4.6 N: 2012.236 m E: 2115.309 m Z: 3.156 m 测量 模式 S/A P1↓ 镜高 仪高 测站 P2↓
		F2 输入数据 ENT	输入仪器高 仪高: 0.000 m 回退
		F1 输入数据 ENT	输入棱镜高 镜高: 2.000 m 回退

续表

步骤	操作内容	操作键	显示窗
3	设置后视方位角	[F4]	PSM -30 PPM N: 2012.236 m E: 1015.309 m Z: 3.156 m 测量 模式 S/A P1↓ 偏心 后视 m/ft P3↓
		[F2]	输入后视点 点名: SOUTH 02 回退 调用 字母 坐标
		[F4]	输入后视点 N: 0.000 m E: 0.000 m 回退 角度
		照准后视点后按[F4]键	PSM -30 PPM 4.6 照准后视点 HB = 176° 22' 20" >照准? [否] [是]
4	测量目标点坐标	瞄准目标 [↙]	PSM -30 PPM 4.6 N: 12.236 m E: 115.309 m Z: 0.126 m 测量 模式 S/A P1↓

注意

全站仪中显示的 N、E、Z 即 X、Y、H。如果只需测量目标点的平面坐标，则测量时可不用输入仪器高和棱镜高。

[做中学 4-1] 全站仪坐标测量

全站仪坐标测量是获取待定点坐标方法中较为便捷和准确的一种，也是全站仪常用的功能之一。下面跟随以下步骤的引导，来学习如何用全站仪坐标测量功能测定待定点坐标。

如图 4-14 所示，场区内已知 A 点坐标(N_A，E_A，Z_A)和 B 点坐标(N_B，E_B，Z_B)，欲求 1 点坐标(N_1，E_1，Z_1)。

步骤 1：在已知点 B 上安置全站仪，另一已知点 A 上竖立照准标志，目标点 1 上安置反射棱镜。

步骤 2：按显示屏幕"坐标测量"快捷键进入测量坐标模式，按显示屏幕"测站"功能键，依次输入 B 点已知的坐标值(N_B,E_B,Z_B)，按 Enter 键确认。

步骤 3：按显示屏幕"后视"定向功能键，输入 A 点已知的坐标值(N_A,E_A,Z_A)，按 Enter 键确认。瞄准 A 点，按显示屏幕"照准"确认功能键，完成后视定向。

步骤 4：用钢卷尺量取仪器高，按仪高功能键，输入仪器高后按 Enter 键确认。

步骤 5：用钢卷尺量取棱镜高，按仪高功能键，输入棱镜高后按 Enter 键确认。

步骤 6：瞄准目标点 1 安置的棱镜中心，按"测量"功能键，即可测出目标点 1 的坐标值(N_1,E_1,Z_1)。

步骤 7：操作结束，仪器装箱，换人练习。

[随堂测试 4-1] 按照国务院关于推广使用 2000 国家大地坐标系的有关要求，2018 年 7 月 1 日起，我国全面使用 2000 国家大地坐标系。2000 国家大地坐标系与曾经使用过的 1954 北京坐标系、1980 西安坐标系有何不同？试上网查阅相关资料，将 3 种坐标系的区别填入表 4-3 中。

表 4-3 3 种坐标系对比

坐标系	坐标原点	坐标轴指向	参考椭球
1954 北京坐标系			
1980 西安坐标系			
2000 国家大地坐标系			

任务 4.2 导线测量

4.2.1 导线的布设形式

微课：导线的布设形式

导线是由若干条直线连成的折线，相邻两直线之间的水平角称为转折角。测定了转折角和导线边长之后，即可根据已知坐标方位角和已知坐标推算出各导线点的坐标。导线可被布设成单一导线和导线网。两条以上导线的汇聚点称为导线的结点。单一导线与导线网的区别在于导线网具有结点，而单一导线则不具有结点。按照不同的情况和要求，单一导线可以布设成下列几种形式。

1. 闭合导线

如图 4-15 所示，导线从一已知高级控制点 A 开始，经过一系列的导线点 1、2、3、4，最后又回到 A 点上，形成一个闭合多边形。应该注意，由于闭合导线是一种可靠性极差的控制网图形，因此在实际测量工作中应避免单独使用。

2. 附合导线

布设在两个高级控制点之间的导线称为附合导线。如图 4-15 所示，导线从已知高级控制点 B 开始，经过导线点 5、6、7、8，最后附合到另一高级控制点 C 上。附合导线主要用于带

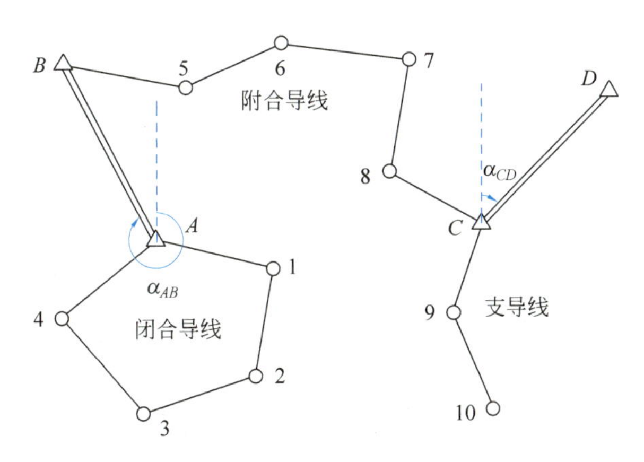

图 4-15　导线的布设形式

状地区的控制，如铁路、公路、河道的测图控制。已知控制点上可以有一条或几条定向边与之相连接，也可以没有定向边与之相连接。

3. 支导线

从一个已知控制点出发，支出 1～2 个点，既不附合至另一控制点，也不回到原来的起始点，这种形式称为支导线，如图 4-15 中的导线点 9、10。由于支导线缺乏检核条件，因此一般只限于地形测量的图根导线中采用。

4.2.2　导线测量的外业工作

微课：导线测量的外业工作

1. 踏勘选点

导线点的选择直接影响到导线测量的精度和速度，以及导线点的保存和使用。因此，在踏勘选点前，首先要调查收集测区已有地形图和高一级控制点的成果资料，在地形图上拟定导线的布设方案，然后到野外踏勘，实地核对、修改，落实点位。如果测区没有地形图资料，则需要详细踏勘现场，根据实际情况，合理选定导线点位置。实地选点时，应注意以下几点。

(1) 相邻两导线点间要互相通视，地势较平坦，便于测角和测距。

(2) 点位应选在土质坚实、视野开阔处，便于保存标志和安置仪器，同时也便于碎部测量和施工放样。

(3) 导线边长应大致相等，相邻边长不应差距过大，相邻边长之比不应超过 3 倍。

(4) 导线点要有足够的密度，便于控制整个测区。

2. 建立标志

导线点选定后，应在地面上建立标志，并沿导线走向顺序编号，绘制导线略图。无须长期使用的点位，可在点位上打一个木桩，在桩顶钉一小钉，作为点的标志，如图 4-16 所示；也可在水泥地面上用红漆画一个圆，圆内点一个小点，作为临时标志。若导线点需要长期保存，则应在选定的位置上埋设混凝土桩，如图 4-17 所示。桩顶嵌入带“＋”字的金属标志，作为永久性标志。

导线点应统一编号。为了便于寻找，应量出导线点与附近明显地物的距离，绘出草图，注明尺寸，该图称为点之记，如图 4-18 所示。

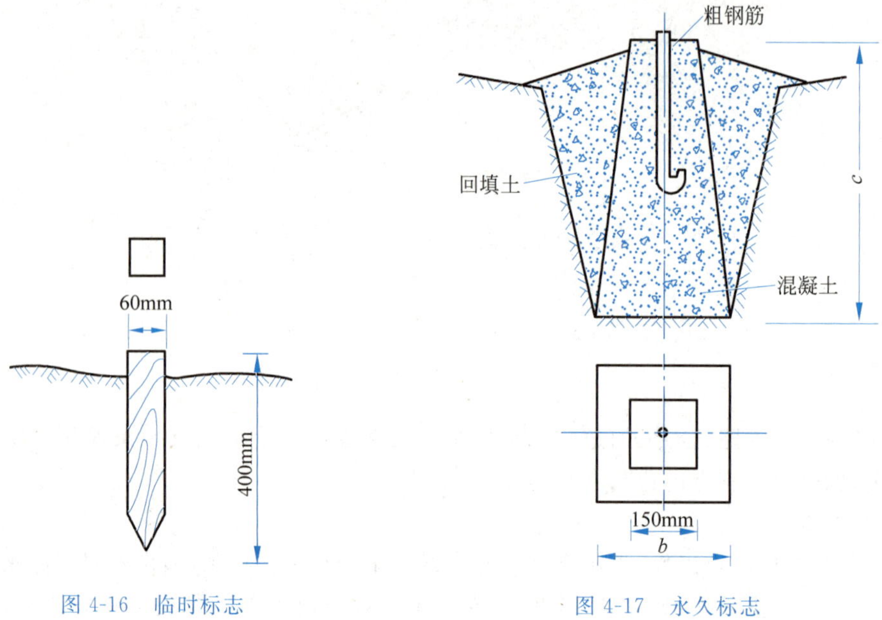

图 4-16 临时标志

图 4-17 永久标志

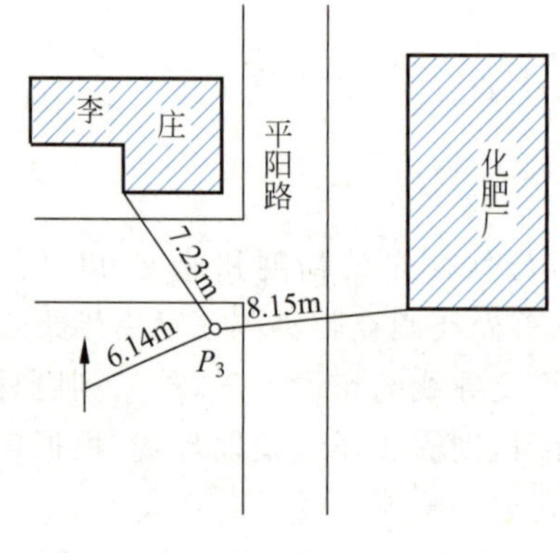

图 4-18 点之记

3. 转折角测量

导线转折角有左右之分，按照导线的前进方向，在导线左侧的称为左角，在导线右侧的称为右角。对于闭合导线，一般测其内角；对于附合导线，可测其左角，也可测其右角，但要全线统一；对于支导线，应分别观测左、右角。角度观测采用测回法。

4. 边长测量

传统导线边长可采用钢尺、视距法等方法测量。随着测绘技术的发展，目前全站仪已成为距离测量的主要手段。

5. 连接测量

为了计算导线点的坐标，必须确定每条导线边的坐标方位角，因此应首先确定导线起始边的方位角。若导线起始点附近有国家控制点，则应与控制点联测连接角，再推算出各边方位角。若起始点附近无高级控制点，可用罗盘仪测定起始边方位角。

4.2.3 导线测量的内业计算

导线测量内业计算的目的主要是计算各导线点的平面坐标(x,y)。计算之前，应先全面检查导线测量外业记录、数据是否齐全，有无记错、算错，成果是否符合精度要求，起算数据是否准确；然后绘制计算略图，将各项数据注在图上的相应位置，如图4-19所示。

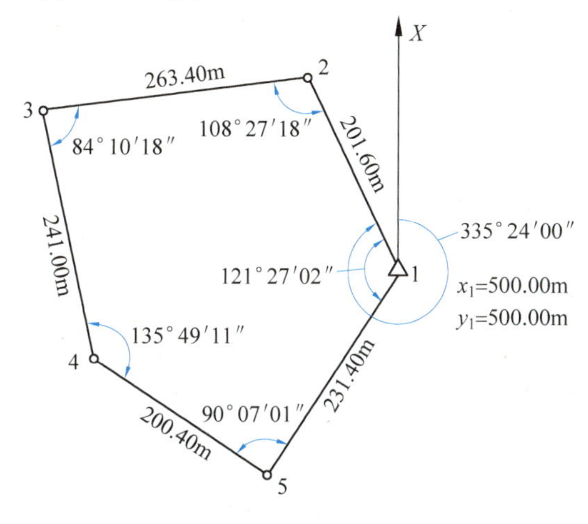

图4-19 闭合导线点位略图

1. 闭合导线的坐标计算

现以图4-19所注的数据为例(该例为图根导线)，根据表4-4的要求，说明闭合导线坐标的计算步骤。

1) 准备工作

将校核过的外业观测数据及起算数据填入表4-4中，起算数据用单线标明。

2) 角度闭合差的计算与调整

(1) 计算角度闭合差。如图4-19所示，n边形闭合导线内角和的理论值为

$$\sum\beta_{th}=(n-2)\times180^\circ$$

式中：n——导线边数或转折角数。

由于观测水平角不可避免地含有误差，致使实测的内角之和$\sum\beta_m$不等于理论值$\sum\beta_{th}$，两者之差称为角度闭合差，用f_β表示，即

$$f_\beta=\sum\beta_m-\sum\beta_{th}=\sum\beta_m-(n-2)\times180^\circ$$

(2) 计算角度闭合差的允许值。角度闭合差的大小反映了水平角观测的质量。各级导线角度闭合差的允许值f_{β_p}见表4-4，其中图根导线角度闭合差的允许值f_{β_p}的计算公式为

$$f_{\beta_p}=\pm60''\sqrt{n}$$

如果$|f_\beta|>|f_{\beta_p}|$，说明所测水平角不符合要求，应对水平角重新检查或重测；如果$|f_\beta|<|f_{\beta_p}|$，说明所测水平角符合要求，可对所测水平角进行调整。

表 4-4 各级导线测量的主要技术要求

等级	导线长度/km	平均边长/km	测角中误差/(″)	测距中误差/mm	测距相对中误差	测回数			方位角闭合差/(″)	导线全长相对闭合差
						1″级仪器	2″级仪器	6″级仪器		
三等	14	3	1.8	20	1/150000	6	10	—	$3.6\sqrt{n}$	≤1/55000
四等	9	1.5	2.5	18	1/80000	4	6	—	$5\sqrt{n}$	≤1/35000
一级	4	0.5	5	15	1/30000	—	2	4	$10\sqrt{n}$	≤1/15000
二级	2.4	0.25	8	15	1/14000	—	1	3	$16\sqrt{n}$	≤1/10000
三级	1.2	0.1	12	15	1/7000	—	1	2	$24\sqrt{n}$	≤1/5000

注：1. 表中 n 为测站数。
2. 当测区测图的最大比例尺为 1∶1000 时，一、二、三级导线的平均边长及总长可适当放长，但最大长度不应大于表中规定长度的 2 倍。
3. 测角的 1″、2″、6″级仪器分别包括全站仪、电子经纬仪和光学经纬仪。
4. 当导线平均边长较短时，应控制导线边数，但不得超过表中相应等级导线长度和平均边长算得的边数；当导线长度小于表中规定长度的 1/3 时，导线全长的绝对闭合差不应大于 13cm。

（3）计算水平角改正数。

如角度闭合差不超过角度闭合差的允许值，则将角度闭合差反符号平均分配到各观测水平角中，即每个水平角加相同的改正数 v_β，v_β 的计算公式为

$$v_\beta = -\frac{f_\beta}{n}$$

计算检核：水平角改正数之和应与角度闭合差大小相等，符号相反，即

$$\sum v_\beta = -f_\beta$$

（4）计算改正后的水平角。

改正后的水平角 β_{ig} 等于所测水平角加上水平角改正数，即

$$\beta_{ig} = \beta_i + v_\beta$$

计算检核：改正后的闭合导线内角之和应为$(n-2)\times 180°$，本例为 540°。本例中 f_β、f_{β_p} 的计算见表 4-5 中辅助计算栏。

3）推算各边的坐标方位角

根据起始边的已知坐标方位角及改正后的水平角，推算其他各导线边的坐标方位角。

本例观测转折角为左角，左角推算公式推算出导线各边的坐标方位角，填入表 4-5 的第 5 栏内。

计算检核：最后推算出起始边坐标方位角，它应与原有的起始边已知坐标方位角相等，否则应重新检查计算。

4）坐标增量的计算及其闭合差的调整

（1）计算坐标增量。

根据已推算出的导线各边的坐标方位角和相应边的边长，计算各边的坐标增量。例如，导线边 1-2 的坐标增量为

$$\Delta X_{12} = D_{12}\cos\alpha_{12} = 201.60 \times \cos 335°24'00'' = +183.30$$
$$\Delta Y_{12} = D_{12}\sin\alpha_{12} = 201.60 \times \sin 335°24'00'' = -83.92$$

用同样的方法，计算出其他各边的坐标增量值，填入表4-5的第7栏和第8栏的相应格内。

(2) 计算坐标增量闭合差。

如图4-20(a)所示的闭合导线，纵、横坐标增量代数和的理论值应为零，即

$$\sum \Delta X_{th} = 0$$
$$\sum \Delta Y_{th} = 0$$

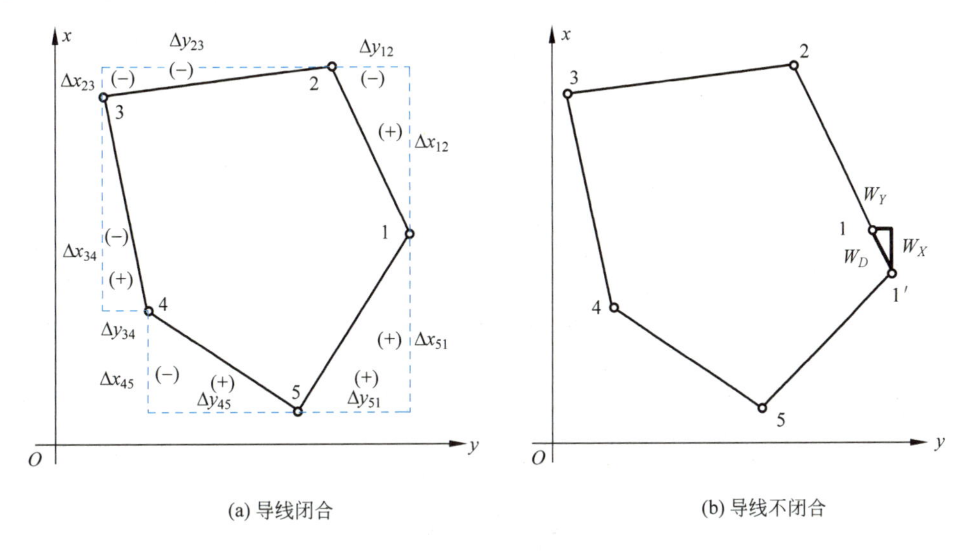

图4-20　坐标增量闭合差

实际上由于导线边长测量误差和角度闭合差调整后的残余误差，使得实际计算所得的$\sum \Delta X_m$、$\sum \Delta Y_m$不等于零，从而产生纵坐标增量闭合差W_X和横坐标增量闭合差W_Y，即

$$W_X = \sum \Delta X_m$$
$$W_Y = \sum \Delta Y_m$$

(3) 计算导线全长闭合差W_D和导线全长相对闭合差K。

从图4-20(b)可以看出，由于坐标增量闭合差W_X、W_Y的存在，使导线不能闭合，1−1′的长度W_D称为导线全长闭合差，并用下式计算：

$$W_D = \sqrt{W_X^2 + W_Y^2}$$

仅从W_D值的大小还不能说明导线测量的精度，衡量导线测量的精度还应该考虑到导线的总长。将W_D与导线全长$\sum D$相比，以分子为1的分数表示，称为导线全长相对闭合差K，即

$$K = \frac{W_D}{\sum D} = \frac{1}{\sum D / W_D}$$

以导线全长相对闭合差K来衡量导线测量的精度，K的分母越大，精度越高。图根导线的允许值为1/2000。

本例中W_X、W_Y、W_D及K的计算见表4-5中的辅助计算栏。

(4) 调整坐标增量闭合差。

调整坐标增量闭合差的原则是将 W_X、W_Y 反号,并按与边长成正比的原则分配到各边对应的纵、横坐标增量中去。以 v_{Xi}、v_{Yi} 分别表示第 i 边的纵、横坐标增量改正数,即

$$v_{Xi}=-\frac{W_X}{\sum D}D_i$$

$$v_{Yi}=-\frac{W_Y}{\sum D}D_i$$

本例中导线边 1-2 的坐标增量改正数为

$$v_{X12}=-\frac{W_X}{\sum D}D_{12}=-\frac{-0.30}{1137.80}\times 201.60=+0.05(\mathrm{m})$$

$$v_{Y12}=-\frac{W_Y}{\sum D}D_{12}=-\frac{-0.09}{1137.80}\times 201.60=+0.02(\mathrm{m})$$

用同样的方法,计算出其他各导线边的纵、横坐标增量改正数,填入表 4-5 的第 7 栏和第 8 栏相应格的上方。

计算检核:纵、横坐标增量改正数之和应满足下式:

$$\sum v_X=-W_X$$

$$\sum v_Y=-W_Y$$

(5) 计算改正后的坐标增量。

各边坐标增量计算值加上相应的改正数,即得各边的改正后的坐标增量:

$$\Delta X_{ig}=\Delta X_i+v_{Xi}$$

$$\Delta Y_{ig}=\Delta Y_i+v_{Yi}$$

本例中导线边 1-2 改正后的坐标增量为

$$\Delta X_{1g}=\Delta X_1+v_{X1}=+183.30+0.05=+183.35(\mathrm{m})$$

$$\Delta Y_{1g}=\Delta Y_1+v_{Y1}=-83.92+0.02=-83.90(\mathrm{m})$$

用同样的方法,计算出其他各导线边的改正后坐标增量,填入表 4-5 的第 9 栏和第 10 栏内。

计算检核:改正后纵、横坐标增量的代数和应分别为零。

5) 计算各导线点的坐标

根据起始点 1 的已知坐标和改正后各导线边的坐标增量,按下式依次推算出各导线点的坐标:

$$X_i=X_{i-1}+\Delta X_{i-1g}$$

$$Y_i=Y_{i-1}+\Delta Y_{i-1g}$$

将推算出的各导线点坐标填入表 4-5 中的第 11 栏和第 12 栏内。最后还应再次推算起始点 1 的坐标,其值应与原有的已知值相等,以作为计算检核。

表 4-5　闭合导线坐标计算表

点号	观测角 /(左角) (° ′ ″)	改正数 /(″)	改正后角值 /(° ′ ″)	坐标方位角 α /(° ′ ″)	距离 D/m	增量计算值		改正后增量		坐标值		点号
						Δx/m	Δy/m	Δx/m	Δy/m	x/m	y/m	
1	2	3	4=2+3	5	6	7	8	9	10	11	12	13
1										500.00	500.00	1
				335 24 00	201.60	+5 +183.30	+2 −83.92	+183.35	−83.90			
2	108 27 18	−10	108 27 08							683.35	416.10	2
				263 51 08	263.40	+7 −28.21	+2 −261.89	−28.14	−261.87			
3	84 10 18	−10	84 10 08							655.21	154.23	3
				168 01 16	241.00	+7 −235.75	+2 +50.02	−235.68	+50.04			
4	135 49 11	−10	135 49 01							419.53	204.27	4
				123 50 17	200.40	+5 −111.59	+1 +166.46	−111.54	+166.47			
5	90 07 01	−10	90 06 51							307.99	370.74	5
				33 57 08	231.40	+6 +191.95	+2 +129.24	+192.01	+129.26			
1	121 27 02	−10	121 26 52							500.00	500.00	1
				335 24 00								
2												
$\sum$	540 00 50	−50	540 00 00		1137.80	−0.30	−0.90	0	0			

辅助计算

$\sum \beta_m = 540°00'50''$　$W_X = \sum \Delta x_m = -0.30m$　$W_Y = \sum \Delta y_m = -0.90m$

$\sum \beta_{th} = 540°00'00''$　$W_D = \sqrt{W_X^2 + W_Y^2} = 0.31m$

$f_\beta = +50''$　$f_{\beta_p} = \pm 60''\sqrt{5} = \pm 134''$

$W_K = \frac{0.31}{1137.80} \approx \frac{1}{3600} < W_{K_P} = \frac{1}{2000}$

$|f_\beta| < |f_{\beta_P}|$

2. 附合导线的坐标计算

附合导线的坐标计算与闭合导线的坐标计算基本相同，仅在角度闭合差的计算与坐标增量闭合差的计算方面稍有差别。

1）角度闭合差的计算与调整

(1) 计算角度闭合差见表 4-6。

如图 4-21 所示，根据起始边 AB 的坐标方位角 α_{AB} 及观测的各右角，推算 CD 边的坐标方位角 α'_{CD}。

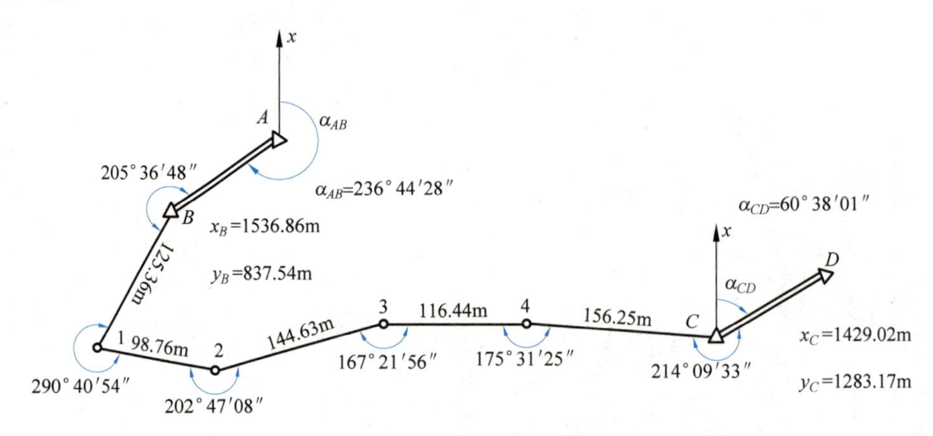

图 4-21 附合导线点位略图

$$
\begin{aligned}
\alpha_{B1} &= \alpha_{AB} + 180° - \beta_B \\
\alpha_{12} &= \alpha_{B1} + 180° - \beta_1 \\
\alpha_{23} &= \alpha_{12} + 180° - \beta_2 \\
\alpha_{34} &= \alpha_{23} + 180° - \beta_3 \\
\alpha_{4C} &= \alpha_{34} + 180° - \beta_4 \\
\alpha'_{CD} &= \alpha_{4C} + 180° - \beta_C
\end{aligned}
$$

即

$$\alpha'_{CD} = \alpha_{AB} + 6 \times 180° - \sum \beta_m$$

写成一般公式为

$$\alpha'_{fin} = \alpha_0 + n \times 180° - \sum \beta_R$$

若观测左角，则

$$\alpha'_{fin} = \alpha_0 + n \times 180° + \sum \beta_L$$

若观测右角，则

$$\alpha'_{fin} = \alpha_0 + n \times 180° - \sum \beta_R$$

附合导线的角度闭合差 f_β 为

$$f_\beta = \alpha'_{fin} - \alpha_{fin}$$

式中：α_0——已知的起始边方位角；

α_{fin}——已知的终边方位角；

α'_{fin}——推算出的终边方位角。

(2) 调整角度闭合差。当角度闭合差在允许范围内时，如果观测的是左角，则将角度闭合差反号平均分配到各左角上；如果观测的是右角，则将角度闭合差同号平均分配到各右角上。

2) 坐标增量闭合差的计算

附合导线的坐标增量代数和的理论值应等于终、始两点的已知坐标值之差，即

$$\sum \Delta x_{\text{th}} = x_{\text{fin}} - x_0$$
$$\sum \Delta y_{\text{th}} = y_{\text{fin}} - y_0$$

纵、横坐标增量闭合差为

$$W_X = \sum \Delta x - \sum \Delta x_{\text{th}} = \sum \Delta x - (x_{\text{fin}} - x_0)$$
$$W_Y = \sum \Delta y - \sum \Delta y_{\text{th}} = \sum \Delta y - (y_{\text{fin}} - y_0)$$

附和导线的导线全长闭合差、全长相对闭合差和允许相对闭合差的计算，以及增量闭合差的调整等，都与闭合导线相同。附合导线坐标计算表如表 4-6 所示。

3. 支导线的坐标计算

支导线中没有检核条件，因此没有闭合差产生，导线转折角和计算的坐标增量均不需要进行改正。支导线的坐标计算步骤如下。

(1) 根据观测的转折角推算各边的坐标方位角；

(2) 根据各边的坐标方位角和边长计算坐标增量；

(3) 根据各边的坐标增量推算各点的坐标。

[做中学 4-2]　闭合导线内业计算

导线测量是布设平面控制网，获取控制点坐标的常用方法。导线内业的正确计算是得到控制点成果最为复杂、关键的环节。图 4-22 所示为一级闭合导线点位略图，下面跟随以下步骤的引导，完成表 4-7 的填写。

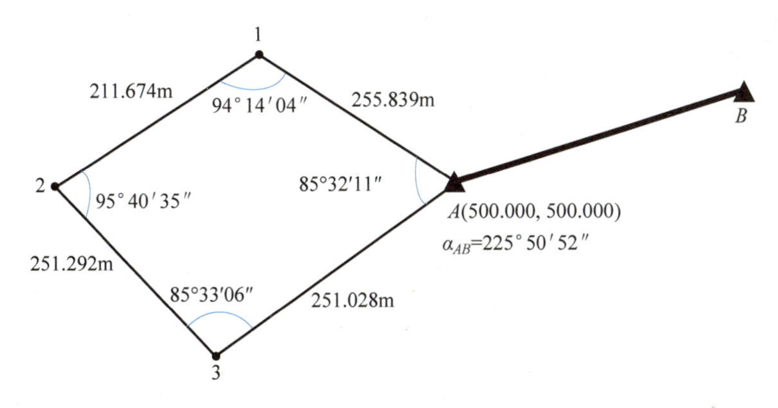

图 4-22　一级闭合导线点位略图

表 4-6 附合导线坐标计算表

点号	观测角/(右角)(° ′ ″)	改正数/(″)	改正后角值/(° ′ ″)	坐标方位角 α/(° ′ ″)	距离 D/m	增量计算值		改正后增量		坐标值		点号
						Δx/m	Δy/m	Δx/m	Δy/m	x/m	y/m	
1	2	3	4=2+3	5	6	7	8	9	10	11	12	13
A												A
				236 44 28								
B	205 36 48	−13	205 36 35							1536.86	837.54	B
				211 07 53	125.36	+0.04 −107.31	−0.02 −64.81	−107.27	−64.83			
1	290 40 54	−13	290 40 41							1429.59	772.71	1
				100 27 12	98.76	+0.03 −17.92	−0.02 +97.12	−17.89	+97.10			
2	202 47 08	−13	202 46 55							1411.70	869.81	2
				77 40 17	144.63	+0.04 +30.88	−0.02 +141.29	+30.92	+141.27			
3	167 21 56	−12	167 21 44							1442.62	1011.08	3
				90 18 33	116.44	+0.03 −0.63	−0.02 +116.44	−0.06	+116.42			
4	175 31 25	−13	175 31 12							1442.02	1127.50	4
				94 47 21	156.25	+0.05 −13.05	−0.03 +155.70	−13.00	+155.67			
C	214 09 33	−13	214 09 20							1429.02	1283.17	C
				60 38 01								
D												D
$\sum$	1256 07 44	−77″	1256 06 25		641.44	−108.03	+445.74	−107.84	+445.63			

辅助计算：

$\sum\beta_R = 1256°07'44'$ $W_X = -0.19\text{m}$ $W_Y = +0.11\text{m}$

$\alpha'_{CD} = 60°36'44''$ $W_D = \sqrt{W_X^2 + W_Y^2} = 0.22\text{m}$

$f_\beta = -77''$ $f_{\beta_p} = \pm 60''\sqrt{6} = \pm 147''$

$W_K = \frac{0.22}{641.44} \approx \frac{1}{2900} < W_{K_P} = \frac{1}{2000}$

$|f_\beta| < |f_{\beta_P}|$

步骤 1：将已知点 A 的坐标、已知坐标方位角测得的连接角、四边形内角、四边边长填入表 4-7 中相应位置。注意，已知坐标方位角为 α_{AB}，表 4-7 中应填写 α_{BA}。

步骤 2：计算角度闭合差，即

$$f_\beta = \sum \beta_m - 360°$$

判断角度闭合差是否在限差范围内，如超过，查找错误原因。

步骤 3：计算角度改正数。将角度闭合差反符号平均分配到 4 个内角中。

步骤 4：将观测角与改正数相加，得到改正后的角值。

步骤 5：由已知坐标方位角和各观测角推算各边坐标方位角。

步骤 6：由各边坐标方位角和距离计算各边坐标增量 Δx、Δy。

步骤 7：将各边坐标增量相加，计算各坐标增量闭合差。

步骤 8：计算导线全长闭合差 W_D 和导线全长相对闭合差 K，判断导线全长相对闭合差是否在限差范围内，如超过，查找错误原因。

步骤 9：将坐标增量闭合差按与边长成正比的原则，分配到各边对应的纵、横坐标增量中，计算出各边坐标增量改正值。各边坐标增量改正值之和应为 0。

步骤 10：将坐标增量改正值与原坐标增量相加得到改正后的坐标增量。

步骤 11：将已知点坐标与改正后的坐标增量相加，得到各导线点坐标值。注意，推算起始点的坐标，其值应与原有的已知值相等。

步骤 12：检查表 4-7 的计算有无错漏，完成计算。

表 4-7 闭合导线坐标计算表

点号	观测角/(° ′ ″)	改正数/(″)	改正后角值/(° ′ ″)	坐标方位角 α/(° ′ ″)	距离 D/m	增量计算值		改正后增量		坐标值		点号
						Δx/m	Δy/m	Δx/m	Δy/m	x/m	y/m	
1	2	3	4=2+3	5	6	7	8	9	10	11	12	13
B												
A												
1												
2												
3												
A												
2												
$\sum$												
辅助计算												

［随堂测试 4-2］ 导线内业计算中涉及几项闭合差的分配，请复习本任务所学内容，将各项闭合差的分配原则填写在表 4-8 中。

表 4-8 导线测量闭合差分配原则统计表

闭合差名称	分 配 原 则

任务 4.3 建筑基线测设

微课：建筑基线测设

4.3.1 建筑基线的布设要求

对建筑面积不大，平面布置较简单的施工场地，常布置一条或几条建筑基线作为施工测量的平面控制，称为建筑基线。

根据建筑设计总平面图上建筑物的分布，现场地形条件、原有控制点的分布，以及建筑物的数量、相对位置关系等因素，建筑基线可布设成三点“一”字（直线）形、三点 L（直角）形、四点 T 形、五点“十”字形等形式，如图 4-23 所示。

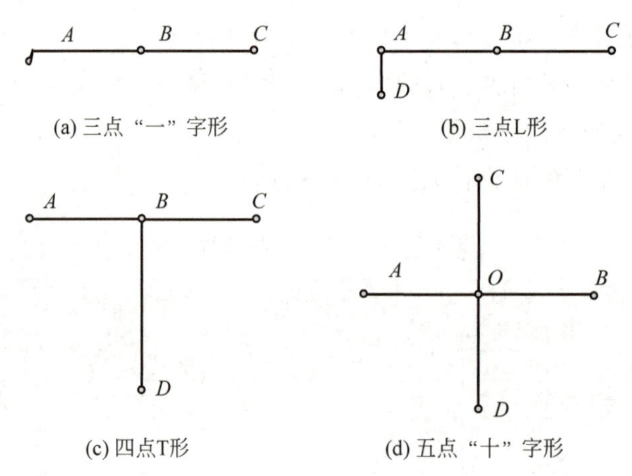

图 4-23 建筑基线的布设形式

基线布设时应考虑以下几点：

（1）基线点位应选在通视良好，不受施工影响的地方；

（2）基线点的埋设应该稳固，便于长期保存；

（3）组成基线的点至少 3 个，以便检查点位是否变动，或点位破坏后能够恢复；

（4）建筑基线应尽可能靠近拟建的主要建筑物并与其主要轴线平行或垂直，以便用较简单的直角坐标法进行测设。

4.3.2 建筑基线的测设方法

1. 根据建筑红线测设建筑基线

建筑红线是城市规划主管部门实地标定的建筑用地边界线。一般情况下，建筑红线与拟建建筑物主轴线是平行的，可根据建筑红线用平行线推移法测设建筑基线。

如图4-24所示，AB、AC为建筑红线，1、2、3为建筑基线点。利用建筑红线测设建筑基线的步骤如下。

(1) 从A点沿AB方向量取d_2，定出P点；沿AC方向量取d_1，定出Q点。

(2) 过B点作AB的垂线，沿垂线量取d_1，定出2点，做出标志；过C点作AC的垂线，沿垂线量取d_2，定出3点，做出标志；直线$P3$和$Q2$的交点即为1点，做出标志。

(3) 在1点安置全站仪，精确观测∠213，其与90°的差值应小于±20″。若超过限差，应进一步检查测设数据和测设方法，并对∠AOB按水平角精确测设方法进行点位调整。

2. 根据控制点测设建筑基线

如果施工场地没有建筑红线，则可以根据基线点的设计坐标和附近的控制点测设建筑基线点。如图4-25所示，A、B为附近已有控制点，1、2、3为选定的建筑基线点。其测设步骤如下：

(1) 将1、2、3三点的施工坐标换算成测量坐标。根据1、2、3三点的测量坐标与原有的控制点A、B的坐标，采用全站仪坐标放样程序，即可在地面上分别测设出1、2、3三点。

(2) 当1、2、3三点在地面上做好标志后，在2点安置全站仪，测量∠123的角值和1-2、3-2的距离。若检查角度的误差与边长的相对误差超过限差，就要调整1、3两点，使其满足规定的精度要求。

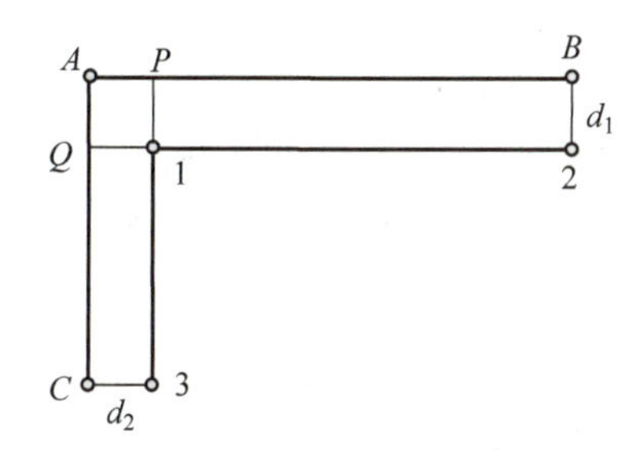

图4-24 根据建筑红线测设建筑基线

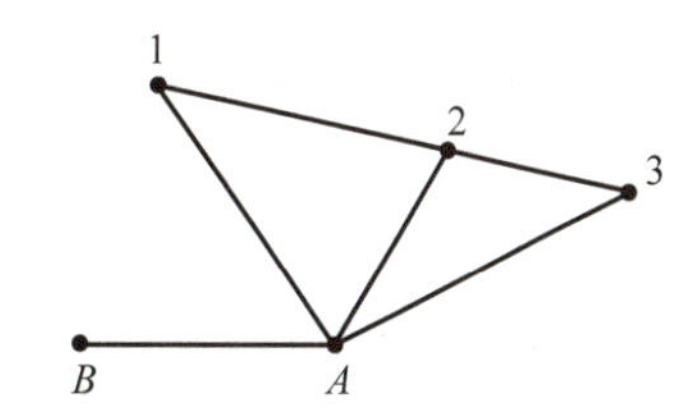

图4-25 根据控制点测设建筑基线

[做中学4-3] 建筑基线的测设

对小型建筑场地，可以采用建筑基线作为建筑场地的施工控制基准线。建筑基线的测设是施工测量中的一个重要工作内容，下面跟随以下步骤的引导使用全站仪坐标放样功能完成建筑基线的测设任务。

步骤1：已知控制点A、B的坐标与基线点1、2、3的设计坐标。

步骤2：在A点安置全站仪，对中整平；在另一已知点B竖立照准标志，一人持单棱镜。

步骤3：按电源开关键开机后，在程序菜单中选择放样程序，输入测站点A的坐标后确认。

步骤4：返回上一界面，输入后视点B的坐标后确认，进入照准后视点界面，然后精确瞄准后视点B，按“是”功能键。

步骤5：返回上一界面，输入基线点1的设计坐标值(按Enter键确认)，确认后程序自动计算出放样参数水平角HR和水平距离HD。按“继续”功能键后，显示角度调整界面。

步骤6：转动照准部至角度差dHR接近0°时，锁紧照准部制动螺旋，调节微动螺旋使得dHR精确为0°(实际操作中，由于震动等影响，秒值有1～2s的跳动，可以忽略)。

步骤7：指挥棱镜移动至距仪器大约HD处且在望远镜视准轴方向，上下转动望远镜使十字丝能对到棱镜，然后按“距离”功能键，切换到距离调整界面，根据距离差 dH 前后调整棱镜位置，直至 dHR 和 dH 均为 0 时，将棱镜所在位置做好点位标记，此即基线点 1。

步骤 8：用上述同样的方法放样出基线点 2、3。

步骤 9：在 2 点安置全站仪，测量∠123 的角值和 1-2、3-2 的距离。若检查角度的误差与边长的相对误差超过限差，就要调整 1、3 两点，使其满足规定的精度要求。

步骤 10：观测结束，仪器装箱收回原位，结束实践。

[随堂测试 4-3] 建筑基线常用形式有哪几种？基线点为什么不能少于 3 个？

微课：建筑方格网布设

任务 4.4 建筑方格网测设

4.4.1 建筑方格网的布设要求

为简化计算或方便施测，施工平面控制网多由正方形或矩形格网组成，如图 4-26 所示，称为建筑方格网。在大型建筑施工场地，建筑方格网的布设是十分关键的。

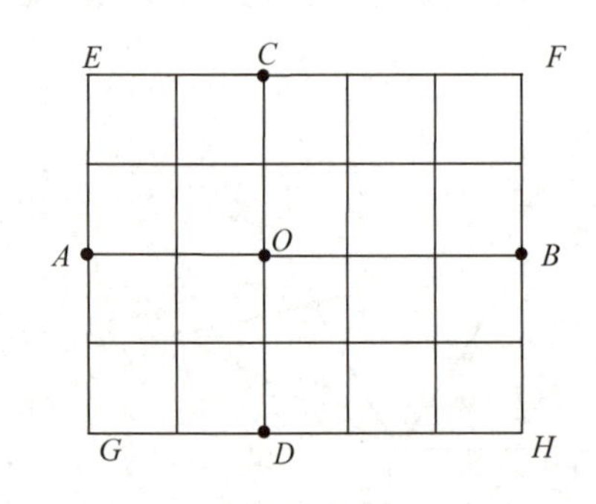

图 4-26 建筑方格网

建筑方格网的布设应根据设计总平面图上各种已建和待建的建筑物、道路及各种管线的布置情况，结合现场的地形条件来确定。方格网的形式有正方形和矩形两种。当场地面积较大时，常分两级布设，首级可采用“十”字形、“口”字形或“田”字形，然后加密方格网；当场地不大时，尽量布置成全面方格网。布网时主要考虑以下几点。

(1) 方格网的主轴线的位置一般在场地中央，与主要建筑物轴线平行或垂直，主轴线的各端点应延伸至场地边缘。

(2) 长轴线上的定位点不得少于 3 个。

(3) 格网的转折角应严格为 90°。

(4) 相邻方格网点要保持通视，点位标石牢固。

建筑方格网的主要技术要求如表 4-9 所示。

表 4-9 建筑方格网的主要技术要求

等级	边长/m	测角中误差/(″)	边长相对中误差	测角检测限差/(″)	边长检测限差
Ⅰ级	100～300	5	1/30000	10	1/15000
Ⅱ级	100～300	8	1/20000	16	1/10000

4.4.2 建筑方格网的测设方法

1. 主轴线测设

建筑方格网主轴线是建筑方格网扩展的基础，主轴线测设与建筑基线测设方法相似。

首先，准备测设数据。施工坐标一般由设计单位给出，当施工坐标系与国家坐标系不一致时，要先把主点的施工坐标换算成测量坐标，以便求得测设数据。然后，测设两条互相垂直的主轴线 *AOB* 和 *COD*。如图 4-26 所示，主轴线实质上由 5 个主点 *A*、*B*、*O*、*C* 和 *D* 组成，用全站仪的坐标放样功能放样出主点。最后，精确测量∠*AOB* 和∠*COD*，若与 180°之差超过±5″，则对主点位置进行相应调整。检测 *OA*、*OB*、*OC*、*OD* 的距离，并与设计值相比较，如果超限，则应进行调整。

2. 方格网点测设

主轴线确定后，进行方格网点的测设。如图 4-26 所示，主轴线测设后，在主点 *A* 上安置全站仪，以 *O* 点为起始方向，向左精确测设 90°水平角，同时在 90°方向线上测设设计距离，即可定出 *E* 点。按同样方法可测设出方格网点 *F*、*G*、*H*，构成“田”字形方格网点。

对测设出的方格网点进行检核，测量相邻两点间的距离，看是否与设计值相等，测量其角度是否为 90°，误差是否在允许范围内，确认无误后方可埋设永久性标志。

[做中学 4-4]　建筑方格网测设

建筑方格网轴线与建筑物轴线平行或垂直，计算简单，测设比较方便，但精度要求较高。下面跟随以下步骤的引导，完成建筑方格网的测设。

步骤 1：根据场地原有控制点及建筑方格网点设计坐标，使用全站仪坐标放样功能测设出 5 个主点 *A*、*B*、*O*、*C* 和 *D*。

步骤 2：精确测量∠*AOB* 和∠*COD*，距离 *OA*、*OB*、*OC*、*OD*，若角度与 180°之差超过±10″，或距离与设计值的差值超限，则进行点位改正。

步骤 3：在主点 *A* 上安置全站仪，以 *O* 点为起始方向，向左精确测设 90°水平角。在 90°方向线上测设设计距离，定出 *E* 点。

步骤 4：按步骤 3 的方法定出点 *F*、*G*、*H*。

步骤 5：检核相邻两点间的距离，看是否与设计值相等，测量其角度是否为 90°，若超限，则调整相应点位。误差在允许范围内，设立标志。

步骤 6：实践结束，仪器装箱，收回原位。

[随堂测试 4-4]　建筑方格网布设对精度要求较高，请上网查阅相关文献资料，有哪些方法可以提高网点布设精度？

知识自测

一、单项选择题

1. 已知 *A*(10.00,20.00)和 *B*(40.00,50.00)，则 α_{AB}=(　　)。

A. 0°　　B. 45°　　C. 90°　　D. 180°

2. 建筑方格网的边长测设精度视工程需要确定，一般应达到(　　)。

A. 1/5000～1/3000　　B. 1/10000～1/5000

C. 1/20000～1/10000　　D. 1/50000～1/20000

3. 在测设建筑物轴线时，在原有建筑周边增造房屋设计位置的依据应为(　　)。

A. 城市规划道路红线　　B. 建筑基线

C. 建筑方格网　　D. 周边的已有建筑物

4. 在测设建筑物轴线时，靠近城市道路的建筑物设计位置的依据应为(　　)。

A. 城市规划道路红线　　B. 建筑基线

C. 建筑方格网　　D. 周边的已有建筑物

5. 在布设施工平面控制网时，应根据(　　)和施工现场的地形条件来确定。

A. 建筑总平面图　　B. 建筑平面图

C. 建筑立面图　　D. 基础平面图

6. 对于建筑物多为矩形且布置比较规则和密集的工业场地，宜将施工平面控制网布设成(　　)。

A. 建筑方格网　　B. 导线网　　C. 三角网　　D. GPS 网

7. 关于建筑基线布设的要求的说法，错误的是(　　)。

A. 建筑基线应平行或垂直于主要建筑物的轴线

B. 建筑基线点应不少于两个，以便检测点位有无变动

C. 建筑基线点应相互通视，且不易被破坏

D. 建筑基线的测设精度应满足施工放样的要求

8. 方位角 $\alpha_{AB}=255°$，右转折角 $\angle ABC=290°$，则 α_{BA} 和 α_{BC} 分别为(　　)。

A. 75°、5°　　B. 105°、185°

C. 105°、325°　　D. 75°、145°

9. 如图 4-27 所示，已知 BA 直线的方向为 NE42°，CB 边的坐标方位角为(　　)

A. 14°

B. 76°

C. 104°

D. 166°

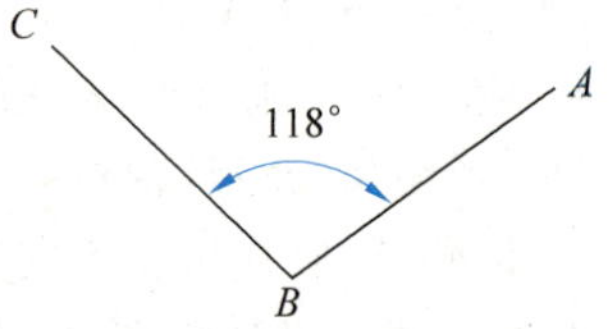

C
A
118°
B

图 4-27

10. 已知 A、B 两点的坐标分别为 $x_A=2910.14$m，$y_A=3133.78$m；$x_B=3110.14$m，$y_B=2933.78$m，则 AB 边的坐标方位角应为(　　)

A. 45°　　B. 135°　　C. 225°　　D. 315°

二、多项选择题

1. 以下可以作为平面控制测量内业计算完整起算数据的有(　　)。

A. 一个已知点坐标　　B. 一个已知点坐标和一个已知方向

C. 两个已知点坐标　　D. 两个已知方向

E. 一个已知方向

2. 测量控制点绘制点之记时，在其上应该注明的主要内容有(　　)。

A. 测量坐标系　　B. 交通情况

C. 与周围方位物的关系　　D. 点位略图

E. 点名、等级、标石类型

3. 附合水准路线内业计算时，高差闭合差不得用(　　)计算。

A. $f_h=\sum h_{测}-(H_{终}-H_{起})$　　B. $f_h=\sum h_{测}-(H_{起}-H_{终})$

C. $f_h=\sum h_{测}$　　D. $f_h=(H_{终}-H_{起})-\sum h_{测}$

E. $f_h = \sum h_{测} + (H_{终} - H_{起})$

4. 下列关于建筑坐标系，说法正确的是(　　)。
   A. 建筑坐标系的坐标轴通常与建筑物主轴线方向一致
   B. 建筑坐标系的坐标原点通常设置在总平面图的东南角上
   C. 建筑坐标系的坐标轴通常用 A、B 分别表示坐标纵轴、横轴
   D. 对于前后、左右对称的建筑物，坐标原点可选在对称中心
   E. 测设前需进行建筑坐标系统与测量坐标系统的变换
5. 关于直线方向的说法，错误的有(　　)。
   A. 一条直线的方向是根据某一标准方向来确定的
   B. 在测量工作中，直线是没有方向的
   C. 坐标方位角是测量工作中表示直线方向的主要方法
   D. 用象限角表示直线方向比用方位角表示要准确
   E. 方位角和象限角均可以表示直线的方向

三、综合探究题

1. 为什么要建立平面控制网？平面控制网建立的方式有哪几种？
2. 导线的布设形式有哪几种？试绘图说明。
3. 建筑方格网主轴线确定后，方格网点该如何确定？

技能实训

[实训项目]

一级闭合导线测量。

[实训目的]

1. 熟悉一级闭合导线的主要技术要求。
2. 掌握一级闭合导线外业观测方法。
3. 掌握一级闭合导线内业数据计算方法。

[实训准备]

1. 小组内进行观测、棱镜架设、记录计算分工安排。
2. 每组借领全站仪 1 台、棱镜 2 个、三脚架 3 个、记录板 1 个。
3. 每组自备计算器 1 个、铅笔 1 支、小刀 1 把，计算用纸若干。

[实训内容]

1. 选定一后视点 B 和已知坐标点 $1A$，3 个待定点 $2A$、$3A$、$4A$ 组成一条闭合导线，每条导线边长约 200m。

2. 依次在 $1A$ 、$2A$、$3A$、$4A$ 设站，进行 1 个连接角和 4 个转折角(左角)测量(5 个角度均采用测回法两测回进行观测)，以及 4 条导线边测量(每条导线边水平距离采用往返测各一测回)。

3. 每测站观测按照测回法测角测距的技术要求执行，若有超限必须重新观测。

4. 观测数据记入水平角测量记录表 4-10 和距离测量记录表 4-11 中。

5. 观测结束后，完成闭合导线内业计算表 4-12。若不符合一级导线精度要求，检查错

误原因，并重新计算或观测。

［实训思考］

水平角测量记录表如表 4-10 所示。距离测量记录表如表 4-11 所示，闭合导线坐标计算表如表 4-12 所示。

表 4-10 水平角测量记录表

日期： 天气： 仪器编号： 测量人员：

测回 测站	盘位	目标	水平度盘读数	半测回角值	一测回平均角值	两测回平均角值	备 注
			° ′ ″	° ′ ″	° ′ ″	° ′ ″	

注：角度的计算取位至 1s。

表 4-11 距离测量记录表

日期： 天气： 仪器编号： 测量人员：

边名	往测	读数	备注	边名	返测	读数	备注
	1				1		
	2				2		
	3				3		
	平均				平均		
往返测平均							

续表

边名	往测	读数	备注	边名	返测	读数	备注
	1				1		
	2				2		
	3				3		
	平均				平均		
往返测平均							
边名	往测	读数	备注	边名	返测	读数	备注
	1				1		
	2				2		
	3				3		
	平均				平均		
往返测平均							
边名	往测	读数	备注	边名	返测	读数	备注
	1				1		
	2				2		
	3				3		
	平均				平均		
往返测平均							

注：距离平均值的计算取位至 1mm。

表 4-12　闭合导线坐标计算表

点号	观测角（左角）/(° ′ ″)	改正数/(″)	改正后角值/(° ′ ″)	坐标方位角 α/(° ′ ″)	距离 D/m	增量计算值		改正后增量		坐标值		点号
						Δx/m	Δy/m	Δx/m	Δy/m	x/m	y/m	
1	2	3	4=2+3	5	6	7	8	9	10	11	12	13
$\sum$												
辅助计算												

[实训思考]

项目 5 地形图识读与应用

学习目标

知识目标

1. 了解地形图的基本知识，掌握地形图的比例尺。
2. 了解地形图图式，熟悉常用地物和地貌符号。
3. 掌握地形图的判读方法。
4. 掌握地形图应用的基本内容。

能力目标

1. 能读懂地形图、施工总平面图。
2. 会利用数字地形图查询点、线、面属性。

导入案例

地形图的作用

地形图是测绘工作的主要成果，它包含了丰富的自然地理、人文地理和社会经济信息，在经济建设和国防建设等各个方面有着广泛的应用。各项工程建设都需要了解建设地区的地形和环境条件等资料，以便使规划、设计符合工程实际情况。一般情况下，这些资料都是以地形图的形式提供的。在进行工程规划、设计时，要利用地形图进行工程建(构)筑物的平面、高程布设和量算工作；在建筑工程建筑物总平面图设计及测量放线工作中，地形图是重要的依据。

传统地形图通常是绘在纸上的，它具有直观性强、使用方便等优点，但也存在易损、不便保存、难以更新等缺点。数字地形图是以数字形式存储在计算机存储介质上的地形图，与传统的纸质地形图相比，利用数字地形图进行各种量测工作，精度更高，速度更快，具有明显的优越性。在 AutoCAD 等软件环境下，利用数字地形图可以很容易地获取各种地形信息，如量测各个点的坐标，量测点与点之间的距离，量测直线的方位角、点的高程、两点间的坡度，在图上进行土方估算、绘制断面图等。

学习任务

任务 5.1　地形图识读

5.1.1　地形图的概念

地形图是按照一定的法则、一定的地图投影和比例，用特定的符号、颜色和文字注记，将地球表面的地形、地物测绘在平面图纸上的图形。图 5-1 所示为一幅完整的 1∶1000 地形图。

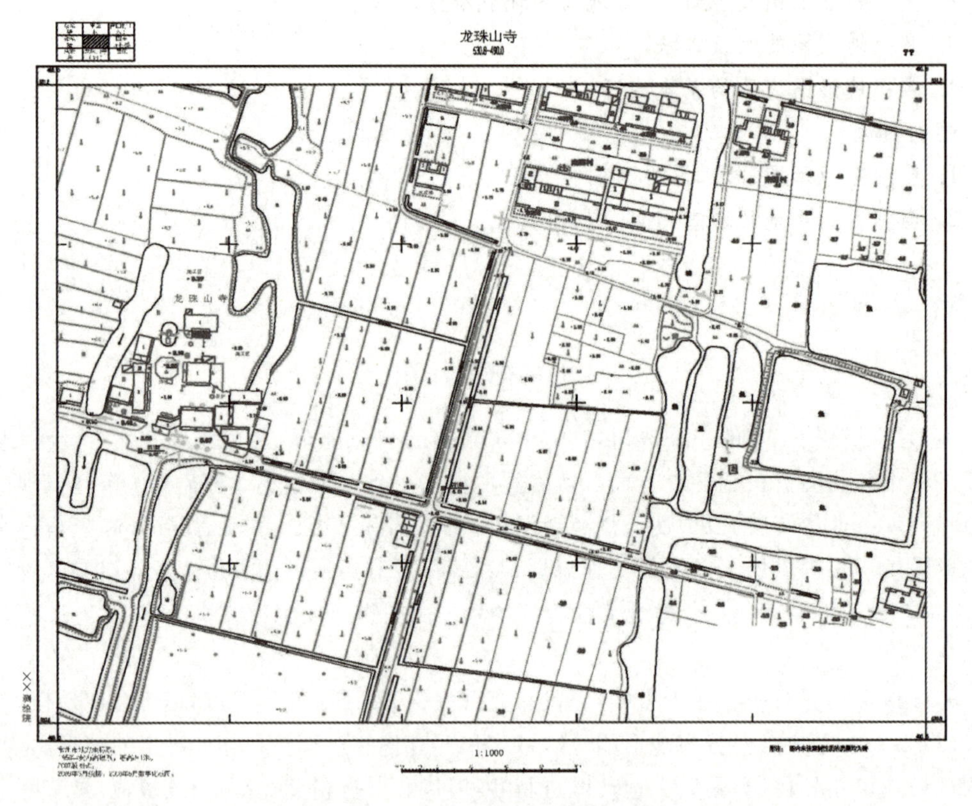

图 5-1　1∶1000 地形图示例

5.1.2　地形图的要素

地形图内容丰富，可分为数学要素和地形要素两大类。数学要素包括图廓、坐标格网、比例尺等内容；地形要素分为地物符号和地貌符号。要能正确地识读地形图，必须先了解地形图的要素。

1. 地形图的比例尺

图上任意一线段长度与地面上相应线段的水平距离之比称为地形图的比例尺。地形图的比例尺可分为数字比例尺和图示比例尺两种。

1）数字比例尺

数字比例尺采用分子为1的分数形式表示。例如，图上某一线段的长度为 d，地面上相应线段的水平距离为 D，则地形图的比例尺为

$$\frac{d}{D}=\frac{1}{\frac{D}{d}}=\frac{1}{M}$$

M 称为比例尺分母。通俗地说，比例尺为 $\frac{1}{M}$ 的地形图，就是将一定区域的地形缩小 M 倍绘在图纸上。

比例尺的大小是以分数的大小来衡量的。M 越小，$\frac{1}{M}$ 就越大，比例尺就越大；反之，M 越大，$\frac{1}{M}$ 就越小，比例尺就越小。地形图的比例尺为 $\frac{1}{500}$，也可以表示为1∶500的形式。

2）图示比例尺

为了减少换算工作和由于图纸伸缩而引起的量距误差，在地形图的下方除了用数字比例尺表示外，有时还绘有图示比例尺，如图5-2所示。

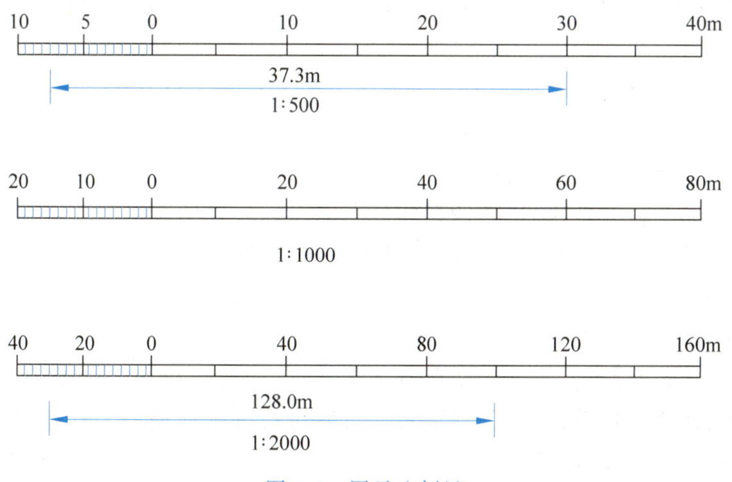

图5-2　图示比例尺

图示比例尺是将图上长度按比例尺关系直接注记成相应实地水平距离的比例尺形式。它由间距约2mm的两条平行直线辅以2cm为单位的刻画注记所组成。量距时，先用分规截取地形图上某一线段的长度，再与图示比例尺进行比照，即可直接读取地面上相应线段的水平距离。

在受潮湿及长时间放置等因素的影响下，纸质地形图可能会收缩变小，这时如果还是采用普通尺度去量取图纸上的长度，用数字比例尺去换算成实地水平距离，就会产生不正确的数据。而图示比例尺与地形图按同一比例收缩，即地形图上某线段的长度变化与图示比例尺的长度变化成正比例的关系，这时用图示比例尺去量取某线段的长度其优点是显而易见的。

3）比例尺精度

正常情况下，人的肉眼能够分辨的图上最小距离为 0.1mm，故把相当于地形图上 0.1mm的实地水平距离称为地形图的比例尺精度。对于 1∶1000 比例尺的地形图，比例尺精度为0.1mm×1000＝100mm＝10cm。小于 10cm 的实地水平距离在图上是分辨不出来的。

依据比例尺精度，可以确定测图时量距的精度；也可以根据工程对距离测量精度的要求，选用合适比例尺的地形图，以满足工程规划、设计的需要。

表 5-1 列出了几种常用比例尺地形图的比例尺精度。从表 5-1 可知，地形图的比例尺越大，反映了地形的细部越详细，图的测量精度越高，测图的工作量也相应提高。因此，在实际工程建设的规划、设计和施工的各个阶段，应根据图的需要选用适当比例尺的地形图。

表 5-1 常用比例尺地形图的比例尺精度

比例尺	1∶500	1∶1000	1∶2000	1∶5000	1∶10000
比例尺精度/cm	5	10	20	50	100
实地 1km 相当于图上 cm 数	200	100	50	20	10

2. 坐标系统、高程系统、图名和图廓

地形图的坐标系统和高程系统由该图控制点的坐标系统和高程系统所决定。如图 5-3 所示，该地形图的坐标系统为 1994 年南通城市坐标系，高程系统为 1985 年国家高程基准，等高距为 1m。

图名即为每幅地形图的名称。为方便保管及检索各种不同比例尺的地形图，应对每幅地形图进行命名。地形图一般以每幅地形图内的名胜古迹、大型厂矿企业或最大居民地的名称来命名，图名写在每幅地形图的正上方。图 5-3 所示地形图的图名为体展中心。

图廓是地形图的边界范围，由内图廓和外图廓组成。外图廓以粗实线描绘，内图廓以细实线描绘，内图廓既是直角坐标格网线，也是图幅的边界线。在内、外图廓之间标注有坐标值，在内图廓里侧，每隔 10cm 还绘有十字交叉的坐标方格网。

3. 地形图的分幅与编号

由于图纸尺寸是有限的，测区内的所有地形不可能都绘制在同一张图纸上。因此，为了便于测绘、拼接、使用和保管地形图，需要对地形图进行分幅和编号。规范规定：1∶2000～1∶500 比例尺地形图一般采用 50cm×50cm 正方形分幅或者 50cm×40cm 矩形分幅。

采用正方形和矩形分幅的 1∶2000、1∶1000、1∶500 的地形图，其图幅编号方法一般采用坐标编号法，也可采用流水编号法或行列编号法。

坐标编号法是以该图廓西南角点的纵横坐标的千米数来表示该图图号。图廓西南角的坐标为 x 和 y，则该图的编号为 $x-y$。编号时，1∶500 的地形图取至 0.01km，如 23.12－25.00；1∶1000、1∶2000 的地形图取至 0.1km，如 30.0－32.2。

如果测区范围比较小，图幅数量不多，可采用流水编号法在整个测区内按从上到下、从左到右用流水数字顺序编号，如图 5-4(a)所示。

行列编号法一般以代号(如 A、B、C、D…)为横行，由上而下排列，以数字 1、2、3…为代号的纵列，从左往右排列来编定，先行后列，如图 5-4(b)所示。

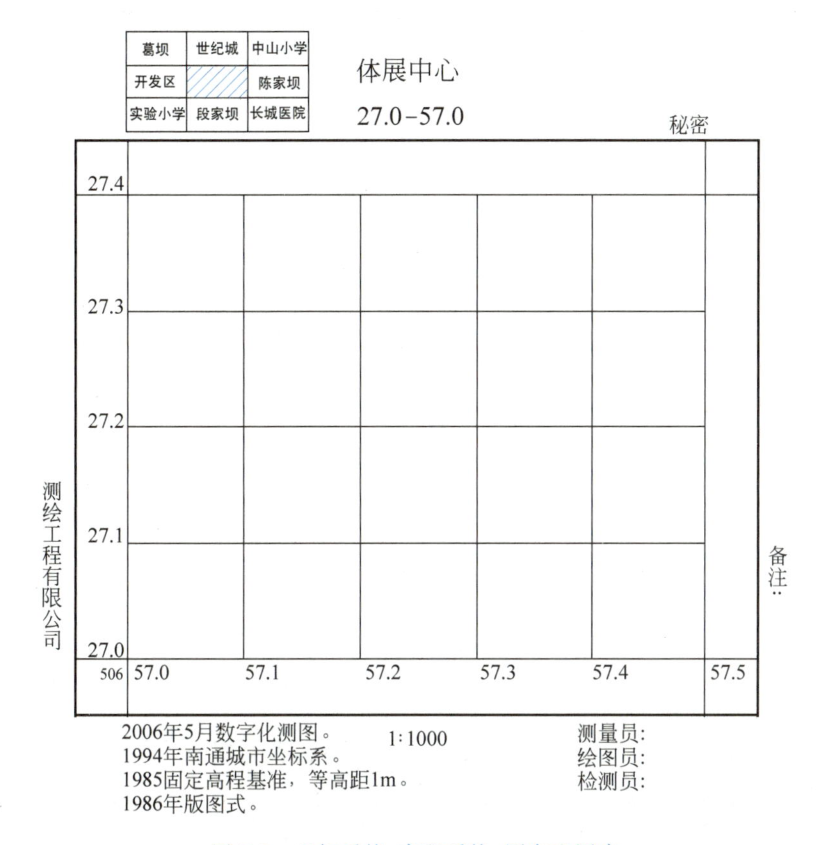

图 5-3 坐标系统、高程系统、图名和图廓

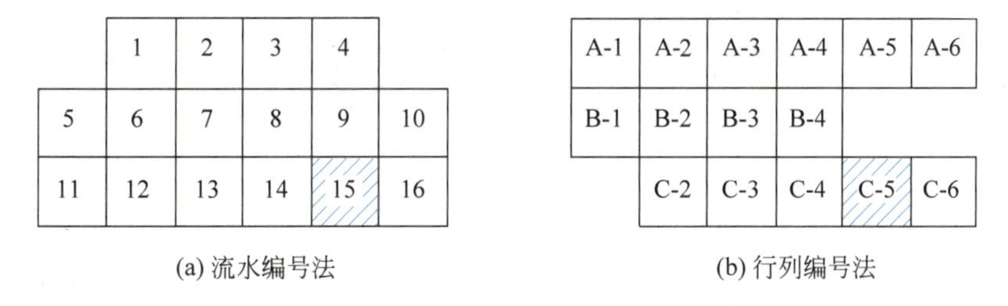

(a) 流水编号法　　(b) 行列编号法

图 5-4 地形图编号

4. 地物符号

地物是指地球表面上的各种固定性物体，包括自然地物和人工地物。由于地物大小和各类地物的特点不同，为了测图和用图的方便，按统一规定的图式符号在地形图上进行表示。图式符号一般包括各种大小、粗细、颜色不同的点、线、图形等，如图 5-5 所示。符号的设计不仅要能表达地面景物的形状、大小和位置，而且要能反映出各种景物的质和量的特征及相互关系。地物符号一般可分为比例符号、非比例符号、半比例符号和注记符号 4 类。

编号	符号名称	符号式样			符号细部图	多色图色值
		1∶500	1∶1 000	1∶2 000		
4.1.3	导线点 a. 土堆上的 I16、I23——等级、点号 84.46、94.40——高程 2.4——比高	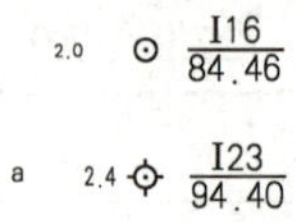 2.0 ⊙ I16/84.46 a 2.4 I23/94.40				K100
4.1.6	水准点 Ⅱ——等级 京石5——点名点号 32.805——高程	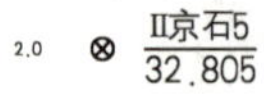 2.0 ⊗ Ⅱ京石5/32.805				K100
4.2.1	地面河流 a. 岸线 b. 高水位岸线 清江——河流名称	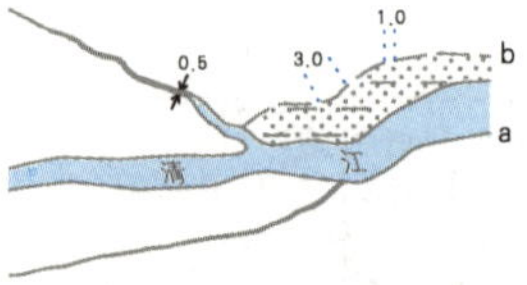 0.5 3.0 1.0 b a 清 江				a. C100 面色 C10 b. M40Y100K30
4.2.15	湖泊 龙湖——湖泊名称 (咸)——水质	 龙湖 (咸)				C100 面色 C10
4.3.1	单幢房屋 a. 一般房屋 b. 有地下室的房屋 c. 突出房屋 d. 简易房屋 混、钢——房屋结构 1、3、28——房屋层数 -2——地下房屋层数	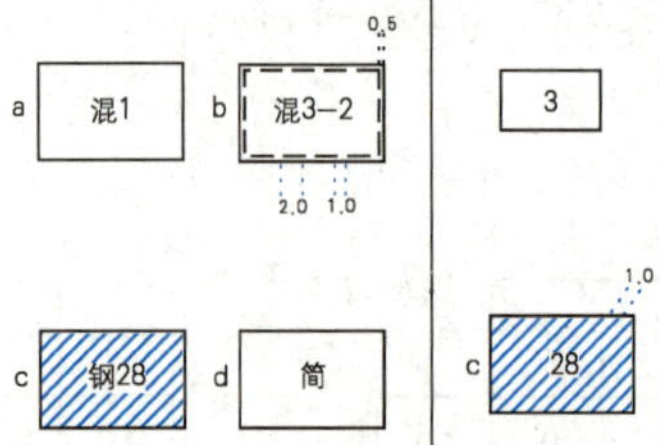 a 混1 b 混3-2 0.5 2.0 1.0 c 钢28 d 简		3 1.0 c 28		K100
4.3.2	建筑中房屋	 建				K100
4.3.19	水塔 a. 依比例尺的 b. 不依比例尺的	a b 3.6 2.0			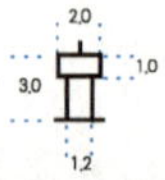 2.0 1.0 3.0 1.2	K100
4.3.53	电视发射塔 23——塔高	 23			 2.8 2.4 1.0 3.0 1.0	K100
4.3.87	围墙 a. 依比例尺的 b. 不依比例尺的	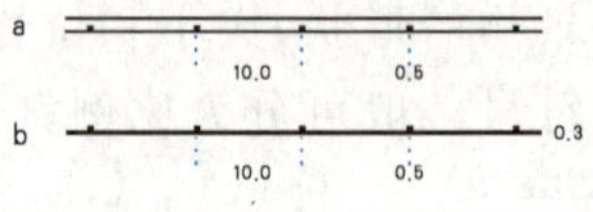 a 10.0 0.5 b 10.0 0.5 0.3			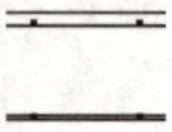	K100
4.3.88	栅栏、栏杆	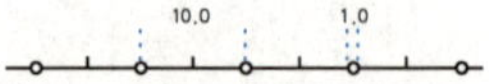 10.0 1.0				K100

(a) 示例一

图 5-5 地形图图式示例

编号	符号名称	符号式样			符号细部图	多色图色值
		1∶500	1∶1000	1∶2000		
4.3.92	地类界	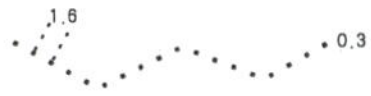				与所表示的地物颜色一致
4.3.93	地下建筑物出入口 a. 地铁站出入口 a1. 依比例尺的 a2. 不依比例尺的 b. 建筑物出入口 b1. 出入口标识 b2. 敞开式的 b2.1 有台阶的 b2.2 无台阶的 b3. 有雨棚的 b4. 屋式的 b5. 不依比例尺的	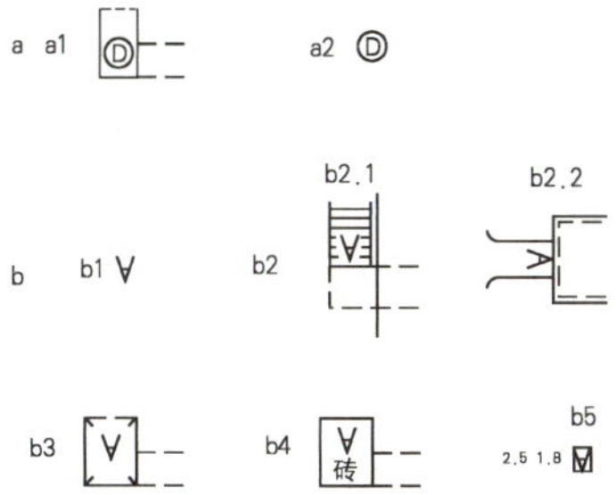 砖			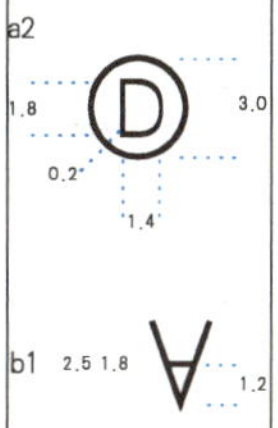	K100
4.3.97	阳台	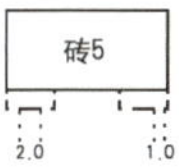 砖5				K100
4.3.98	檐廊、挑廊 a. 檐廊 b. 挑廊	混凝土4　混凝土4				K100
4.3.99	悬空通廊	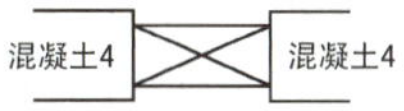 混凝土4　混凝土4				K100
4.3.100	门洞、下跨道	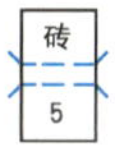 砖 5			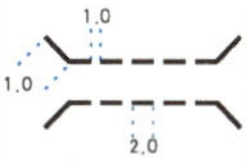	K100
4.3.106	路灯				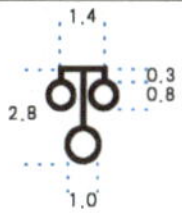	K100
4.4.6	省道 a. 一级公路 a1. 隔离设施 a2. 隔离带 b. 二至四级公路 c. 建筑中的 ①、②——技术等级代码 (S305)、(S301)——省道代码及编号	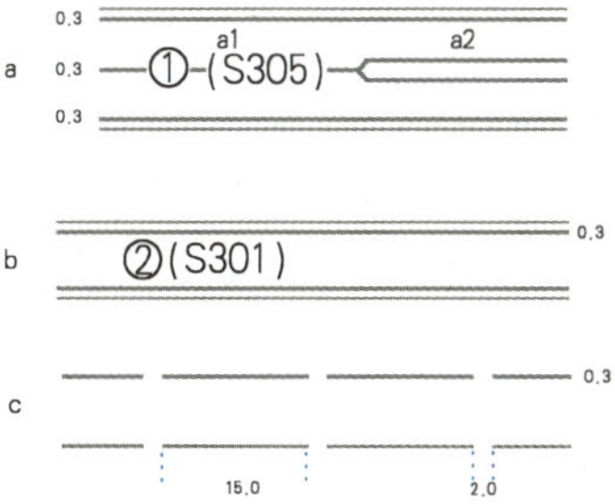 ①-(S305)　②(S301)				M80
4.4.9	地铁 a. 地面下的 b. 地面上的	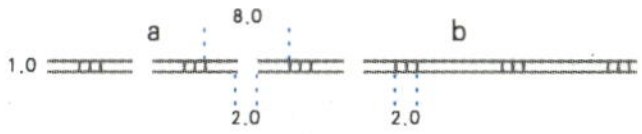				M100
4.4.15	内部道路	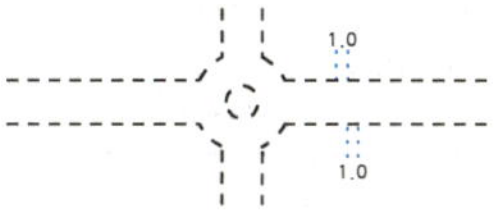				K100

(b) 示例二

图 5-5(续)

编号	符号名称	符号式样			符号细部图	多色图色值
		1∶500	1∶1000	1∶2000		
4.5.1 4.5.1.1 4.5.1.2 4.5.1.3	高压输电线 架空的 a. 电杆 35——电压(kV) 地面下的 a. 电缆标 输电线入地口 a. 依比例尺的 b. 不依比例尺的	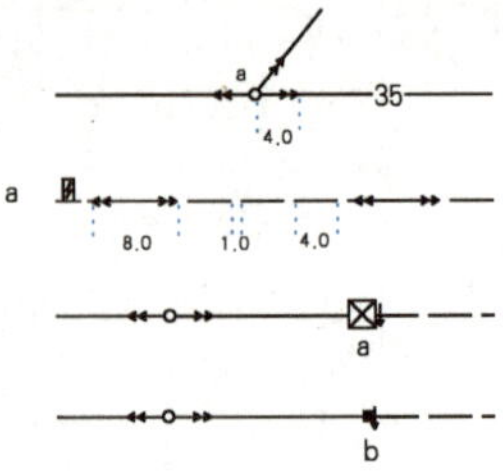 a 35 4.0 a 8.0 1.0 4.0 a b			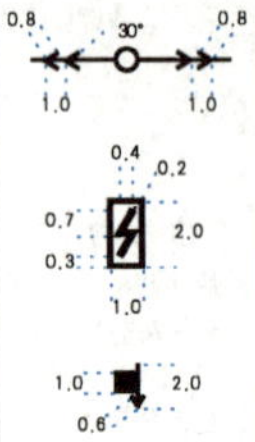 0.8 30° 0.8 1.0 1.0 0.4 0.2 0.7 2.0 0.3 1.0 1.0 2.0 0.6	K100
4.7.1	等高线及其注记 a. 首曲线 b. 计曲线 c. 间曲线 25——高程	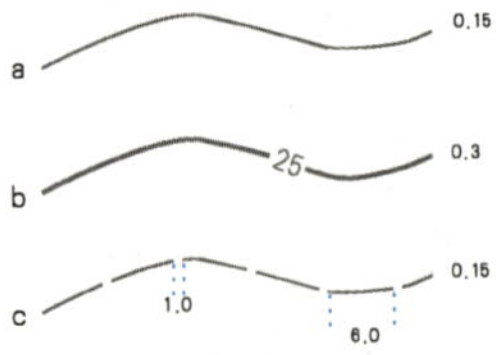 a 0.15 b 25 0.3 c 1.0 6.0 0.15				M40Y100K30
4.7.2	示坡线	 0.8				M40Y100K30
4.7.3	高程点及其注记 1520.3、−15.3——高程	0.5 • 1520.3 • −15.3				K100
4.7.4	比高点及其注记 6.3、20.1、3.5——比高	 0.4 •6.3 20.1 3.5				与所表示的地物用色一致
4.8.1	稻田 a. 田埂	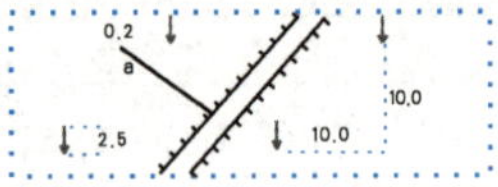 0.2 a 2.5 10.0 10.0			 30° 1.0	C100Y100
4.8.2	旱地	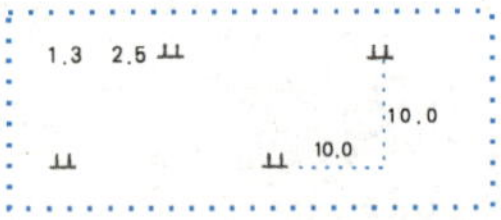 1.3 2.5 10.0 10.0				C100Y100
4.9.2.2	性质注记	砼 松 咸 细等线体(2.5)				与相应地物符号颜色一致
4.9.2.3	其他说明注记 a. 控制点点名 b. 其他地物说明	a 张湾岭 细等线体(3.0) b 八号主井 自然保护区 细等线体(2.0～3.5)				与相应地物符号颜色一致

(c) 示例三

图 5-5(续)

1）比例符号

凡图上某些地物的轮廓，既可指示其位置，又可按地形图的比例尺显示其大小和形状的，这类符号称为比例符号。比例符号一般是用实线或点线表示其外围轮廓，如房屋、桥梁、河流、湖泊等。

2）非比例符号

地物的形状和大小按比例尺缩小后，在地形图上无法表示出其轮廓，只能用规定的符号表示，这类符号称为非比例符号。非比例符号在图上只能表示地物的中心位置，不能表示其形状和大小，如控制点、电线杆、烟囱、消防栓、水井等。

3）半比例符号

线状延伸的地物按比例尺缩小后，其长度可在地形图上表示出来，但其宽度却无法表示，需用一定的符号来表示，这类符号称为半比例符号。半比例符号也称线状符号，只能表示地物的位置和长度，不能表示宽度，如铁路、通信电力线、围墙等。

4）注记符号

图上用文字和数字所加的注记和说明称为注记符号，如房屋的结构和层数、厂名、路名、等高线高程及用箭头表示的水流方向等。图形的比例尺不同，则符号的大小和详略程度也有所不同。

5. 地貌符号

地貌是指地表面的高低起伏状态，包括山地、丘陵和平原等。在图上表示地貌的方法很多，但考虑到精确性和实用性，测量工作中常采用等高线来表示。用等高线表示地貌，不但能较精确地显示地面的高低起伏形态，而且能最大限度地满足工程规划和设计的需要。

1）等高线的概念

等高线是地面上高程相同的点所连接而成的连续闭合曲线。如图 5-6 所示，设有一座位于平静湖水中的小山头，山顶被湖水淹没时的水面高程为 53m，此时水面与山坡有一条交线，该交线是闭合曲线，曲线上各点的高程相等，这就是高程为 53m 的等高线；然后水位下降 1m，山坡与水面又有一条交线，这就是高程为 52m 的等高线。依此类推，水位每下降 1m，水面就与地表面相交留下一条等高线，从而得到一组高差为 1m 的等高线。设想把这组实地上的等高线沿铅垂线方向投影到水平面 H 上，并按规定的比例尺缩绘到图纸上，就得到用等高线表示该山头的地貌图。

2）等高距和等高线平距

相邻等高线之间的高差称为等高距，也称为等高线间隔，用 h 表示。在同一幅地形图上，等高距必须是相同的。相邻等高线之间的水平距离称为等高线平距，用 d 表示。h 与 d 的比值就是地面坡度 i，即

$$i=\frac{h}{dM}$$

式中：M——比例尺分母。

由于在同一幅地形图上等高距 h 是相同的，因此地面坡度 i 与等高线平距 d 成反比。地面坡度较缓，其等高线平距较大，等高线显得稀疏；地面坡度较陡，其等高线平距较小，等高线十分密集。因此，可根据等高线的疏密判断地面坡度的缓与陡。也就是说，在同一幅地

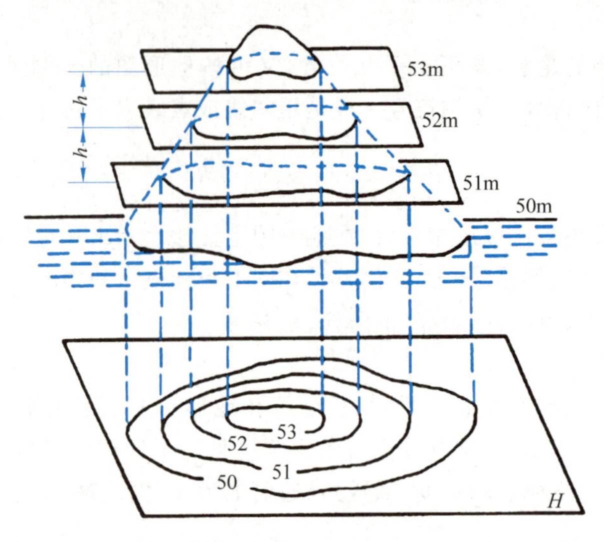

图 5-6　等高线的形成

形图上，如果等高线平距 d 越大，则坡度 i 越小；反之则坡度 i 越大。如果等高线平距相等，则坡度均匀。

对于同一比例尺的地形图，如果选择等高距过小，会使图上的等高线过密，有可能影响地形图的清晰表达，还会成倍地增加测绘工作量；如果等高距过大，则不能正确反映地面的高低起伏状况。所以，基本等高距的大小应根据测图比例尺与测区地形情况来确定。等高距的选用可参考表 5-2。

表 5-2　地形图的基本等高距

地 形 类 别	比 例 尺			
	1∶500	1∶1000	1∶2000	1∶5000
平地（地面倾角：$\alpha<3°$）	0.5	0.5	1	2
丘陵（地面倾角：$3°\leqslant\alpha<10°$）	0.5	1	2	5
山地（地面倾角：$10°\leqslant\alpha<25°$）	1	1	2	5
高山地（地面倾角：$\alpha\geqslant25°$）	1	2	2	5

3）典型地貌及其等高线

尽管地球表面的高低起伏变化复杂，但基本上都可看成由山头、洼地（盆地）、山脊、山谷、鞍部或陡崖和悬崖等典型地貌的组合。掌握典型地貌的等高线特点，有助于读图、用图和测图，能比较容易地分析和判断地面的起伏状态。

（1）山头和洼地。

山头和洼地的等高线都是一组闭合曲线。如图 5-7(a)所示，山头内圈等高线高程大于外圈等高线的高程；洼地则相反，如图 5-7(b)所示。这种区别也可用示坡线表示。示坡线是垂直于等高线并指示坡度降落方向的短线。示坡线往外标注的是山头，往内标注的则是洼地。

（2）山脊和山谷的等高线。

顺着一个方向延伸的高地称为山脊，山脊上最高点的连线称为山脊线。山脊的等高线是一组凸向低处的曲线，如图 5-8(a)所示。

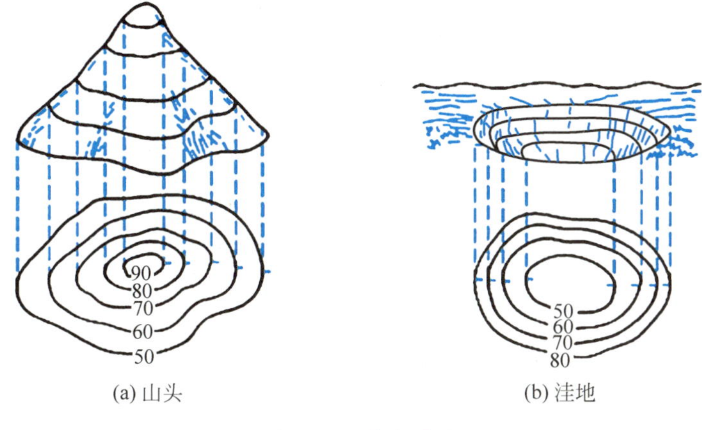

图 5-7　山头和洼地

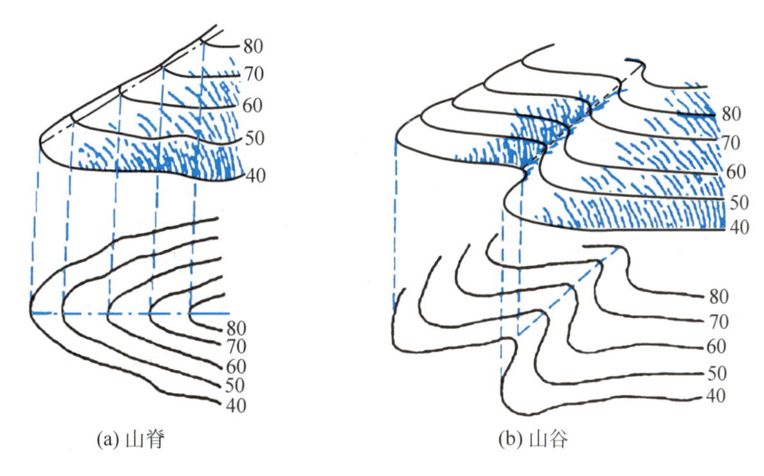

图 5-8　山脊和山谷

在两山脊间沿着一个方向延伸的洼地称为山谷，山谷中最低点的连线称为山谷线。山谷的等高线是一组凸向高处的曲线，如图 5-8(b)所示。

山脊线、山谷线与等高线正交。山脊线又称为分水线，山谷线又称为集水线。在区域规划和工程建筑设计时，经常要考虑到地面的水流方向、分水线、集水线等问题。因此，山脊线和山谷线在地形图测绘和应用中具有重要的意义。

(3) 鞍部的等高线。

相邻两山头之间呈马鞍形的低凹部分称为鞍部，鞍部是两个山脊和两个山谷会合的地方。鞍部的等高线由两组相对的山脊和山谷的等高线组成，即在一圈大的闭合曲线内套有两组小的闭合曲线，如图 5-9 所示。

(4) 陡崖和悬崖。

坡度在 70°～90°的陡峭崖壁称为陡崖。陡崖处的等高线非常密集，甚至会重叠，因此在陡崖处不再绘制等高线，改用陡崖符号表示，如图 5-10(a)和(b)所示。

上部向外突出，中间凹进的陡崖称为悬崖，上部的等高线投影到水平面时与下部的等高线相交，下部凹进的等高线用虚线表示，如图 5-10(c)所示。

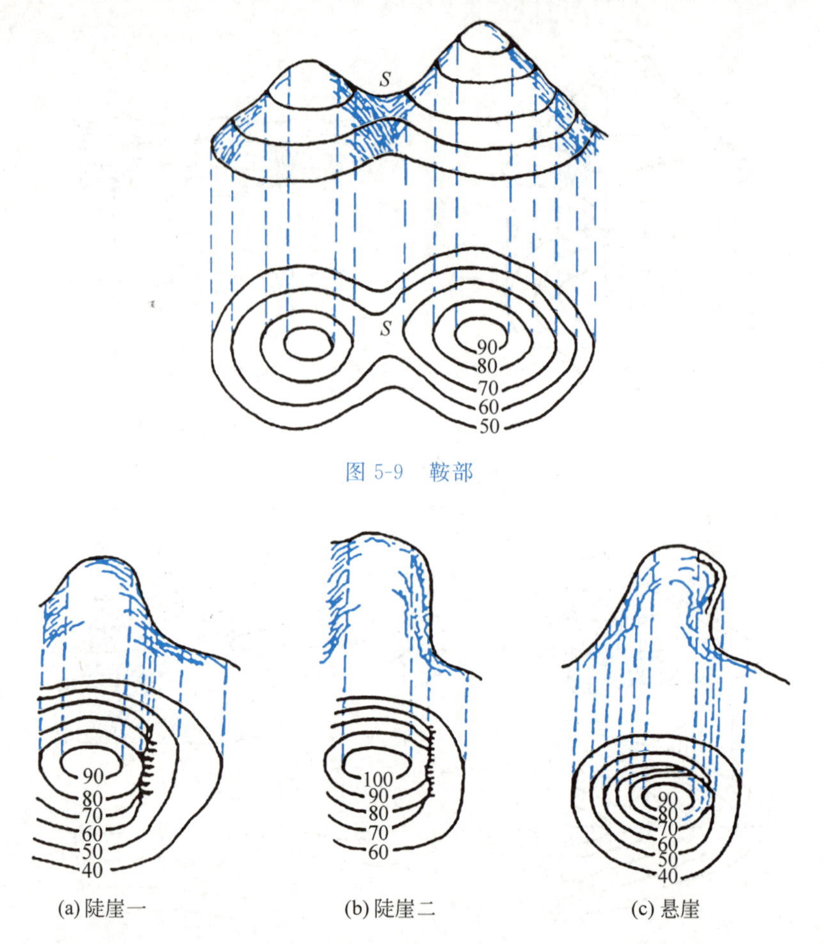

图 5-9 鞍部

(a) 陡崖一　(b) 陡崖二　(c) 悬崖

图 5-10 陡崖和悬崖

了解和掌握了典型地貌的等高线的表示方法之后，就不难读懂等高线表示的复杂地貌。图 5-11 为一幅综合性地貌的透视图及相应的地形图，可对照前述基本地貌的表示方法参照阅读判断。

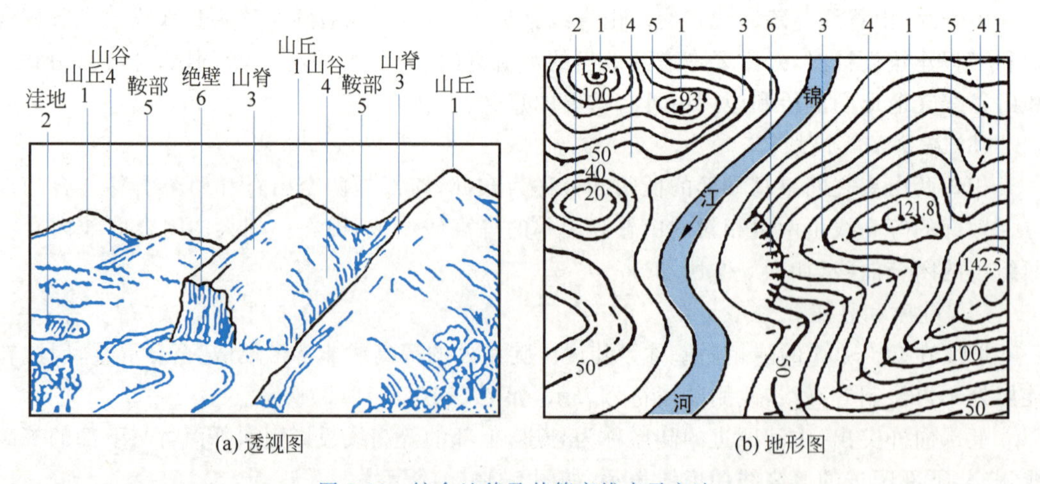

(a) 透视图　(b) 地形图

图 5-11 综合地貌及其等高线表示方法

4）等高线的分类

地形图上表示地貌特征的等高线一般可分为 4 类，即首曲线、计曲线、间曲线和助曲线。如图 5-10 所示。

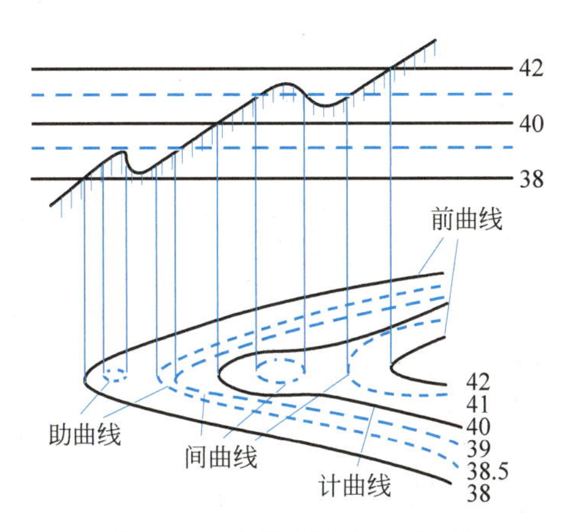

图 5-12　4 类等高线的表示方法

（1）首曲线。在同一幅地形图上，按规定的基本等高距描绘的等高线称为首曲线，也称基本等高线。首曲线用 0.15mm 的细实线表示，如图 5-12 中高程为 38m、42m 的等高线。

（2）计曲线。凡是高程能被 5 倍基本等高距整除的等高线称为计曲线，也称加粗等高线。为了计算和读图的方便，计曲线要加粗描绘并注记高程，如图 5-12 中，计曲线为高程 40m 的等高线。

（3）间曲线。为了显示首曲线不能表示出的局部地貌，在相邻首曲线间按 1/2 基本等高距描绘的等高线称为间曲线，也称半距等高线。间曲线用 0.15mm 的细长虚线表示，如图 5-12 中高程为 39m、41m 的等高线。间曲线一般用于反映平缓山顶、鞍部、微型地貌及倾斜变化的地段，描绘时可不闭合。

（4）助曲线。按 1/4 基本等高距描绘的等高线称为助曲线，又称辅助等高线。助曲线用 0.15mm 的细短虚线表示，如图 5-12 中高程为 38.5m 的等高线。助曲线一般用于反映平坦地段的地面起伏，描绘时可不闭合。

5）等高线的特性

通过研究等高线表示地貌的规律，可以归纳出等高线的特征，这对于正确使用地形图有很大的帮助。概括起来，等高线具有以下几个特性。

（1）等高性。在同一等高线上，各点的高程相等。

（2）闭合性。等高线应是自行闭合的连续曲线，每一条等高线不在图内闭合就在图外闭合。

（3）不相交性。除在悬崖峭壁外，不同的等高线不能相交。

（4）密陡稀缓性。在等高距不变的情况下，平距越小，即等高线越密，则坡度越陡；反之，如果等高线的平距越大，则等高线越疏，则坡度越缓。当几条等高线的平距相等时，表示坡度均匀。

（5）正交性。等高线通过山脊线及山谷线必须改变方向，而且与山脊线、山谷线正交。

［做中学 5-1］ 识读地形图

地形图是进行工程建设项目可行性研究的重要资料，是工程规划、设计和施工过程中必不可少的基础性资料。正确识读地形图，是工程管理技术人员必须具备的基本技能。下面以图 5-13 为例，根据以下步骤的引导，了解地形图识读的方法和程序。

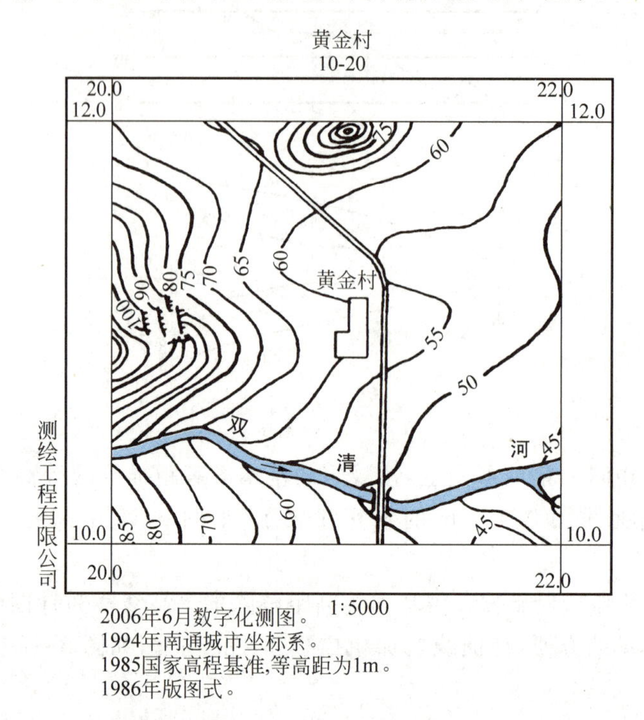

图 5-13 黄金村地形图

识读地形图宜采用从图外到图内、从整体到局部、先概略后细节、由定性到定量的方法逐步深入。

步骤 1：图外注记识读。根据地形图图廓外的注记可以了解地形图的基本情况。从地形图的比例尺可以知道该地形图反映地物、地貌的详略；从图廓坐标可以确定图幅所在的位置、面积和长宽；通过图幅接合图表可以了解与相邻图幅的关系；了解地形图的坐标系统、高程系统、等高距、测图方法等，对正确用图有很重要的参考作用。

识读图 5-13 所示的地形图，将其图名、图号、比例尺、测绘时间、坐标系统、高程系统、基本等高距图式版本等信息填入表 5-3 中。

表 5-3 地形图图外注记识读信息表

注记项目	识读信息	注记项目	识读信息
图名		坐标系统	
图号		高程系统	
比例尺		基本等高距	
测绘时间		图式版本	

步骤 2：地物识读。地物识读之前，要知道地形图使用的是哪一种图式，要熟悉一些常用的地物符号表示方法，了解符号和注记的确切含义。根据地物符号，了解主要地物的分布

情况，如村庄名称、公路走向、河流分布、地面植被、农田、山村等。

从图 5-13 可以看出：该图幅主要的居民地名称是________，其东侧有________，南侧有________，图幅西半部分有________。

步骤 3：地貌识读。地貌是工程建设进行勘测、规划、设计的基本依据之一。地貌识读前，首先要正确理解等高线的特性，要知道等高距是多少；然后根据等高线的疏密判断地面坡度及地形走势，根据等高线的形状识别山头、山脊、山谷、盆地和鞍部；还应熟悉特殊地貌如陡崖、冲沟、陡石山等的表示方法，从而对整个地貌特征做出分析评价。

从图 5-13 可以看出：整个地形西________东________，逐渐向东________，北侧有一个________，等高距为________ m。

步骤 4：识读结束，两两互相核对识读结果。

［随堂测试 5-1］ 在实地使用地形图时，要使图上的方向和实际地面的方向相对应，就要进行地形图的定向。请结合所学内容，搜索相关文献资料，对地形图定向方法进行探究，列出 3 种定向方法的名称及其定向要点，填入表 5-4 中。

表 5-4 地形图定向方法

序 号	方 法 名 称	定 向 要 点
1		
2		
3		

任务 5.2 数字地形图应用

计算机的飞速发展和电子测量仪器的日益广泛应用，促进了地形测量的自动化和数字化进程。数字地形图是以磁介质为载体，用数字形式记录的地形信息，它打破了传统的纸质地形图习惯，为工程应用开辟了快捷灵活的新途径。数字地形图可以通过全站仪数字化测图、数字摄影测量、卫星遥感测量和其他地面数字测图方法获得，并可以供计算机处理、远程传输和各方共享。

对于工程建设来说，数字地形图在计算机软、硬件的支持下，可以根据需要输出多种不同比例尺的地形图和专题图，提取各种地形数据，如量测各类控制点和特征点的坐标、高程、各点间的水平距离、直线的方位角和坡度；还能确定场地平整的填挖边界和计算填挖土方量，绘制断面图等。

目前，国内有多家较成熟的数字测图软件产品。其中，南方测绘研发的 CASS 地形地籍成图软件是基于 AutoCAD 平台技术的 GIS 前端数据处理系统，广泛应用于地形成图、地籍成图、工程测量应用、空间数据建库、市政监管等领域。CASS 软件自推出以来，已经成长为用户量最大、升级最快、服务最好的主流成图系统。本书主要以 CASS 9.0 为例，介绍数字地形图在工程应用中的操作方法，其“工程应用”菜单如图 5-14 所示。

5.2.1 基本几何要素的查询

1. 查询指定点坐标

选择“工程应用”→“查询指定点坐标”命令，用鼠标指针捕捉所要查询的点即可；也可以先进入点号定位方式，再输入要查询的点号。

说明：系统左下角状态栏显示的坐标是笛卡尔坐标系中的坐标，与测量坐标系的 X 和 Y 的顺序相反。用此功能查询时，系统在命令行给出的 X、Y 是测量坐标系的值。

2. 查询两点距离及方位

选择“工程应用”→“查询两点距离及方位”命令，用鼠标指针分别点取所要查询的两点即可；也可以先进入点号定位方式，再输入两点的点号。

说明：CASS 9.0 所显示的坐标为实地坐标，所以显示的两点间的距离为实地距离。

工程应用(C) 其他应用(M)
查询指定点坐标
查询两点距离及方位
查询线长
查询实体面积
计算表面积
生成里程文件
DTM法土方计算
断面法土方计算
方格网法土方计算
等高线法土方计算
区域土方量平衡
库容计算
绘断面图
公路曲线设计
计算指定范围的面积
统计指定区域的面积
指定点所围成的面积
线条长度调整
面积调整
指定点生成数据文件
复合线生成数据文件
高程点生成数据文件
控制点生成数据文件
等高线生成数据文件

图 5-14 CASS 软件“工程应用”菜单

3. 查询线长

选择“工程应用”→“查询线长”命令，用鼠标指针点取图上曲线即可。

4. 查询实体面积

用鼠标指针点取待查询的实体的边界线即可，要注意实体应该是闭合的。

5. 计算表面积

对于不规则地貌，其表面积很难通过常规的方法来计算。CASS 软件系统通过 DTM(Digital Terrain Model，数字地形模型)建模，在三维空间内将高程点连接为带坡度的三角形，再通过每个三角形面积累加得到整个范围内不规则地貌的面积。下面以图 5-15 为例，介绍矩形范围内地貌表面积的计算方法。

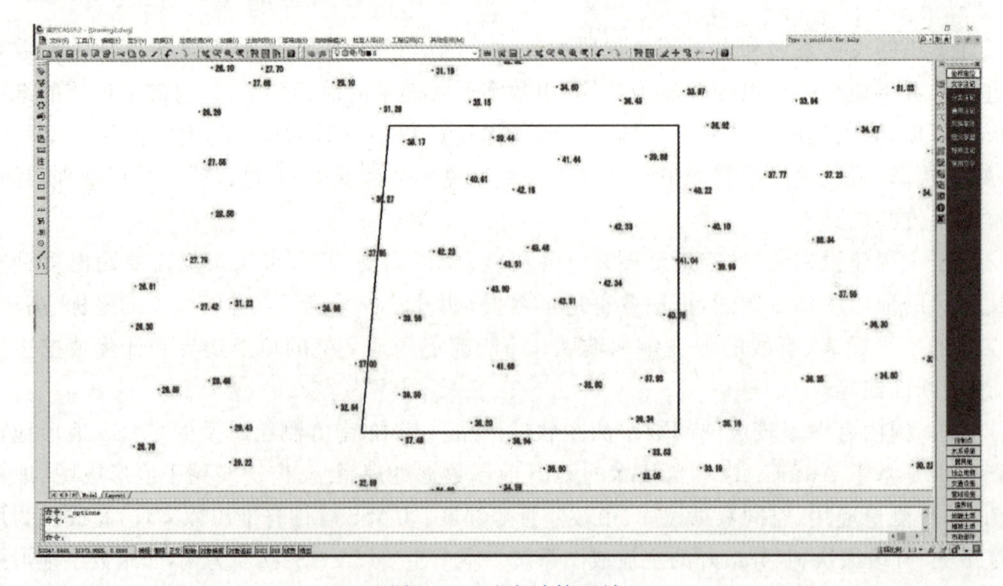

图 5-15 选定计算区域

选择“工程应用”→“计算表面积”→“根据坐标文件”命令，命令区提示：

```
请选择:(1)根据坐标数据文件(2)根据图上高程点: 回车选 1;
选择土方边界线 用拾取框选择图上的复合线边界;
请输入边界插值间隔(米):<20>5 输入在边界上插点的密度;
表面积 = 15863.516 平方米,详见 surface.log 文件显示计算结果,surface.log 文件保存在\
CASS9.0\SYSTEM 目录下面。
```

图 5-16 为建模表面积计算结果。

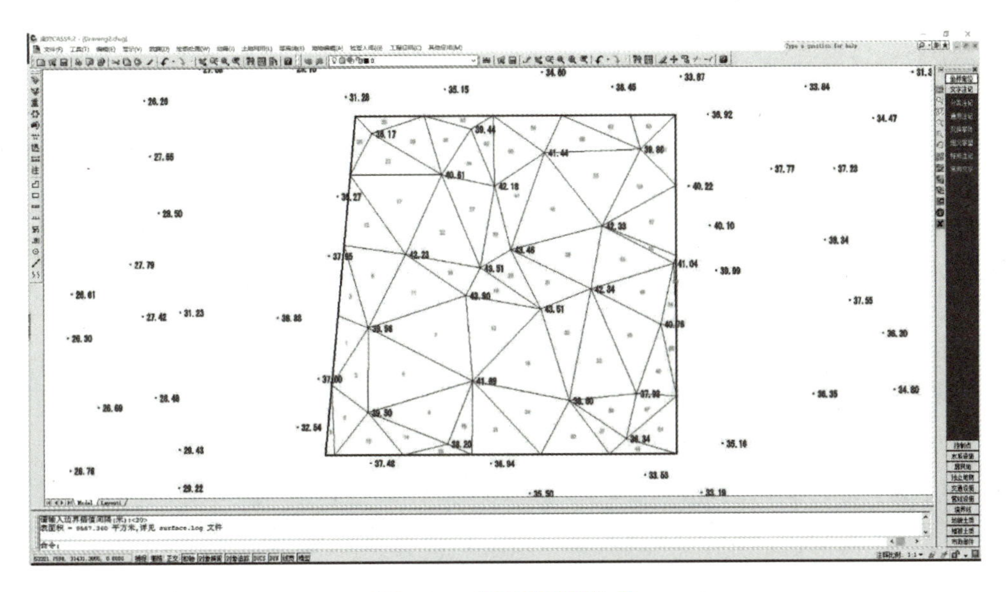

图 5-16　表面积计算结果

另外，计算表面积还可以根据图上高程点，操作步骤与此相同，但计算的结果会有差异。因为由坐标文件计算时，边界上内插点的高程由全部的高程点参与计算得到；而由图上高程点来计算时，边界上内插点只与被选中的点有关，所以边界上点的高程会影响表面积的结果。到底由哪种方法计算更合理与边界线周边的地形变化条件有关，变化越大的，越趋向于由图面上来选择。

5.2.2　方格网法土方计算

由方格网来计算土方量是根据实地测定的地面点坐标(X,Y,Z)和设计高程，通过生成方格网来计算每一个方格内的填挖方量，最后累加得到指定范围内填方和挖方的土方量，并绘出填挖方分界线。

系统首先将方格的 4 个角上的高程相加(如果角上没有高程点，通过周围高程点内差得出其高程)，取平均值与设计高程相减；然后通过指定的方格边长得到每个方格的面积；最后用长方体的体积计算公式得到填挖方量。方格网法简便直观，易于操作，因此这一方法在实际工作中应用非常广泛。

用方格网法计算土方量，设计面可以是平面，也可以是斜面，还可以是三角网，如图 5-17

所示。

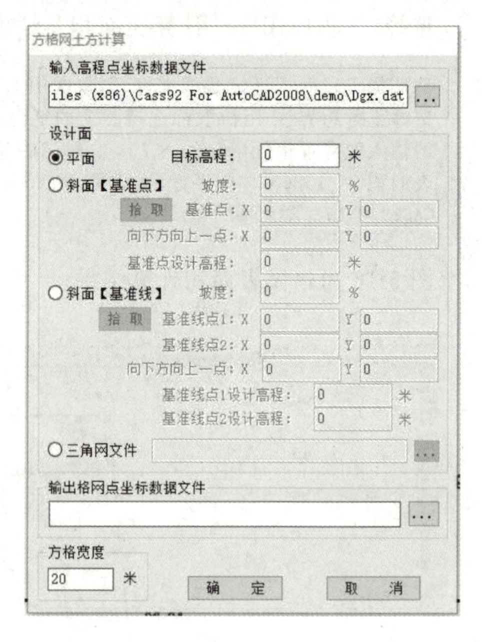

图 5-17 "方格网土方计算"对话框

1. 设计面是平面时的操作步骤

(1) 用复合线画出所要计算土方的区域，注意一定要闭合，但是尽量不要拟合。因为拟合过的曲线在进行土方计算时会用折线迭代，影响计算结果的精度。

(2) 选择"工程应用"→"方格网法土方计算"命令。

(3) 命令行提示"选择计算区域边界线"，选择土方计算区域的边界线(闭合复合线)。

(4) 弹出图 5-17 所示的"方格网土方计算"对话框，在对话框中选择所需的坐标文件；在"设计面"栏选择"平面"，并输入目标高程；在"方格宽度"栏输入方格网的宽度，这是每个方格的边长，默认值为 20m。由原理可知，方格的宽度越小，计算精度越高。但如果给的值太小，超过了野外采集的点的密度也是没有实际意义的。

(5) 单击"确定"按钮，命令行提示：

```
最小高程 = ××.××× ，最大高程 = ××.×××
总填方 = ××××.×立方米，总挖方 = ×××.×立方米
```

同时在图上绘出所分析的方格网、填挖方的分界线(绿色折线)，并给出每个方格的填挖方、每行的挖方和每列的填方，结果如图 5-18 所示。

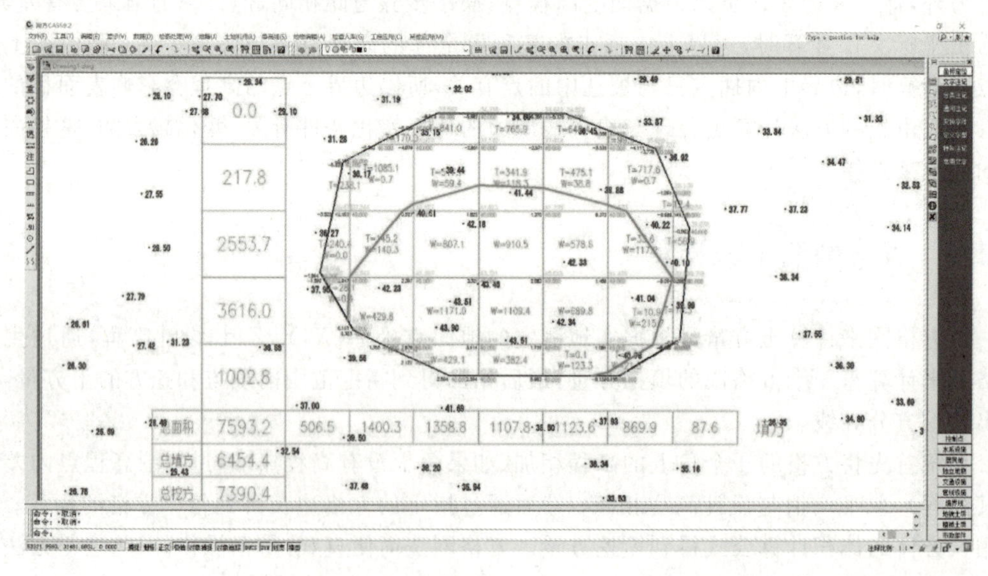

图 5-18 方格网法土方计算成果图

2. 设计面是斜面时的操作步骤

设计面是斜面时，操作步骤与平面基本相同，区别在于在“方格网土方计算”对话框的“设计面”栏中，选择“斜面【基准点】”或“斜面【基准线】”。

(1) 如果设计的面是斜面(基准点)，需要确定坡度、基准点和向下方向上一点的坐标，以及基准点的设计高程。

单击“拾取”按钮，命令行提示：

```
点取设计面基准点:确定设计面的基准点。
指定斜坡设计面向下的方向:点取斜坡设计面向下的方向。
```

(2) 如果设计的面是斜面(基准线)，需要输入坡度并点取基准线上的两个点及基准线向下方向上的一点，最后输入基准线上两个点的设计高程即可进行计算。

单击“拾取”按钮，命令行提示：

```
点取基准线第一点:点取基准线的一点。
点取基准线第二点:点取基准线的另一点。
指定设计高程低于基准线方向上的一点:指定基准线方向两侧低的一边。
```

3. 设计面是三角网文件时的操作步骤

选择设计的三角网文件，单击“确定”按钮，即可进行方格网土方计算。三角网文件由“等高线”菜单生成。

5.2.3 区域土方量平衡计算

土方平衡的功能常在场地平整时使用。当一个场地的土方平衡时，挖掉的土石方刚好等于填方量。以填挖方边界线为界，从较高处挖得的土石方直接填到区域内较低的地方，就可完成场地平整，这样可以大幅度减少运输费用。需要注意的是，此方法只考虑体积上的相等，并未考虑砂石密度等因素。土方量平衡计算的步骤如下：

(1) 在图上展出点，用复合线绘出需要进行土方平衡计算的边界；

(2) 选择“工程应用”→“区域土方量平衡”→“根据坐标数据文件(根据图上高程点)”命令。

如果要分析整个坐标数据文件，可直接按 Enter 键；如果没有坐标数据文件，而只有图上的高程点，则选择“根据图上高程点”命令。

(3) 命令行提示：

```
选择边界线: 点取第(1)步所画闭合复合线。
输入边界插值间隔(米):<20>
```

这个值将决定边界上的取样密度，如前面所说，如果密度太大，超过了高程点的密度，实际意义并不大。一般用默认值即可。

(4) 如果前面选择的是“根据坐标数据文件”命令，这里将弹出对话框，要求输入高程点坐标数据文件名；如果前面选择的是“根据图上高程点”命令，此时命令行将提示：

选择高程点或控制点：用鼠标指针选取参与计算的高程点或控制点。

（5）按 Enter 键后弹出图 5-19 所示对话框。

同时命令行出现提示：

平场面积 = ×××× 平方米
土方平衡高度 = ××× 米，挖方量 = ×××立方米，填方量 = ×××立方米

（6）单击对话框中的“确定”按钮，命令行提示：

请指定表格左下角位置:<直接回车不绘制表格>

在图上空白区域单击，在图上绘出计算结果表格，如图 5-20 所示。

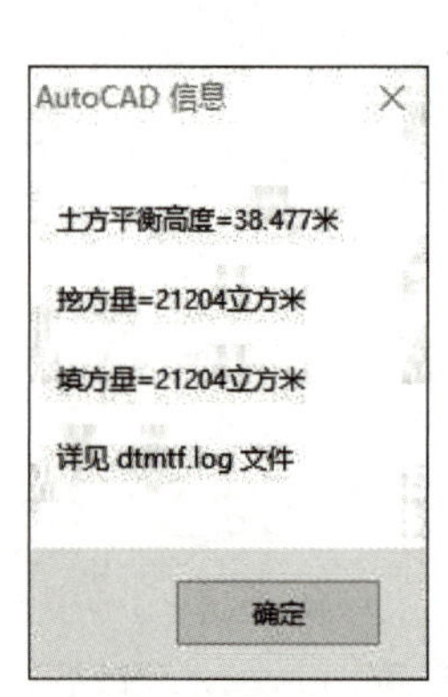

图 5-19　土方量平衡

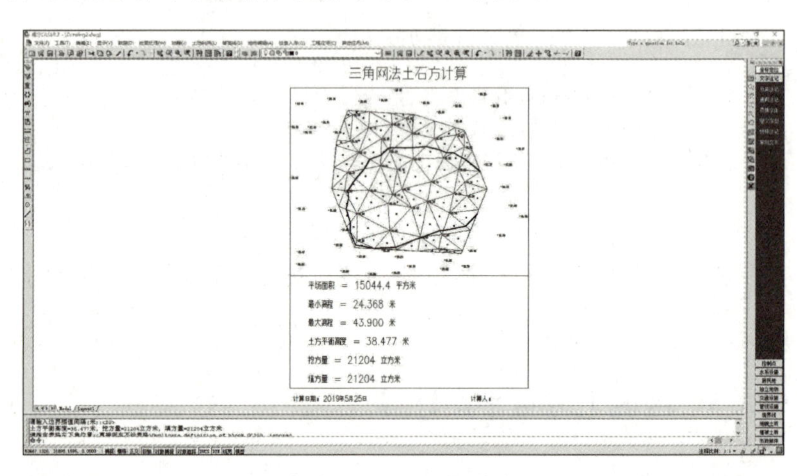

图 5-20　区域土方量平衡

5.2.4　绘制断面图

CASS 系统里绘制断面图的方法有 4 种：根据坐标文件、根据里程文件、根据等高线和根据三角网。

1. 根据坐标文件

坐标文件指野外观测得到的包含高程点的文件。根据坐标文件绘制断面图的方法如下。

（1）先用复合线生成断面线，选择“工程应用”→“绘断面图”→“根据已知坐标”命令。

（2）选择断面线：用鼠标指针点取第(1)步所绘断面线。

弹出“断面线上取值”对话框，如图 5-21 所示。如果选中“由数据文件生成”单选按钮，则在“坐标数据文件名”栏中选择高程点数据文件；

如果选中“由图面高程点生成”单选按钮，此步则为在图上选取高程点，前提是图面存在高程点，否则此方法无法生成断面图。

（3）输入采样点的间距，系统默认值为 20m。采样点间距的含义是复合线上两顶点之

间若大于此间距，则每隔此间距内插一个点。

(4) 输入起始里程，系统默认起始里程为 0。

(5) 单击“确定”按钮，弹出“绘制纵断面图”对话框，如图 5-22 所示。

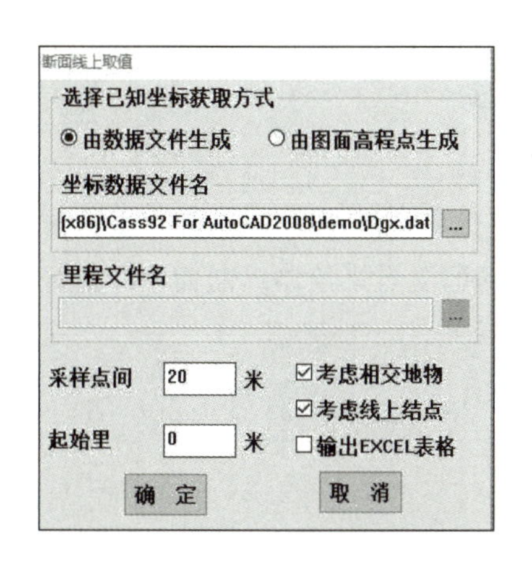

图 5-21　“断面线上取值”对话框

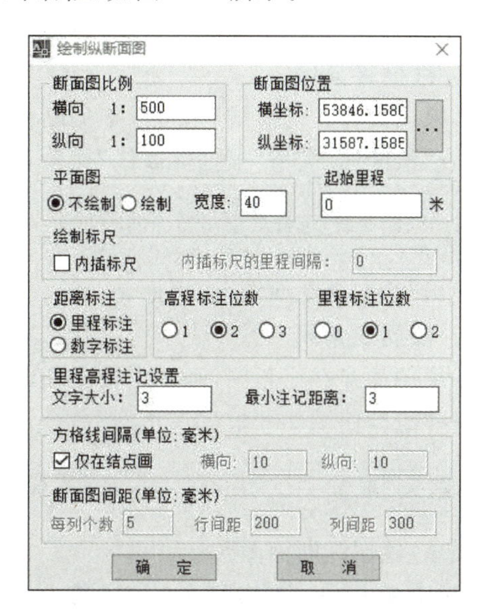

图 5-22　“绘制纵断面图”对话框

输入相关参数，如：

横向比例为 1∶<500>：输入横向比例，系统的默认值为 1∶500。

纵向比例为 1∶<100>：输入纵向比例，系统的默认值为 1∶100。

断面图位置：可以手工输入，也可在图面上拾取。

可以选择是否绘制平面图、标尺、标注，还可设置注记。

(6) 单击“确定”按钮，出现所选断面线的纵断面图，如图 5-23 所示。

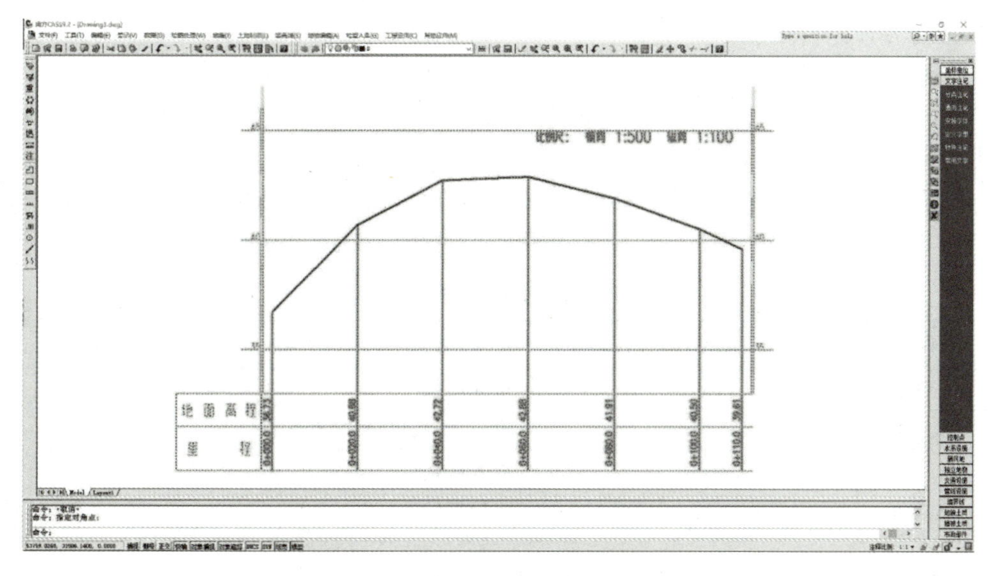

图 5-23　纵断面图

2. 根据里程文件

一个里程文件可包含多个断面信息，此时可一次绘出多个断面。

里程文件的一个断面信息内允许有该断面不同时期的断面数据，这样就可以在绘制这个断面图的同时绘出实际断面线和设计断面线。

3. 根据等高线

如果图面存在等高线，则可以根据断面线与等高线的交点来绘制纵断面图。选择“工程应用”→“绘断面图”→“根据等高线”命令，命令行提示：

请选取断面线：选择要绘制断面图的断面线。

弹出“绘制纵断面图”对话框。

4. 根据三角网

如果图面存在三角网，则可以根据断面线与三角网的交点来绘制纵断面图。选择“工程应用”→“绘断面图”→“根据三角网”命令，命令行提示：

请选取断面线：选择要绘制断面图的断面线。

弹出“绘制纵断面图”对话框。

[做中学 5-2] 方格网法土方计算

CASS 软件在“工程应用”菜单下设置了 5 个土方计算命令，分别代表 5 种方法——DTM 法、断面法、方格网法、等高线法和区域土方量平衡，其中方格网法是工程中应用最广泛的一种方法。下面以 CASS 软件自带的案例坐标文件 dgx. dat 为例，根据以下步骤学习利用数字地形图快速计算土方量的方法。

步骤 1：选择“绘图处理”→“展高程点”命令，将坐标文件 dgx. dat 的碎部点三维坐标展绘在 CASS 绘图区。执行多段线命令 pline，绘制一条闭合多段线作为土方计算的边界。

步骤 2：选择“工程应用”→“方格网法土方计算”命令，点选土方计算边界的闭合多段线，在弹出的“方格网土方计算”对话框中选择系统自带的 dgx. dat 文件，完成响应后，返回“方格网土方计算”对话框。

步骤 3：在“方格网土方计算”对话框的“设计面”栏中选择“平面”，“目标高程”栏输入“35”，“方格宽度”栏输入“10”，“输出格网点坐标数据文件”栏输入“C:\tfjs. dat”，单击“确定”按钮。

步骤 4：软件自动进行计算和处理，生成总填方、总挖方结果，同时绘制出分析的方格网图。将计算结果填入表 5-5。

表 5-5 方格网法土方计算结果

软件名称	CASS	坐标文件名	dgx. dat
设计面	平面	目标高程	35m
方格宽度	10m	输出格网点坐标数据文件	C:\tfjs. dat
最小高程		最大高程	
总填方		总挖方	

步骤 5：结束实践操作，清理并关闭软件和计算机。

［随堂测试 5-2］ 请查阅传统纸质地形图应用的相关资料，对纸质地形图和数字地形图的应用进行比较与探究，列出各自的优缺点，填入表 5-6 中。

表 5-6 纸质地形图和数字地形图的应用比较

地形图类型	优　点	缺　点
纸质地形图		
数字地形图		

知识自测

一、单项选择题

1. 地物符号表示地物的形状、大小和(　　)。

A. 特征　　B. 位置　　C. 数量　　D. 面积

2. 下列关于等高线的分类，说法错误的是(　　)。

A. 等高线分为首曲线、计曲线、间曲线、助曲线

B. 按 0.5m 等高距测绘的等高线称为半距等高线

C. 助曲线又称辅助等高线

D. 半距等高线是为了显示地貌特征而加绘的

3. 加注(　　)，可以区分坑洼与山头。

A. 间曲线　　B. 示坡线　　C. 地性线　　D. 山脊线

4. 地形图的数学要素除了测图比例尺外，还有(　　)。

A. 四周的图框　　B. 测图的方法

C. 坐标格网　　D. 图幅接合表

5. 图上两点间的距离与其实地(　　)之比，称为地形图的比例尺。

A. 距离　　B. 高差　　C. 水平距离　　D. 球面距离

6. 地形图的比例尺是 1∶500，则地形图上 1mm 表示地面的实际的距离为(　　)。

A. 0.05m　　B. 0.5m　　C. 5m　　D. 50m

7. 地形图上如没有指北针，则可根据图上(　　)方向判定南北方向。

A. 河流流水方向　　B. 山脉走向方向　　C. 房屋方向　　D. 坐标格网

8. 下列各种比例尺的地形图中，比例尺最小的是(　　)比例尺。

A. 1∶5000　　B. 1∶2000　　C. 1∶1000　　D. 1∶500

9. 下列关于比例尺的精度，说法正确的是(　　)。

A. 比例尺精度指的是图上距离和实地水平距离之比

B. 比例尺为 1∶500 的地形图其比例尺精度为 5cm

C. 比例尺精度与比例尺大小无关

D. 比例尺精度可以任意确定

10. 相邻两条等高线之间的高差称为(　　)。

A. 等高线平距　　B. 等高距

C. 基本等高距　　D. 等高线间隔

二、多项选择题

1. 下列关于数字地形图和传统模拟法纸质地形图，说法正确的有(　　)。

A. 数字地形图比纸质地形图易于保存

B. 数字地形图保密性能比纸质地形图高

C. 数字地形图比纸质地形图易于修测更改

D. 数字地形图测绘比传统模拟法纸质地形图测绘方便、效率更高

E. 数字地形图比传统模拟法纸质地形图更便于利用

2. 下列关于等高线，说法正确的有(　　)。

A. 等高线分为首曲线、计曲线、间曲线和助曲线

B. 等高线用来描绘地表起伏形态

C. 等高线一般不相交、不重合

D. 区别山脊和山谷，除了等高线外还需要高程注记

E. 等高线是闭合曲线，所以等高线在任一图幅内必须闭合

3. 下列关于地形图的地貌，说法正确的是(　　)。

A. 地貌是地表面高低起伏的形态

B. 地貌可以用等高线和必要的高程注记表示

C. 地貌有人为的，也有天然的

D. 平面图上也要表示地貌

E. 表示地貌的方法很多，常用的是等高线法

4. 阅读大比例尺地形图的要点是(　　)。

A. 弄清地形图的比例尺、坐标系统、高程系统、分幅与拼接

B. 学习与熟悉所使用的地形图图式，弄清各种符号、注记的正确含义，对基本地貌的等高线特征有正确的了解

C. 在实地定向中正确使用地形图，检查图纸在复制过程中有无伸缩，必要时设法改正

D. 到现场检查图纸的精确度、详细程度。对地物的长度或间距进行实地丈量，与用比例尺量的长度进行比较，以检查地形图的地物测绘精度

E. 根据等高线，了解图内的地貌、地质构造和植物生长情况

5. 下列关于地形图的比例尺，说法正确的有(　　)。

A. 用复式比例尺在图上量取和缩绘距离比直线比例尺的精度高

B. 大比例尺的地形图测图时，最小距离量至 0.5m 即可满足精度

C. 中比例尺地形图一般多采用航测法成图

D. 测图的比例尺越大，地物地貌表示越详细

E. 实际应用中地形图的比例尺越大越好

三、综合探究题

1. 地形图识读的主要目的是什么？识读时应注意哪些问题？

2. 地形图的比例尺与比例尺精度的含义是什么？

项目6 民用建筑施工测量

学习目标

知识目标

1. 了解民用建筑施工测量概念。
2. 熟悉施工测量的基本工作方法。
3. 熟悉外控法、内控法。
4. 掌握基础施工和墙体施工的测量方法。

能力目标

1. 能进行测量前的准备工作。
2. 能进行点的平面位置测设。
3. 会使用全站仪进行建筑的定位与放线。
4. 会使用水准仪高程传递。

导入案例

×××工程定位和测量放线施工方案

1. 施工前的准备工作

1）人员准备

本工程设测量员2名，负责施工过程中的测量放线工作。

2）技术准备

（1）根据工程任务的要求，收集分析勘测、设计及施工等相关资料，包括：①城市规划部门测绘成果；②工程地质勘察报告；③施工设计图纸与有关的变更文件；④施工组织设计及施工方案；⑤施工场地地下管网及其他构筑物的成果图。

（2）熟悉首层建筑平面图、基础平面图、基础以上工程结构施工图、总平面图及与定位测量有关的技术资料。

（3）根据建筑图与结构图校核各部位的尺寸，了解建筑物的平面布置情况，主要轴线，建筑物的长、宽，结构特点及建筑物的建筑坐标、设计高程，在总平面图上的位置，建筑物周围主要建筑物的相互关系和轴线尺寸。

3）检测器具

为了保证测设精度，所使用的全站仪、水准仪、钢卷尺等必须由专业鉴定部门进行鉴定，鉴定合格后方可投入使用。施工中注意钢卷尺的维护保养，每次使用后都要用棉纱擦上黄油进行保存，在运输和存放中均不得挤压，防止钢卷尺变形，影响测设精度。

4）测量器具的准备

测量器具的准备如表6-1所示。

表 6-1 测量器具的准备

名　称	规　格	数　量	名　称	规　格	数　量
全站仪	NTS-382R10	1 台	水准仪	DSZ2	1 台
手持测距仪	PD-56S	2 个	钢卷尺	50m	1 把
钢卷尺	7.5m	2 把	钢卷尺	5m	5 把

2. 施工程序

公司测量工程师参加建设单位组织的红线桩、水准点的交接工作,并将结果交于项目测量员。对建设单位交桩点进行复测,确定无误后引测出平面控制网,并报监理单位专业工程师验收。根据土方开挖方案确定基坑开挖线,报监理单位验收,合格后再进行土方开挖。

……

学习任务

任务 6.1 施工测量的基本工作

施工测量是指工程在施工阶段所进行的测量工作,俗称放样和抄平。施工测量的目的是根据施工需要,用测量仪器把设计图纸上的建(构)筑物的平面位置和高程,按设计要求以一定的精度测设到施工现场,为后续施工提供依据,并在施工过程中通过系列测量工作保证工程施工质量。

6.1.1 施工测量概述

1. 施工测量的内容

施工测量的主要内容包括以下几个方面。

(1) 施工前建立与工程相适应的施工控制网。

(2) 施工过程中进行建(构)筑物定位、构件安装、高程控制的测量工作,以确保施工质量符合设计要求。

(3) 检查和验收工作。每道工序完成后,都要通过测量检查工程各部位的实际位置和高程是否符合要求,根据实测验收的记录,编绘竣工图和资料,作为验收时鉴定工程质量与工程交付后管理、维修、扩建和改建的依据。

(4) 变形观测工作。随着施工的进展,测定建(构)筑物的位移和沉降,作为鉴定工程质量和验证工程设计、施工是否合理的依据。

2. 施工测量的特点和要求

(1) 施工测量是直接为工程施工服务的,因此它必须与施工组织计划相协调。测量人员必须了解设计的内容、性质及其对测量工作的精度要求,随时掌握工程进度及现场变动,使测设精度和速度满足施工需要。

(2) 施工测量的精度主要取决于建(构)筑物的大小、性质、用途、材料、施工方法等因素。一般高层建筑施工测量精度应高于低层建筑，装配式建筑施工测量精度应高于非装配式建筑，钢结构建筑施工测量精度应高于钢筋混凝土结构建筑。局部精度往往高于整体定位精度。

(3) 施工测量受施工干扰大，由于施工现场交通频繁，交叉作业面大，加上机械设备颇多，地面起伏较大，因此各种测量标志一定要注意埋设稳固，妥善保护并定期检查。若测量标志损坏或被毁，应按照要求及时恢复。

3. 施工测量的原则

施工测量和测绘地形图一样要遵循“从整体到局部、先控制后碎部”的原则，即在施工测量时，首先要在施工现场建立平面控制网(点)和高程控制网(点)，然后以此为基础，在实地测设出待建建(构)筑物的位置作为施工的依据。

施工测量中还有一项重要的工作——检核。施工现场所测设的点位、轴线及标高等施工标志是施工的依据，一旦出现错误，将会对整个工程造成较大的损失。因此，在施工测量的过程中必须“处处检核”，尽量采用不同方法加强检核工作，当确认无误时方可进行下一步工作。

6.1.2 点的平面位置测设

点的平面位置的测设方法有直角坐标法、极坐标法、角度交会法和距离交会法。至于采用哪种方法，应根据控制网的形式、地形情况、现场条件及精度要求等因素确定。

1. 直角坐标法

直角坐标法根据直角坐标原理，利用纵横坐标之差，测设点的平面位置。直角坐标法适用于施工控制网为建筑方格网或建筑基线的形式，且量距方便的建筑施工场地。

1) 计算测设数据

如图 6-1 所示，Ⅰ、Ⅱ、Ⅲ、Ⅳ为建筑施工场地的建筑方格网点，a、b、c、d 为欲测设建筑物的 4 个角点，根据设计图上各点坐标值，可求出建筑物的长度、宽度及测设数据。

$$\text{建筑物的长度} = y_c - y_a = 580.00 - 530.00 = 50.00(\text{m})$$
$$\text{建筑物的宽度} = x_c - x_a = 650.00 - 620.00 = 30.00(\text{m})$$

测设 a 点的测设数据(Ⅰ点与 a 点的纵横坐标之差)：

$$\Delta x = x_a - x_{\text{I}} = 620.00 = 600.00 = 20.00(\text{m})$$
$$\Delta y = y_a - y_{\text{I}} = 530.00 - 500.00 = 30.00(\text{m})$$

2) 点位测设方法

(1) 在Ⅰ点安置全站仪，瞄准Ⅳ点，沿视线方向测设距离 30.00m，定出 m 点；继续向前测设 50.00m，定出 n 点。

(2) 在 m 点安置全站仪，瞄准Ⅳ点，按逆时针方向测设 90°，由 m 点沿视线方向测设距离 20.00m，定出 a 点，做出标志；再向前测设 30.00m，定出 b 点，做出标志。

(3) 在 n 点安置全站仪，瞄准Ⅰ点，按顺时针方向测设 90°，由 n 点沿视线方向测设距离 20.00m，定出 d 点，做出标志；再向前测设 30.00m，定出 c 点，做出标志。

(4) 检查建筑物四角是否等于 90°，各边长是否等于设计长度，其误差均应在限差以内。

测设上述距离和角度时，可根据精度要求分别采用一般方法或精密方法。

2. 极坐标法

极坐标法根据一个水平角和一段水平距离测设点的平面位置。极坐标法适用于量距方便，且待测设点距控制点较近的建筑施工场地。

1）计算测设数据

如图 6-2 所示，A、B 为已知平面控制点，其坐标值分别为 $A(x_A, y_A)$、$B(x_B、y_B)$，P 点为建筑物的一个角点，其坐标为 $P(x_P、y_P)$。现根据 A、B 两点，用极坐标法测设 P 点，其测设数据计算方法如下。

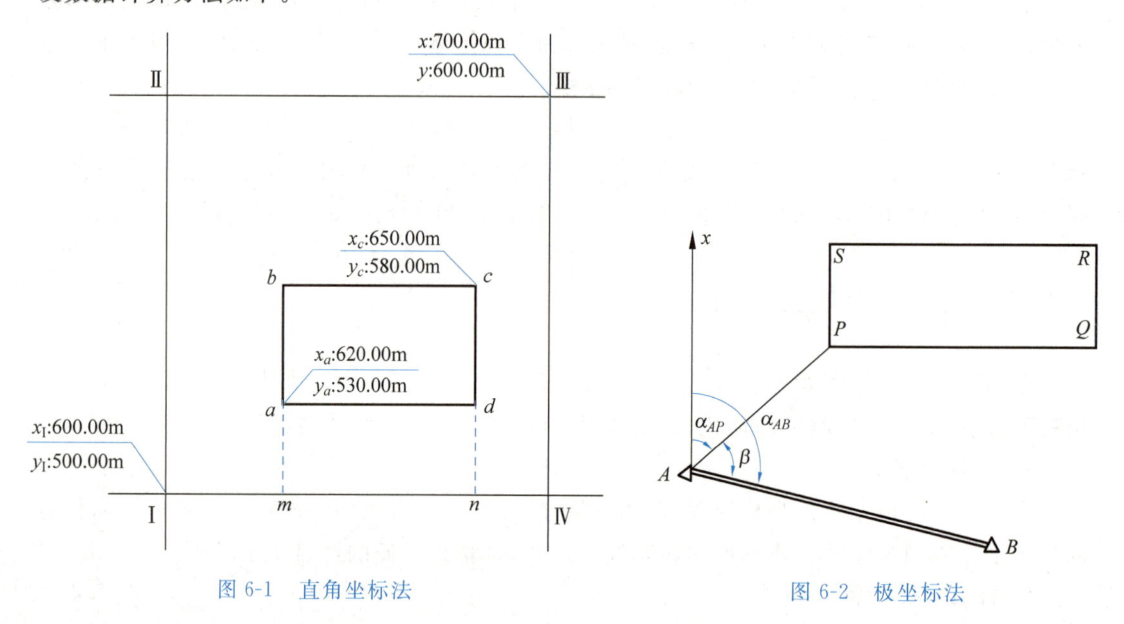

图 6-1　直角坐标法

图 6-2　极坐标法

(1) 计算 AB 边的坐标方位角 α_{AB} 和 AP 边的坐标方位角 α_{AP}。

坐标方位角计算方法见 4.1.3 小节。

(2) 计算 AP 与 AB 之间的夹角：

$$\beta = \alpha_{AB} - \alpha_{AP}$$

(3) 计算 A、P 两点间的水平距离：

$$D_{AP} = \sqrt{(x_P - x_A)^2 + (y_P - y_A)^2} = \sqrt{\Delta x_{AP}^2 + \Delta y_{AP}^2}$$

例： 已知 $x_P = 370.000\text{m}$，$y_P = 458.000\text{m}$，$x_A = 348.758\text{m}$，$y_A = 433.570\text{m}$，$\alpha_{AB} = 103°48'48''$，试计算测设数据 β 和 D_{AP}。

解：

$$\alpha_{AP} = \arctan\frac{\Delta y_{AP}}{\Delta x_{AP}} = \arctan\frac{458.000 - 433.570}{370.000 - 348.758} = 48°59'34''$$

$$\beta = \alpha_{AB} - \alpha_{AP} = 103°48'48'' - 48°59'34'' = 54°49'14''$$

$$D_{AP} = \sqrt{(370.000 - 348.758)^2 + (458.000 - 433.570)^2} = 32.374(\text{m})$$

2）点位测设方法

（1）在 A 点安置全站仪，瞄准 B 点，按逆时针方向测设 β 角，定出 AP 方向。

（2）沿 AP 方向自 A 点测设水平距离 D_{AP}，定出 P 点，做出标志。

（3）用同样的方法测设 Q、R、S 点。全部测设完毕后，检查建筑物四角是否等于 90°，各边长是否等于设计长度，其误差均应在限差以内。

同样，在测设距离和角度时，可根据精度要求分别采用一般方法或精密方法。

3. 角度交会法

角度交会法适用于待测设点距控制点较远，且量距较困难的建筑施工场地。

1）计算测设数据

如图 6-3(a)所示，A、B、C 为已知平面控制点，P 为待测设点。现根据 A、B、C 三点，用角度交会法测设 P 点，其测设数据计算方法如下。

（1）按坐标反算公式 $\alpha=\arctan\dfrac{\Delta y}{\Delta x}$，分别计算出 α_{AB}、α_{AP}、α_{BP}、α_{CB} 和 α_{CP}。

（2）计算水平角 β_1、β_2 和 β_3。

2）点位测设方法

（1）在 A、B 两点同时安置全站仪，同时测设水平角 β_1 和 β_2，定出两条视线，在两条视线相交处钉下一个大木桩，并在木桩上依 AP、BP 绘出方向线及其交点。

（2）在控制点 C 上安置全站仪，测设水平角 β_3，同样在木桩上依 CP 绘出方向线。

（3）如果交会没有误差，此方向应通过前两方向线的交点，否则将形成一个示误三角形，如图 6-3(b)所示。若示误三角形边长在限差以内，则取示误三角形重心作为待测设点 P 的最终位置。

测设 β_1、β_2 和 β_3 时，视具体情况，可采用一般方法和精密方法。

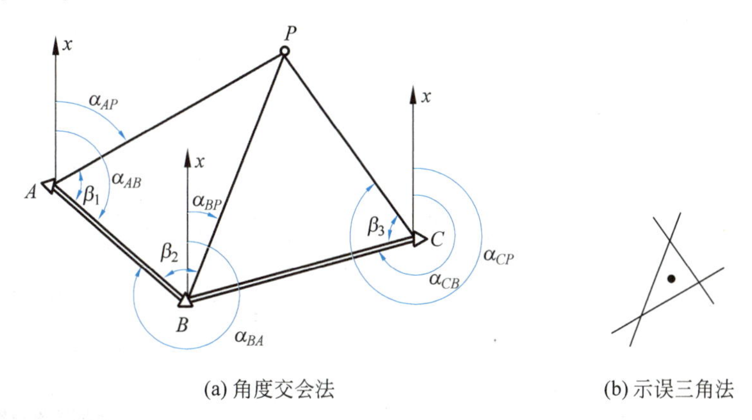

(a) 角度交会法　　(b) 示误三角法

图 6-3　角度交会法和示误三角形

4. 距离交会法

距离交会法是由两个控制点测设两段已知水平距离，交会定出点的平面位置。距离交会法适用于待测设点至控制点的距离不超过一尺段长，且地势平坦、量距方便的建筑施工场地。

1）计算测设数据

如图 6-4 所示，A、B 为已知平面控制点，P 为待测设点。现根据 A、B 两点，用距离交会

法测设 P 点，其测设数据计算方法如下。

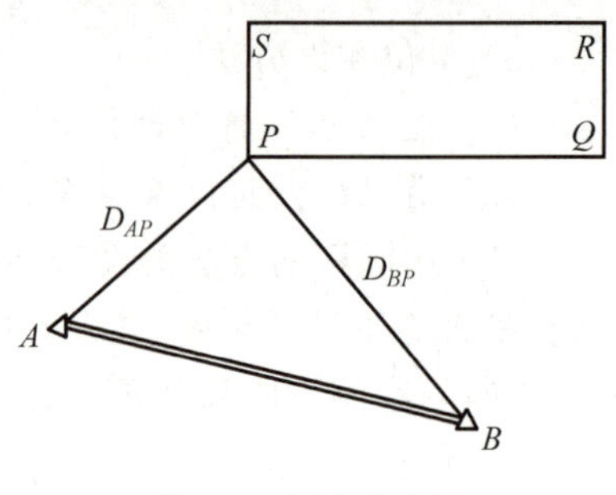

图 6-4　距离交会法

根据 A、B、P 三点的坐标值，分别计算出 D_{AP} 和 D_{BP}。

2）点位测设方法

（1）将钢卷尺的零点对准 A 点，以 D_{AP} 为半径在地面上画一圆弧。

（2）再将钢卷尺的零点对准 B 点，以 D_{BP} 为半径在地面上再画一圆弧。两圆弧的交点即为 P 点的平面位置。

（3）用同样的方法，测设出 Q 点的平面位置。

（4）丈量 P、Q 两点间的水平距离，与设计长度进行比较，其误差应在限差以内。

微课：坐标放样的原理

5. 全站仪坐标放样法

全站仪坐标放样就是根据设计的目标点坐标，利用全站仪提供的坐标放样功能，自动计算待定目标点与已知点的距离及偏角，利用极坐标方法来确定目标点的实地位置。坐标放样可视为坐标测量的逆过程。用全站仪进行坐标放样时，主要步骤为设置测站、设置后视（确定方位角）、输入或调用放样坐标、开始放样和复测检核。其中设置测站点和后视点的方法与坐标测量中设置的方法相同，而且一旦仪器设置好测站点和后视点，无论是对坐标测量还是坐标放样均有效，无须重新设置。全站仪坐标放样的具体操作步骤见表 6-2。

微课：坐标放样的步骤

表 6-2　全站仪坐标放样操作步骤

步　骤	操作内容	操作键	显示窗
1	设置测站点坐标	同坐标测量，见表 4-2	
2	设置仪器高		
3	设置后视方位角		
4	输入放样点坐标	F3	坐标放样 (1/2) F1:输入测站点 F2:输入后站点 F3:输入放样点 ▼
		F4	输入放样点 点名：SOUTH 19 回退 调用 字母 坐标
		输入坐标 ENT	输入放样点 N: 156.987 m E: 232.165 m Z: 55.032 m 回退

续表

步骤	操作内容	操作键	显示窗
4	输入放样点坐标	输入镜高 ENT	输入棱镜高 镜高：0.000 m 回退 PSM -30 PPM 4.6 放样参数计算 HR： 155° 30' 20" HD： 122.568 m 继续
5	实施放样	F4 转动照准部至 dHR=0	PSM -30 PPM 4.6 角度差调为零 HR： 155° 30' 20" dHR： 0° 00' 00" 距离 坐标 换点
		移动棱镜中心至视线方向，瞄准后按 F2	PSM -30 PPM 4.6 HD： 169.355 m dH： -9.322 m dZ： 0.336 m 测量 角度 坐标 换点
		移动棱镜直至测量值 dH、dZ 都等于 0 F1	PSM -30 PPM 4.6 HD* 169.355 m dH： 0.000 m dZ： 0.000 m 测量 角度 坐标 换点
6	复测校核	F3	PSM -30 PPM 4.6 N： 236.352 m E： 123.622 m Z： 1.237 m 测量 角度 换点
7	放样下一个点	F4	输入放样点 点名：SOUTH 19 回退 调用 字母 坐标

注意

(1) 放样工作需要密切配合才能完成，作业前观测者和持镜者应商量好配合方案；

(2) 角度差调为零后，照准部在水平方向不得转动，需瞄准棱镜时只能移动棱镜；

(3) 放样过程中,角度和距离可以随时切换,以方便检查;

(4) 同测站放样下一个点时,无须重新设置测站和后视方向。

微课:高程测设

6.1.3 点的高程测设

1. 点的高程一般测设方法

根据设计图纸所给定的条件和有关数据,为施工做出实地标志而进行的测量工作称为测设(也称放样)。高程测设是根据附近的水准点,将设计高程按照要求测设到现场作业面上,作为施工的依据。如平整场地、桥涵基底、房屋基础开挖、路面标高、管道坡度等的测设,常要将点的高程测设到实地上,在地面上打下木桩,使桩的侧面某一位置的高程等于点的设计高程。

如图 6-5 所示,某建筑物的室内地坪(±0.000)设计高程为 45.000m,附近有一水准点 BM3,其高程为 $H_3=44.680$m。现要求把该建筑物的室内地坪高程测设到木桩 A 上,作为施工时控制高程的依据。其测设方法如下。

(1) 在水准点 BM3 和木桩 A 之间安置水准仪,BM3 上竖立水准尺,用水准仪的水平视线测得后视读数 $a=1.556$m,此时视线高程为

$$H_i = H_3 + a = 44.680 + 1.556 = 46.236(\mathrm{m})$$

(2) 计算 A 点水准尺尺底为室内地坪高程时的前视读数:

$$b_{应} = H_i - H_{设} = 46.236 - 45.000 = 1.236(\mathrm{m})$$

(3) 上下移动竖立在木桩 A 侧面的水准尺,直至水准仪的水平视线在尺上截取的读数为 1.236m 时,紧靠尺底在木桩上画一水平线,其高程即为 45.000m。

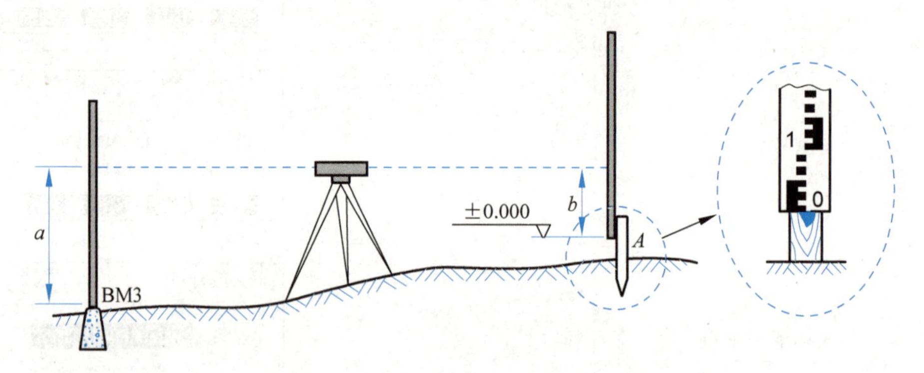

图 6-5 已知高程测设

2. 高程传递

当向较深的基坑或较高的建筑物上测设已知高程点时,如水准尺长度不够,可利用钢卷尺向下或向上引测。

如图 6-6 所示,欲在深基坑内设置一点 B,使其高程为 $H_{设}$。地面附近有一水准点 R,其高程为 H_R。其测设方法如下。

(1) 在基坑一边架设吊杆，杆上吊一根零点向下的钢卷尺，尺的下端挂上质量为 10kg 的重锤，放入油桶中。

(2) 在地面安置一台水准仪，设水准仪在 R 点所立水准尺上的读数为 a_1，在钢卷尺上的读数为 b_1。

(3) 在坑底安置另一台水准仪，设水准仪在钢卷尺上的读数为 a_2。

(4) B 点水准尺尺底高程为 $H_设$ 时，B 点处水准尺的读数应为

$$b_{应} = (H_R + a_1) - (b_1 - a_2) - H_{设}$$

(5) 上下移动 B 点水准尺，直至水准仪的水平视线在尺上截取的读数为 $b_应$ 时，沿尺底横向打入水平桩，桩顶高程即 $H_设$。

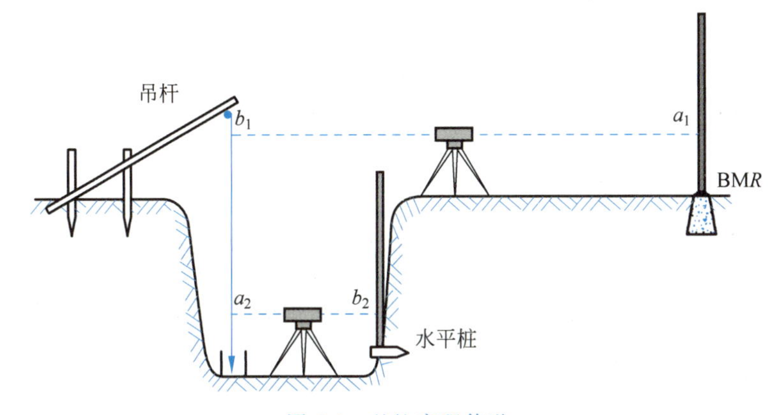

图 6-6　基坑高程传递

用同样的方法，也可从低处向高处测设已知高程的点，如图 6-7 所示。将地面水准点 A 的高程传递到高层建筑物的各层楼板上，方法与上述方法相似，但可在吊挂钢卷尺长度允许的范围内，同时测定不同层面临时水准点的标高。临时水准点 B 的高程为

$$H_B = H_A + a - b + c - d$$

H_B 测定后，即可再以 B 点为后视点，用一般方法测设该层楼面上其他的设计高程。

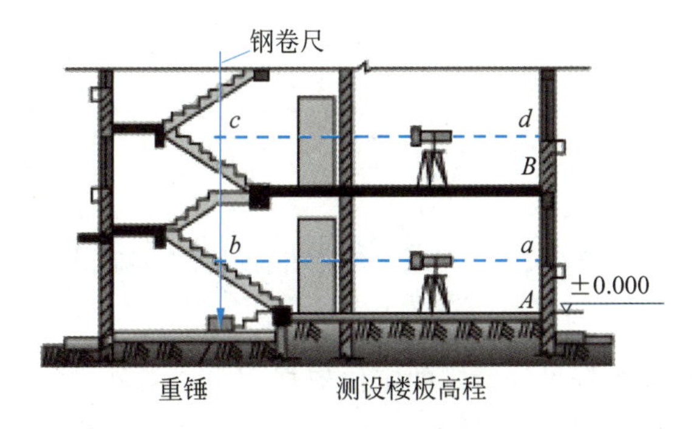

图 6-7　建筑物高程传递

［做中学 6-1］　测设点的平面位置和高程

根据给定的控制点 A、B 的已知坐标和已知水准点 BM1 的高程，以及待测点 P 的设计坐标与高程(表 6-3)，按极坐标法和视线高法进行 P 点的点位测设和高程测设。

表 6-3　放样数据

点　　号	X/m	Y/m	H/m
A	800.00	600.00	6.532
B	800.00	650.00	6.547
P	780.00	630.00	7.001
BM1			7.654

步骤 1：内业计算。计算出已知方位角 α_{AB}、待测方位角 α_{AP}、待测角度 β 及待测距离 S_{AP}。

步骤 2：外业操作。

1. 平面位置的测设

(1) 在 A 点安置全站仪，照准零定向点 B，度盘置零；

(2) 转动照准部使水平度盘读数为 β，自 A 点沿视线方向测距 S_{AP}，定出 P' 点；

(3) 盘左采用相同方法测设出 P'' 点，取 $P'P''$ 两点连线中点即为 P 点；

(4) 利用 B 点作为测站点检核 P 点坐标。

2. 高程测设

(1) 在 P、BM1 点之间安置水准仪，使仪器距两点距离大致相等，在 BM1 点上立尺，读取后视读数 a，根据已知点高程计算出视线高；

(2) 根据设计高程计算出待测点前视读数；

(3) 在 P 点测设出设计高程；

(4) 测定 P 点与 BM1 间高差作为检核。

［随堂测试 6-1］　测设成果不可避免存在误差，其误差来源主要分为仪器误差、观测误差和外界条件的影响 3 部分。自行查阅资料并结合自己的操作体会，将减小测设误差的措施填写在表 6-4 中。

表 6-4　点位、高程测设误差减小措施分析表

误差分类	误差来源	减小措施
仪器误差		
观测误差		
外界条件的影响		

任务 6.2　建筑物定位与放线

建筑物的定位与放线根据设计给定的定位依据和定位条件进行，是确定平面位置和开挖工作的关键环节，施测时必须保证精度，杜绝错误。一般情况下建筑物基础开挖时会将开挖区内的各种中线或轴线桩挖掉，但在建筑物各部分的施工过程中，又需准确、迅速地恢复轴线位置，故在建筑物定位与放线中，应首先考虑主要中线或轴线桩的准确测设和轴线控制点的稳定问题。为此，在建筑物定位与放线中，应根据工程特点布设控制网。定位之前，应校测所用点位，以防误用有碰动或沉降的控制点。

建筑物施工测量的任务是按照设计的要求，把建筑物的平面位置和高程测设到地面上，并配合施工以保证施工质量。进行施工测量之前，除了应对所使用的测量仪器和工具进行检校外，还需做好以下准备工作。

1. 熟悉图纸

设计图纸是施工测量的主要依据，与施工放样有关的图纸主要有建筑总平面图(图6-8)、建筑平面图(图6-9)、基础平面图(图6-10)和基础剖面图(图6-11和图6-12)。从建筑平面图上可以查明建筑物的总尺寸和内部各定位轴线间的尺寸关系。从基础平面图上可以查明基础边线与定位轴线的关系尺寸，以及基础布置与基础剖面的位置关系。从基础剖面图上可以查明基础立面尺寸、设计标高以及基础边线与定位轴线的尺寸关系。

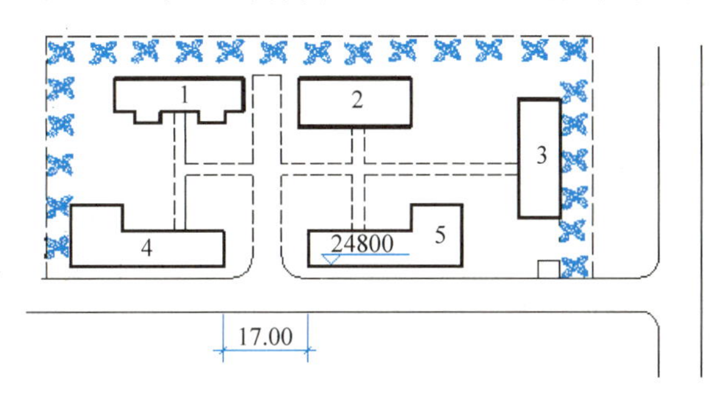

图6-8 建筑总平面图

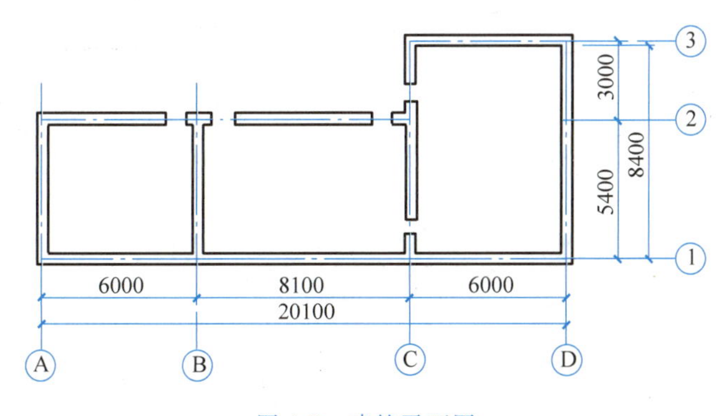

图6-9 建筑平面图

2. 现场踏勘

全面了解现场情况，对施工场地上的平面控制点和水准点进行检核。

3. 施工场地整理

平整和清理施工场地，以便进行测设工作。

4. 确定测设方案

首先了解设计要求和施工进度计划，然后结合现场地形和控制网布置情况，确定测设方案。

5. 准备测设仪器与数据

对测设所使用的仪器和工具进行检核。测设数据包括根据测设方法的需要而进行计算的数据和绘制测设略图。图6-13为注明测设尺寸和方法的测设略图。由于拟建房屋的外墙面距定位轴线为0.25m，因此在测设图中将定位尺寸17.00m和3.00m分别加上0.25m，即将17.25m和3.25m标注于图上，以满足施工后南墙面平齐等设计要求。

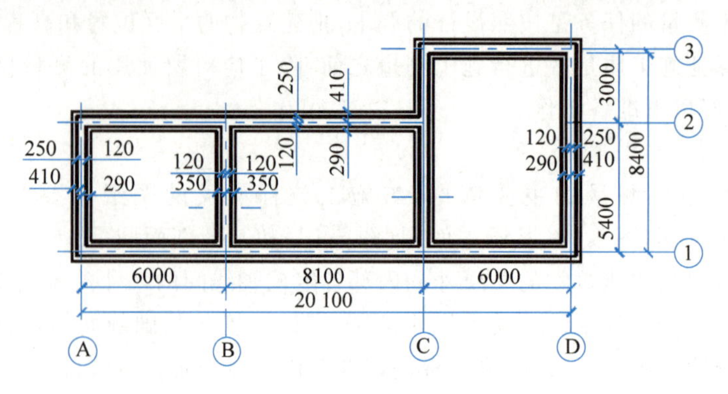

图 6-10　基础平面图

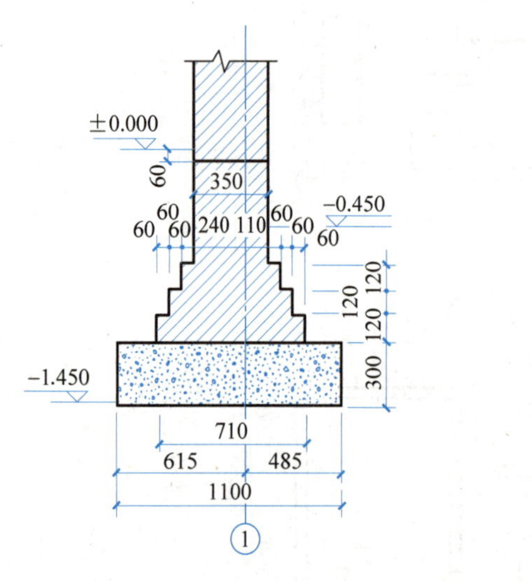

图 6-11　1-1 基础剖面图

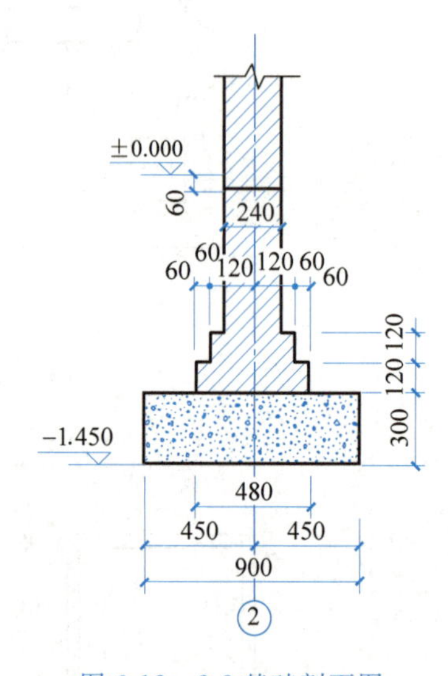

图 6-12　2-2 基础剖面图

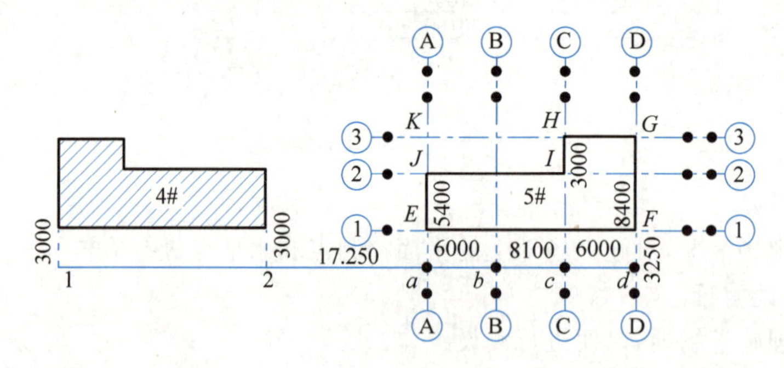

图 6-13　测设略图

6.2.1　施工坐标与测量坐标的换算

为了工作上的方便，在建筑工程设计总平面图上，通常采用施工坐标系（假定坐标系）来求算建筑方格网的坐标，以便使所有建（构）筑物的设计坐标均为正值，且坐标纵轴和横轴与主要建筑物或主要管线的轴线平行或垂直。为了在建筑场地测设出建筑方格网点的位置及所有设计的建(构)筑物，在测设之前，还必须将建筑方格网点和设计建(构)筑物施工坐标系的坐标换算成测量坐标系坐标。

如图 6-14 所示，坐标换算的要素 x_o、y_o、α 一般根据待建建筑物的整体布置来确定。

x_P、y_P 设为 P 点在测量坐标系 xOy 中的坐标，A_P、B_P 为 P 点在施工坐标系 AoB 中的坐标，则将施工坐标换算成测量坐标的计算公式为

$$x_P = x_o + A_P\cos\alpha - B_P\sin\alpha$$
$$y_P = y_o + A_P\sin\alpha + B_P\cos\alpha$$

反之，将测量坐标换算成施工坐标的计算公式为

$$A_P = (x_P - x_o)\cos\alpha + (y_P - y_o)\sin\alpha$$
$$B_P = (y_P - y_o)\cos\alpha - (x_P - x_o)\sin\alpha$$

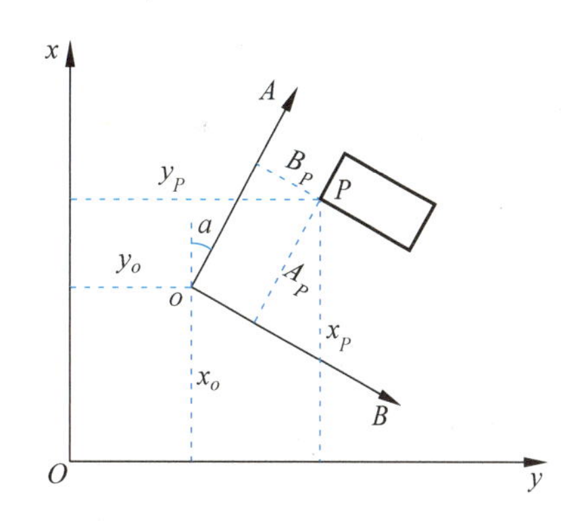

图 6-14　测量坐标系与施工坐标系的转换

6.2.2　建筑物的定位

微课：根据原有建筑物定位

建筑物的定位就是将建筑物外轮廓各轴线交点测设在地面，然后根据这些点进行细部放样。建筑物的定位方法主要有以下 4 种。

(1) 根据与原有建筑物的关系定位。

(2) 根据建筑方格网定位。在建筑场地已测设有建筑方格网，可根据建筑物和附近方格网点的坐标，用直角坐标法测设。如图 6-15 所示，由 A、B 点的坐标值可算出建筑物的长度和宽度。

(3) 根据规划道路红线定位。规划道路的红线是城市规划部门所测设的城市道路规划用地与单位用地的界址线。靠近城市道路的建筑物设计位置应以城市规划道路的红线为依据。如图 6-16 所示，A、B、M、E、D 为城市规划道路红线点。

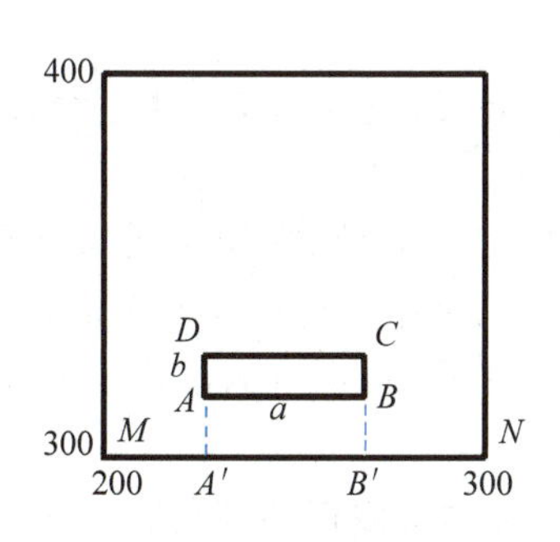

图 6-15　根据建筑方格网定位

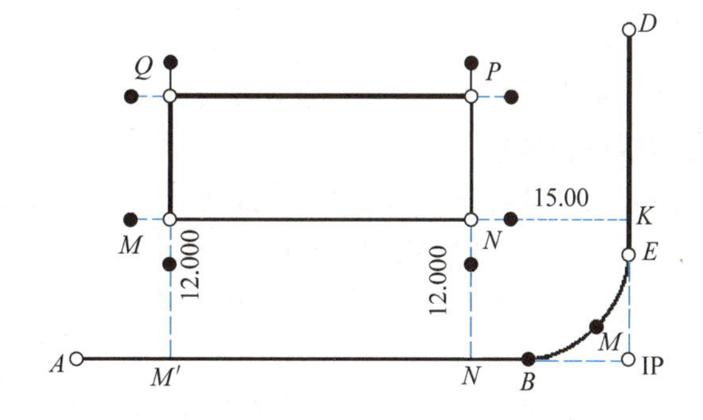

图 6-16　根据规划道路红线定位

微课：根据建筑方格网定位

微课：根据规划道路红线定位

(4) 根据测量控制点坐标定位。在场地附近如果有测量控制点可以利用,应根据控制点及建筑物定位点的设计坐标反算出交会角或距离后,因地制宜地采用极坐标法或角度交会法将建筑物主要轴线测设到地面上。

微课:根据控制点坐标定位

6.2.3 建筑物细部测设

建筑物的放线是根据已定位的外墙轴线交点桩详细测设出建筑物的其他各轴线交点的位置,并用木桩(桩上钉小钉)标定出来,该木桩称为中心桩。据此按基础宽度和放坡宽度用白灰线撒出基槽开挖边界线。由于基槽开挖后,角桩和中心桩将被挖掉,为了便于在施工中恢复各轴线位置,应把各轴线延长到槽外安全地点,并做好标志,其方法有设置轴线控制桩和龙门板两种形式。

1. 设置轴线控制桩

如图 6-17 所示,轴线控制桩设置在基槽外基础轴线的延长线上,作为开槽后各施工阶段确立轴线位置的依据。在多层楼房施工中,控制桩同样是向上投测轴线的依据。轴线控制桩离基槽外边线的距离根据施工场地的条件而定,一般为 2～4m。如果场地附近有已建的建筑物,也可将轴线投设在建筑物的墙上。为了保证控制桩的精度,施工中将轴线控制桩与定位桩一起测设,有时先测设轴线控制桩,再测设定位桩。

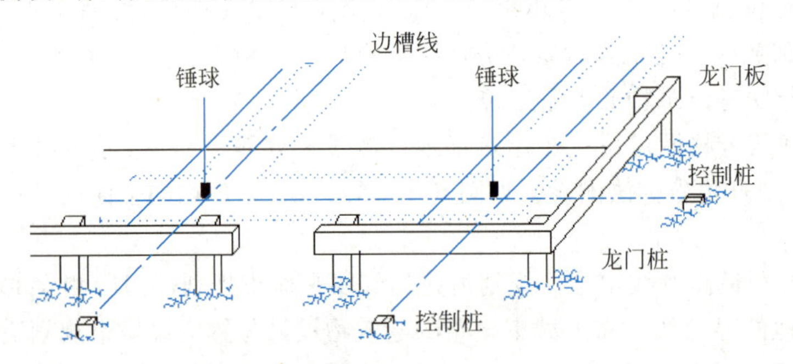

图 6-17　轴线控制桩与龙门板的设置

2. 设置龙门板

在一般民用建筑中,为了施工方便,在基槽外一定距离钉设龙门板,如图 6-17 所示。钉设龙门板的步骤如下。

(1) 在建筑物四角和隔墙两端,基槽开挖边线以外的 1～1.5m 处(根据土质情况和挖槽深度确定)钉设龙门板,龙门桩要钉得竖直、牢固,木桩侧面与基槽平行。根据建筑场地的水准点,在每个龙门桩上测设±0.000m 标高线。若现场条件不许可,也可测设比±0.000m 高或低一定数值的线。

(2) 在龙门桩上测设同一高程线,钉龙门板,这样,龙门板的顶面标高即可在一个水平面上。龙门板标高测定的允许误差一般为±5mm。

(3) 根据轴线桩,用全站仪将墙、柱的轴线投到龙门板顶面上,并钉上小钉标明,称为轴线投点,投点允许误差为±5mm。

(4) 用钢卷尺沿龙门板顶面检查轴线钉的间距,经检验合格后,以轴线钉为准,将墙宽、基槽宽画在龙门板上,最后根据基槽上口宽度拉线,用石灰撒出开挖边线。

［做中学 6-2］ 测量坐标与施工坐标转换

如图 6-14，已知施工坐标原点 O 的测量坐标为(187.500，112.500)，施工图上某待建建筑物角点 P 的测量坐标为(250.456，268.261)。根据建筑物与测量坐标轴的位置关系，确定测量坐标与施工坐标轴线间的夹角 α 为 31°27′49″，计算 P 点的施工坐标。

步骤 1：确定任务内容为计算施工坐标值。

步骤 2：确定坐标转换要素 x_o=________、y_o=________

x_P=________、y_P=________

两坐标轴夹角 α=________

步骤 3：确定计算公式

$$A_P=(x_P-x_o)\cos\alpha+(y_P-y_o)\sin\alpha$$
$$B_P=(y_P-y_o)\cos\alpha-(x_P-x_o)\sin\alpha$$

步骤 4：根据公式计算施工坐标。

步骤 5：根据以下公式校核计算结果

$$x_P=x_o+A_P\cos\alpha-B_P\sin\alpha$$
$$y_P=y_o+A_P\sin\alpha+B_P\cos\alpha$$

［随堂测试 6-2］ 查阅相关资料，总结建筑物定位与放线方法及适用情况，填写在表 6-5 中。

表 6-5 建筑物的定位与放线方法及适用情况

序 号	方法名称	适用情况
1		
2		
3		

任务 6.3 多层建筑物的施工测量

多层建筑物施工测量的主要任务是建筑物的定位和放线、基础施工测量、墙体施工测量等。

6.3.1 基础施工测量

1. 基槽(坑)开挖深度的控制

为了控制基槽(坑)开挖深度，需在开挖过程中及时测量坑底深度，最后需在基槽(坑)壁上及拐角处设置水平桩，作为修槽和铺设基础垫层的依据。水平桩一般根据施工现场已测设的±0.000m 标志或龙门板顶面标高，用水准仪按高程测设的方法测设。

在施工现场，常用水准仪和塔尺来测设点的高程。如图 6-18 所示，在即将挖到槽底设计标高时，用水准仪在基槽壁上设置一些水平桩，使水平桩表面离槽底设计标高为整分米数，用以控制开挖基槽的深度。各水平桩间距为 3～4m，在转角处必须再加设一个，以此作为修平槽底和打垫层的依据。水平桩放样的允许误差为±10mm。

打好垫层后，先将基础轴线投影到垫层上，再按照基础设计宽度定出基础边线，并弹墨线标明。

2. 垫层施工的标高控制和放线

为了控制垫层标高，需在基槽(坑)壁上测设垫层水平桩，沿水平桩弹水平墨线或拉线绳控制垫层标高；也可用水准点或龙门板顶的已知高程，直接用水准仪来控制垫层标高。

基础垫层打好后，在龙门板轴线控制点或在轴线控制桩上拉线绳挂锤球(图 6-19)，或用全站仪将轴线投到垫层上，并用墨线弹出墙中心线和基础连线，作为建筑基础或安装基础模板的依据。

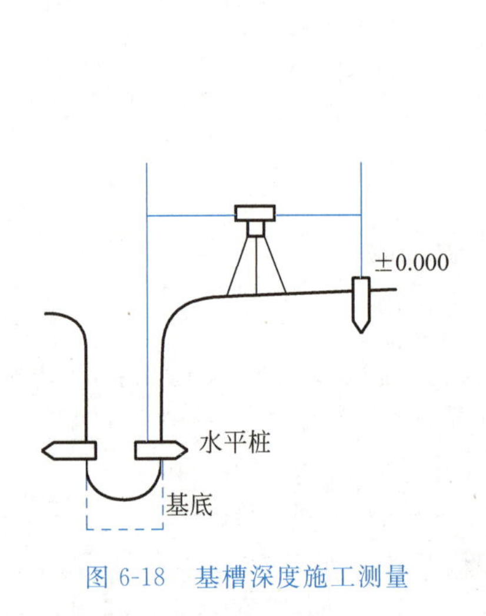

图 6-18 基槽深度施工测量

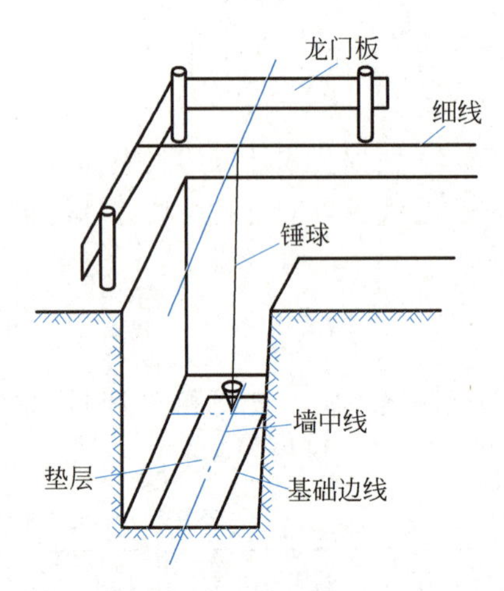

图 6-19 用锤球投测轴线

6.3.2 墙体施工测量

1. 基础墙体标高控制

基础墙中心轴线投在垫层后，用水准仪检测各墙角垫层面标高，符合要求即开始基础墙(±0.000 以下)的砌筑。基础墙的高度是用皮数杆控制的，如图 6-20 所示。

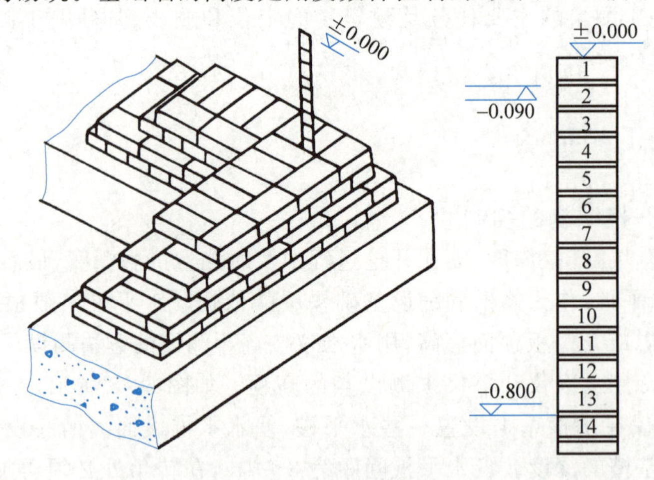

图 6-20 基础墙皮数杆

立皮数杆时，先用水准仪测出一条水平线，然后将皮数杆上标高相同的一条线与所测水平线对齐，作为基础墙的标高依据。基础施工结束后，应检查基础面的标高是否符合设计要求。可用水准仪测出墙面上若干点的高程并与设计高程相比较，以做检核。

2. 首层楼房墙体施工测量

1）墙体轴线测设

基础施工测量结束后，应对龙门板或轴线控制桩进行检查复核，以防基础施工期间发生碰动移位。复核无误后，可用全站仪法或线绳挂锤球法将首层墙体的轴线测设到防潮层上，确定符合要求后，把墙体轴线延长到基础外墙侧面上并做出标记，作为向上投测各层墙体轴线的依据。

墙体砌筑前，根据墙体轴线和墙体厚度弹出墙体边线，作为墙体施工的依据。

2）墙体标高传递

墙体砌筑时，其标高用墙身皮数杆控制。如图 6-21 所示，在皮数杆上根据设计尺寸，按砖和灰缝厚度画线，并标明门、窗、过梁、楼板等的标高位置。杆上标高注记从±0.000 向上增加。

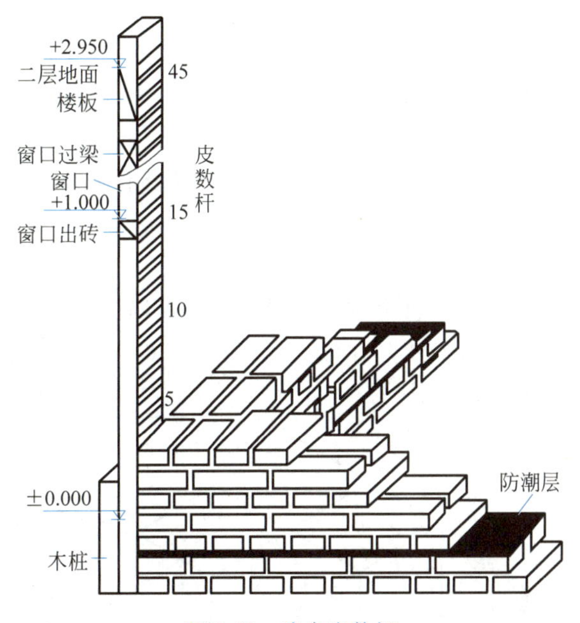

图 6-21　墙身皮数杆

墙体砌筑到一定高度后，应在外墙面上测设出＋0.500m 标高的水平墨线，称为 50 线。外墙的＋50 线作为向上传递各楼层标高的依据，内墙的＋50 线作为室内地面施工及室内装修的标高依据。

3. 二层以上楼房墙体施工测量

1）墙体轴线投测

每层楼面建好后，为保证各层墙体轴线均与基础轴线在同一铅垂面内，应将基础或首层墙面上的轴线投测到楼面上，并在楼面上重新弹出墙体轴线，检查无误后，以此为依据弹出墙体边线，再向上砌筑。在这个测量工作中，轴线投测是关键工作，一般多层建筑物常用吊线锤或全站仪进行投测。施工过程中为了保证投测精度，每隔三四层要用全站仪把地面的轴线投测到楼板面上进行校核，如图 6-22 所示。

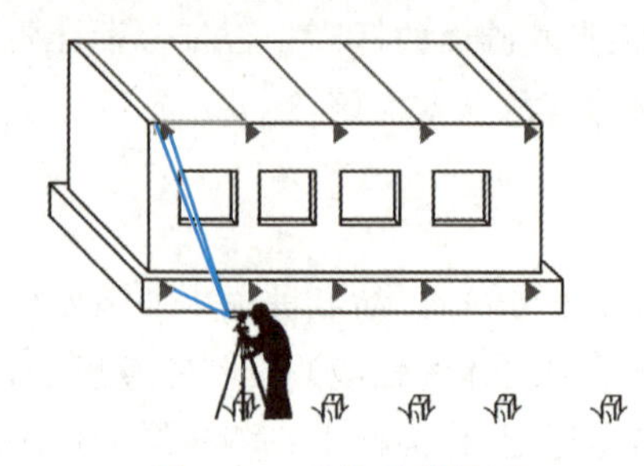

图 6-22 墙体轴线投测

2）墙体标高传递

多层建筑施工中，要由下向上将标高传递到新的施工楼层，以便控制新楼层的墙体施工，使其标高符合设计要求。标高传递一般有以下两种方法。

（1）利用皮数杆传递标高。一层楼房墙体砌完后，把皮数杆移到二层继续使用。为使皮数杆立在准确的水平面上，应用水准仪测定楼面四角的标高，取平均值作为二层的地面标高；并在皮数杆处绘出标高线，将皮数杆的±0.000 线与该线对齐，然后以皮数杆来控制墙体标高。并以同样方法逐层向上传递高程。

（2）利用钢卷尺传递标高。在标高精度要求较高时，可用钢卷尺从底层的＋50 线起往上直接丈量，把标高传递到第二层，然后根据传递上来的高程测设第二层的地面标高线，以此为依据立皮数杆。在墙体砌到一定高度后，用水准仪测设该层的＋50 线，再向上一层的标高可以此为准用钢卷尺传递。并用同样的方法逐层传递标高。

6.3.3 外控法轴线投测

外控法是在建筑物外部，利用全站仪，根据建筑物轴线控制桩来进行轴线的竖向投测，也称为全站仪引桩投测法。其具体操作方法如下。

1. 在建筑物底部投测中心轴线位置

高层建筑的基础工程完工后，将全站仪安置在轴线控制桩 A_1、A'_1、B_1 和 B'_1 上，把建筑物主轴线精确地投测到建筑物的底部，并设立标志，如图 6-23 中的 a_1、a'_1、b_1 和 b'_1，以供下一步施工与向上投测之用。

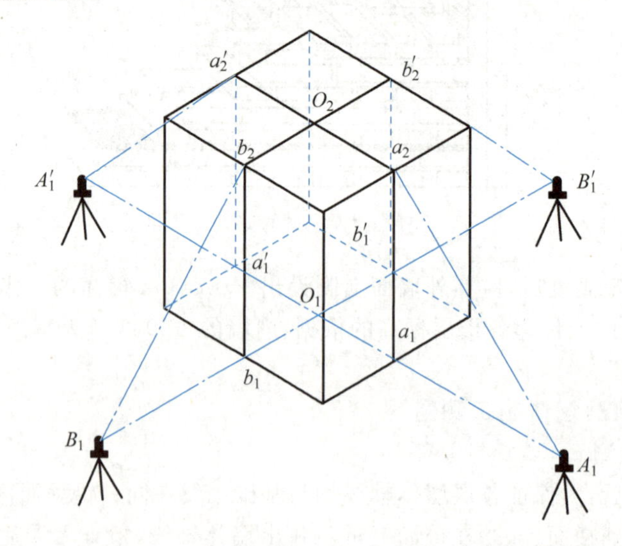

图 6-23 外控法

2. 向上投测中心线

随着建筑物不断升高，要逐层将轴线向上传递，如图 6-23 所示，将全站仪安置在中心轴线控制桩 A_1、A'_1、B_1 和 B'_1 上，严格整平仪器，用望远镜瞄准建筑物底部已标出的轴线 a_1、a'_1、b_1 和 b'_1 点，用盘左和盘右分别向上投测到每层楼板上，并取其中点作为该层中心轴线的投影点，如图 6-23 中的 a_2、a'_2、b_2 和 b'_2。

3. 增设轴线引桩

当楼房逐渐增高，而轴线控制桩距建筑物又较近时，望远镜的仰角较大，操作不便，投测精度也会降低。为此，要将原中心轴线控制桩引测到更远的安全地方，或者附近大楼的屋面。其具体做法是将全站仪安置在已经投测上去的较高层(如第 10 层)楼面轴线 $a_{10}a'_{10}$ 轴上，如图 6-24 所示，瞄准地面上原有的轴线控制桩 A_1 和 A'_1 轴点，用盘左、盘右分中投点法，将轴线延长到远处 A_2 和 A'_2 点，并用标志固定其位置，A_2、A'_2 即为新投测的 $A_1A'_1$ 轴控制桩。

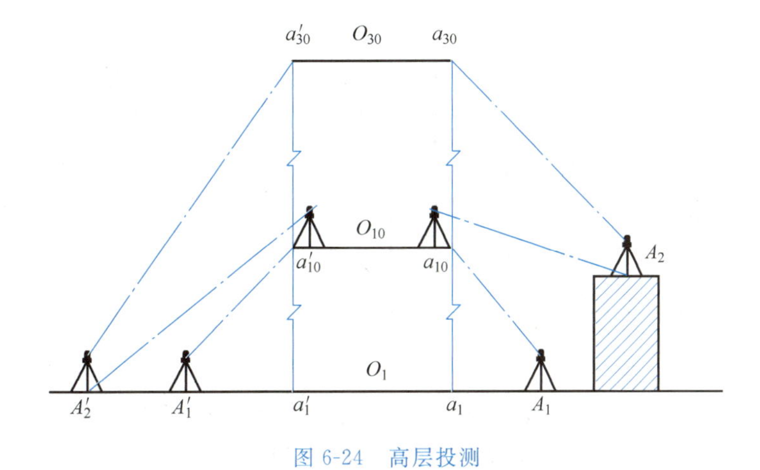

图 6-24　高层投测

对于更高各层的中心轴线，可将全站仪安置在新的引桩上，按上述方法继续进行投测。

6.3.4　高程传递

多层建筑物施工中，要由下层楼面向上层传递高程，以使上层楼板、门窗口、室内装修等工程的标高符合设计要求。

1. 用钢卷尺直接测量

一般用钢卷尺沿结构外墙、边柱和楼梯间，由低层±0.000 标高线向上竖直量取设计高差，即可得到施工层的设计标高线。这种方法在传递高程时，一般至少由 3 处底层标高点向上传递后，再用水准仪进行检核同一层的几个标高点，其误差应≤3mm。

2. 悬吊钢卷尺法测量

在外墙或楼梯间悬吊一钢卷尺，分别在地面和各楼面上安置水准仪，将标高传递到楼面上。具体方法见 6.1.3 节。一幢高层建筑物至少要有 3 个底层标高点向上传递。由下层传递上来的同一层几个标高点必须检核，检查各标高点是否在同一水平面上。

［做中学 6-3］ 基坑高程传递

如图 6-25 所示，需在已开挖基坑确定基底高程。已知高程点 BMO 的高程为 $H_0=8.765\text{m}$，待测设高程 $H_1=1.372\text{m}$。

步骤 1：在基坑边缘悬吊钢卷尺。

步骤 2：在距钢卷尺和已知点大致相等位置安置水准仪（距离较远时需增加测站数），在已知点测出后视读数 $b=1.562\text{m}$，前视在钢卷尺上读取前视读数 $a=0.978\text{m}$。

步骤 3：将仪器搬至基坑底部，在钢卷尺和待测设坑壁大致中间位置安置水准仪，后视钢卷尺得后视读数 $a'=8.371\text{m}$。

步骤 4：计算前视读数 $b'=$________。

步骤 5：在基坑侧壁标记出待测设高程，并打入小木桩进行标记。

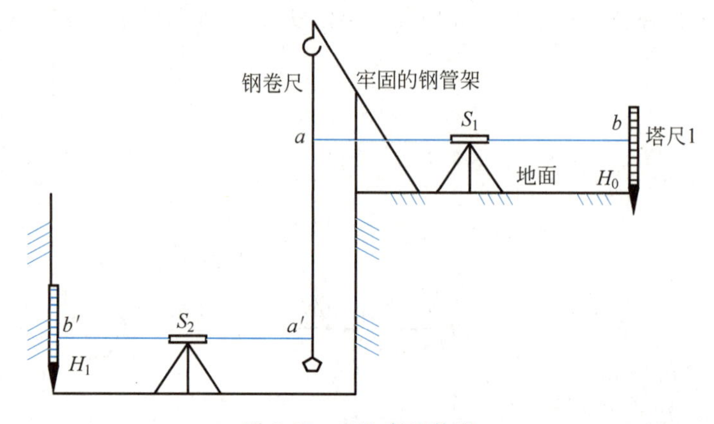

图 6-25 基坑高程传递

［随堂测试 6-3］ 墙身砌筑过程中，为保证建筑轴线正确，需将轴线投测到相应位置，请查阅相关资料并总结投测方法及特点，填写在表 6-6 中。

表 6-6 建筑物轴线投测方法及特点

方 法	特 点

任务 6.4 高层建筑物的施工测量

高层建筑物施工测量的定位放线与多层建筑物基本相同。但是，由于高层建筑物具有层数多、高度高、结构复杂、工程量大、施工期限长，场地变化大等特点，因此在施工中对建筑物各部位的水平位置、垂直度及轴线尺寸、标高等精度要求都十分严格。为保证工程的施工精度，在进行施工测量前，必须制定出精度合理的测量方案，建立稳定的测量控制点，严格检校测量工具、仪器，确保测设精度。

6.4.1 桩基础施工测量

桩基础施工前要根据提供的红线界桩点和有关图纸，确定各个轴线控制点，组成轴网控制，并对控制点采取混凝土加固保护措施。

1. 平面轴线投测方法

(1) 将全站仪架设在基坑边上的轴线控制桩位上，经对中、整平后，后视同一方向桩(轴线标志)，将所需的轴线投测到施工平面上。在同一层上投测的纵、横线均不得少于两条，以此进行角度、距离的校核。一经校核无误后，方可在该平面上放出其他相应的设计轴线及细部线。

(2) 在进行基础定位放线前，以平面控制线为准，校测轴线控制桩无误后，再用全站仪以正倒镜挑直法投测各主控线，投测允许误差为±2mm。

(3) 建筑轮廓轴线投测闭合，经校测合格后，用墨线详细弹出各细部轴线并用红油漆以三角形式标注清楚。

2. 桩基定位

(1) 由施工单位依据场内平面控制网(点)，用全站仪定出各纵、横向轴线，再按设计的桩位图所示尺寸，由纵横轴线引测每个桩位样桩，用钢钉或红油漆做好标记，总包、监理两级复核。桩基轴线和桩位样桩的定位点设置在不受施工直接影响的地点。

(2) 依据场内标高控制网，测出素混凝土地坪标高。

样桩桩位、标高等测量数据均通过自检、监理复核层层把关，复核、验收合格后方可施工，保证测量原始记录的完整及符合要求。轴线控制误差小于±5mm，样桩桩位误差小于10mm。

(3) 在施工过程中经常进行系统的检查，定位点需要移动时，先检查其准确性，并做好测量记录。

6.4.2 深基坑施工测量

深基坑施工测量主要包含施工放线与监测两部分内容，首先根据既有的基准点对工程主体周边的合适位置进行引测，引测点布置好后开始对本工程的支护桩与立柱桩进行施测放样，同时应投测出两类桩的轴线以方便复核。

1. 基坑底面开挖线放样

土方开挖至基坑底面时，首先用全站仪对锚杆进行施工放样，锚杆施工完毕后投测控制轴线，并撒出白灰线作为标志；然后根据(坑中坑)开挖底口线与控制轴线的尺寸关系放样出开挖底口线，同样撒出白灰线作为标志。用同样的方法，以控制轴线为依据，放样出独立基础坑开挖线，也一样撒出白灰线作为标志。为了避免开挖错误，基底土方开挖要进行标高控制。在土方开挖即将挖到基坑开挖底标高时，要对开挖深度进行实时测量，以引测到基坑的标高基准点为依据，利用高程传递的方法将地面高程引测到基坑底部。

当土方开挖完成后，根据各轴线控制桩投测外轮廓控制轴线到基坑底，并钉出木桩，在木桩顶面轴线方向上钉小铁钉，然后检查基坑底口和集水坑、电梯井坑等位置是否正确，并架设水准仪，联测基底水准控制点，每隔3m测量基底实际标高并记录。

2. 基坑监测

监测是深基坑施工测量工作的重点工作，在深基坑开挖与支护工程中，为满足支护结构及被支护土体的稳定性，首先要防止破坏或极限状态发生。破坏或极限状态主要表现为静力平衡的丧失或支护结构的构造性破坏。在破坏前，往往会在基坑侧向的不同部位上出现较多的变形或变形速率明显增大。支护结构和被支护土体的过大位移将引起邻近建筑物的倾斜和开裂。如果进行周密的监测控制，无疑有利于采取应急措施，在很大程度上避免或减轻破坏的后果。因此，布设的监测系统应能够及时、有效、准确地反映施工中围护体及周边环境的动向。为了确保施工安全顺利进行，根据现场的周边环境情况及设计的常规要求，委托具有基坑沉降监测资质的单位对基坑进行监测。

6.4.3 内控法轴线投测

内控法是在建筑物内±0.000 平面设置轴线控制点，并预埋标志，以后在各层楼板相应位置上预留 200mm×200mm 的传递孔，在轴线控制点上直接采用吊线坠法或激光铅垂仪法，通过预留孔将其点位垂直投测到任一楼层。

1. 内控法轴线控制点的设置

基础施工完毕后，在±0.000 首层平面上适当位置设置与轴线平行的辅助轴线。辅助轴线距轴线 500～800mm 为宜，并在辅助轴线交点或端点处埋设标志，如图 6-26 所示。

2. 吊线坠法

吊线坠法是利用钢丝悬挂重锤球的方法进行轴线竖向投测。这种方法一般用于高度在 50～100m 的高层建筑施工中，锤球的质量为 10～20kg，钢丝的直径为 0.5～0.8mm。其投测方法如下。

如图 6-27 所示，在预留孔上面安置十字架，挂上锤球，对准首层预埋标志。当锤球线静止时，固定十字架，并在预留孔四周做出标记，作为以后恢复轴线及放样的依据。此时，十字架中心即为轴线控制点在该楼面上的投测点。

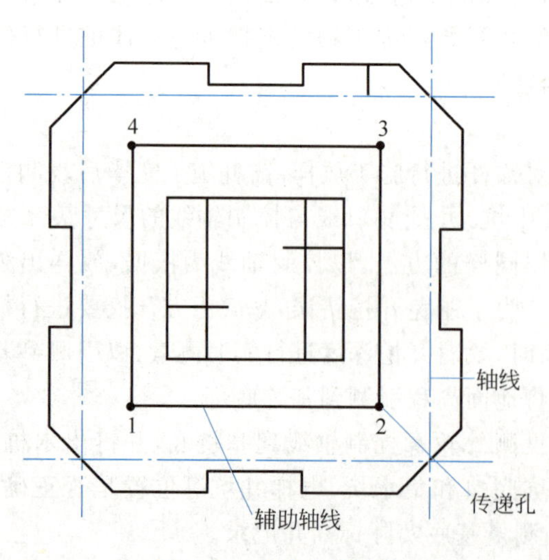

图 6-26 内控法控制点

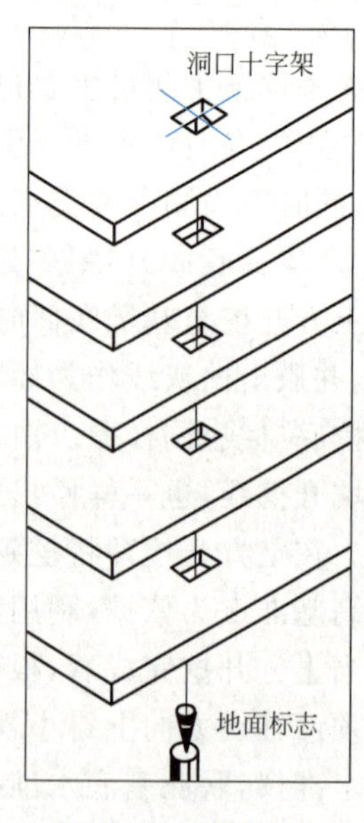

图 6-27 吊线坠法

用吊线坠法实测时，要采取一些必要的措施，如用铅直的塑料管套着坠线或将锤球沉浸于油中，以减少摆动。

3. 激光铅垂仪法

1）激光铅垂仪简介

激光铅垂仪是一种专用的铅直定位仪器，适用于高层建筑物、烟囱及高塔架的铅直定位测量。

激光铅垂仪主要由氦氖激光管、精密竖轴、发射望远镜、水准器、基座、激光电源及接收屏等部分组成。

激光器通过两组固定螺钉固定在套筒内。激光铅垂仪的竖轴是空心筒轴，两端有螺扣，上、下两端分别与发射望远镜和氦氖激光器套筒相连接，二者位置可对调，构成向上或向下发射激光束的铅垂仪。仪器上设置有两个互成90°的管水准器，仪器配有专用激光电源。

2）激光铅垂仪投测轴线投测方法

（1）在首层轴线控制点上安置激光铅垂仪，利用激光器底端（全反射棱镜端）所发射的激光束进行对中，通过调节基座整平螺旋，使管水准器气泡严格居中。

（2）在上层施工楼面预留孔处放置接受靶。

（3）接通激光电源，启动激光器发射铅直激光束，通过发射望远镜调焦，使激光束会聚成红色耀目光斑，投射到接受靶上。

（4）移动接受靶，使靶心与红色光斑重合，固定接受靶，并在预留孔四周做出标记。此时，靶心位置即为轴线控制点在该楼面上的投测点。

［做中学 6-4］ 编制桩位放样表

桩基定位测量一般是根据建设单位提供的测量控制点，首先布设符合现场实际的平面控制网，然后根据推算的楼位线坐标测设建筑物位置，进行建筑物定位测量。测设建筑物楼位线的目的是起到检核的作用，最后根据推算的桩位坐标来测设桩位。桩位坐标推算依据是设计单位提供的桩位平面图。可通过AutoCAD软件直接查询桩位坐标，也可根据桩位平面图计算桩位坐标。所得数据必须检核、确认无误后才能到现场测设。放线之前应编制桩位测量放线图。为了便于桩基础施工测量，应根据桩位平面布置图对所有桩位进行统一编号，桩位编号由建筑物的西北角开始，从左到右、从上而下顺序编号。请结合图6-28编制×××工程桩位放样表（表6-7）。

表6-7 ×××工程桩位放样表

序　号	放样坐标		序　号	放样坐标	
	A	*B*		*A*	*B*

［随堂测试 6-4］ 桩基应根据设计图纸进行定位测量，其桩位的放样允许偏差应符合国家现行标准《建筑地基基础工程施工质量验收标准》（GB 50202—2018）的规定。请查阅相关资料完成表6-8。

表 6-8 桩基轴线定位偏差要求

轴线长度	允许定位偏差

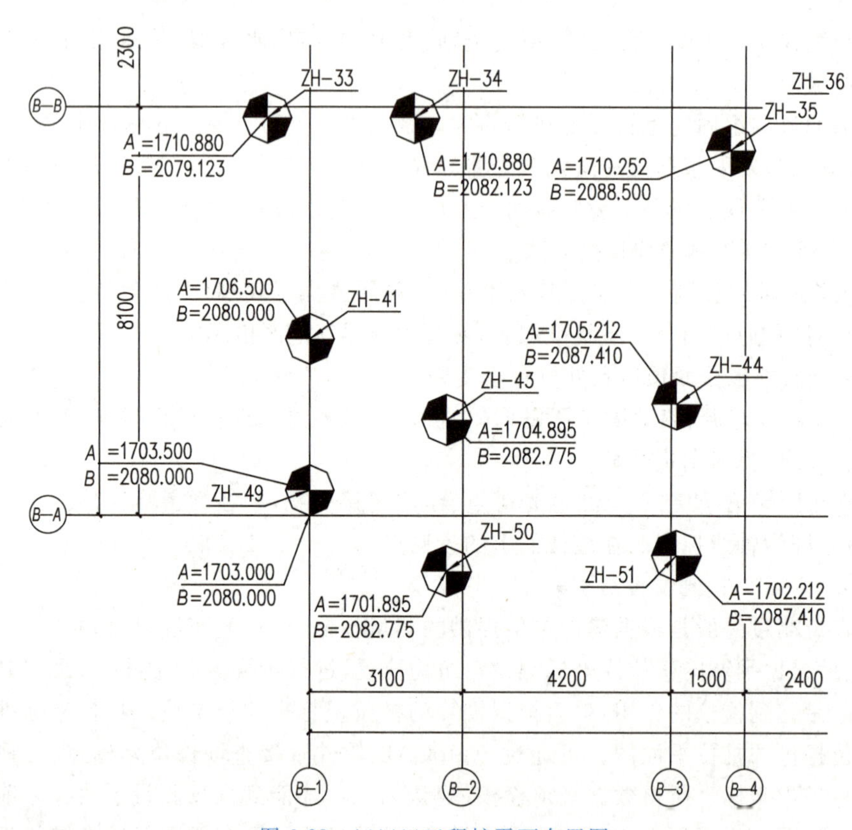

图 6-28 ×××工程桩平面布置图

知识自测

一、单项选择题

1. 下列关于建筑基线布设要求的说法中，错误的是(　　)。

A. 建筑基线应平行或垂直于主要建筑物的轴线

B. 建筑基线点应不少于两个，以便检测点位有无变动

C. 建筑基线点应相互通视，且不易被破坏

D. 建筑基线的测设精度应满足施工放样的要求

2. 下列关于建筑方格网布设的说法中，错误的是(　　)。

A. 主轴线应尽量选在场地的北部　　B. 纵横主轴线要严格正交成 90°

C. 一条主轴线不能少于 3 个主点　　D. 主点应选在通视良好的位置

3. 建筑基线一般临近建筑场地中的主要建筑物布置，并与其主要轴线平行，以便用(　　)进行建筑细部放样。

A. 直角坐标法　　B. 极坐标法　　C. 角度交会法　　D. 距离交会法

4. 建筑物的定位是指(　　)。

A. 进行细部定位

B. 将地面上点的平面位置确定在图纸上

C. 将建筑物外廓的轴线交点测设在地面上

D. 在设计图上找到建筑物的位置

5. 施工时为了使用方便,一般在基槽壁各拐角处、深度变化处和基槽壁上每隔3~4m测设一个(　　),作为挖槽深度、修平槽底和打基础垫层的依据。

A. 水平桩　　B. 龙门桩　　C. 轴线控制桩　　D. 定位桩

6. 建筑方格网布设时,方格网的主轴线与主要建筑物的基本轴线平行,方格网之间应长期通视,方格网的折角应呈(　　)。

A. 45°　　B. 60°　　C. 90°　　D. 180°

7. 基础高程测设的依据是从(　　)中查取的基础设计标高、立面尺寸及基础边线与定位轴线的尺寸关系。

A. 建筑平面图　　B. 基础平面图　　C. 基础详图　　D. 结构图

8. 建筑施工测量中设置的龙门板的顶部应为(　　)位置。

A. 建筑物室外地面　　B. 建筑物室内地面

C. 建筑物相对标高　　D. 建筑物±0.000标高

9. 在多层建筑施工中,向上投测轴线可以(　　)为依据。

A. 角桩　　B. 中心桩　　C. 龙门桩　　D. 轴线控制桩

10. 高层建筑施工时,轴线投测最合适的方法是(　　)。

A. 全站仪外控法　　B. 吊线坠法

C. 铅垂仪内控法　　D. 悬吊钢卷尺法

二、多项选择题

1. 建筑物放线时,为了便于恢复各轴线的位置,应把各轴线延长到基槽外安全地点,其方法有(　　)。

A. 轴线控制桩法　　B. 皮数杆法　　C. 锤球悬吊法

D. 龙门板法　　E. 外控法

2. 测设的3项基本工作是(　　)。

A. 已知水平距离的测设　　B. 已知坐标的测设

C. 已知坡度的测设　　D. 已知水平角的测设

E. 已知设计高程的测设

3. 设计图纸是施工测量的主要依据,下列图纸中可以查取基础边线与定位轴线之间的尺寸关系的有(　　)。

A. 建筑平面图　　B. 建筑立面图　　C. 基础平面图

D. 建筑总平面图　　E. 基础详图

4. 下列关于基础施工测量的说法中,正确的有(　　)。

A. 基础垫层轴线投测,可以采用全站仪根据轴线控制桩投测

B. 基础施工结束后,基础面标高检查要求不超过10mm

C. 基础高程测设可以以基础剖面图为依据

D. 基础平面位置测设可以以建筑平面图为依据

E. 基础墙标高可以采用皮数杆控制

5. 下列关于轴线投测方法的说法，正确的有(　　)。

A. 多层建筑轴线投测可以采用全站仪外控法

B. 高层建筑轴线投测首选铅垂仪内控法

C. 轴线投测可以采用悬吊钢卷尺法

D. 多层建筑轴线投测可以采用悬吊锤球法

E. 轴线投测可以采用水准仪

三、综合探究题

1. 施工放样前应做哪些准备工作？需要准备哪些资料？

2. 试述基坑开挖时控制开挖深度的方法。

技能实训一

［实训项目］

建筑物定位。

［实训目的］

1. 熟悉全站仪或全站仪的操作。

2. 掌握根据已有建筑物进行建筑物角桩测设的方法。

［实训准备］

每组 DJ2 全站仪 1 台、测钎 2 个、皮尺 1 把、记录板 1 个(或全站仪 1 台、棱镜 2 个、记录板 1 个)。

［实训内容］

每组根据一栋已有房屋，测设出一栋待建房屋的 4 个角桩，如图 6-29 所示。

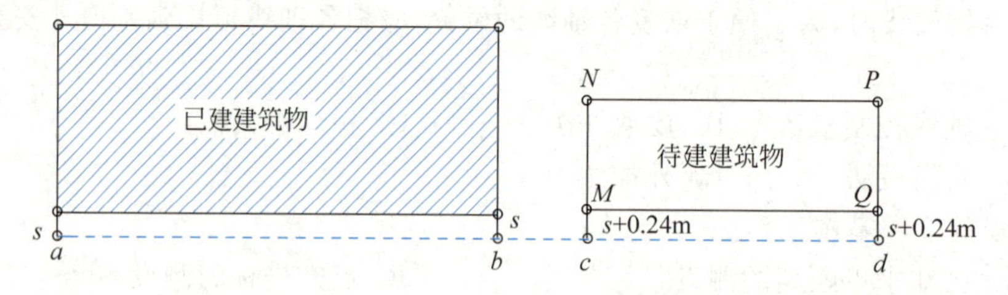

图 6-29　根据与原有建筑物的关系定位

1. 要素

待建建筑物长度 $S_{PN}=8.0\text{m}$，宽度 $S_{PQ}=4.0\text{m}$，要考虑墙厚(轴线离墙 0.24m)；定出建筑物的 4 个角桩后，要进行角度和边长的检核。

2. 步骤

步骤 1：由已建建筑物量取 s，定 a、b 两点。

步骤 2：在 a 点安置全站仪，后视 b 点，根据两建筑物间距在 ab 方向上量取 s_{bc} 定出 c 点，在此方向上量取建筑物宽度 S_{PN} 定出 d 点。

步骤 3：在 c 点安置全站仪，后视 a 点，顺时针旋转 90°并在此方向上量取 $s+0.24\text{m}$ 定

出 M 点，继续向前量取待建建筑物宽度 S_{PQ} 定出 N 点。

步骤 4：在 d 点安置全站仪，后视 a 点，顺时针旋转 90°并在此方向上量取 $S+0.24$m 定出 Q 点，继续向前量取待建建筑物宽度 S_{PQ} 定出 P 点。

步骤 5：测设成果检核，精度满足 1/5000，角度为 1°即符合要求。

[实训记录]

建筑物定位放线验线测量记录表如表 6-9 所示。

表 6-9　建筑物定位放线验线测量记录表

工程名称	×××工程放样记录表				
使用仪器			编号		
点号	X	Y	点号	X	Y
测站点			定向点		
房角点 1					
房角点 2					
房角点 3					
房角点 4					
点位复测					
桩号	X	Y	桩号	X	Y
房角点 1					
房角点 2					
房角点 3					
房角点 4					
建设工程平面定位图及测量成果(注明建设工程平面尺寸及复测距离)(单位：m)					

放线人：

日　期：　　　年　　　月　　　日

[实训思考]

技能实训二

［实训项目］

高程测设。

［实训目的］

掌握高程测设的基本方法，采用水准仪准确测设出待测设高程的位置。

［实训工具］

水准仪 1 台、水准尺 1 副、计算器 1 个、记录板 1 个等。

［实训内容］

已知某在建建筑±0.000 的设计高程为 $H_{\pm 0}=45.000$m。施工现场高程控制点 A 的高程为 $H_A=44.680$m，如图 6-30 所示。利用所学知识测设出建筑物±0.000 的位置。

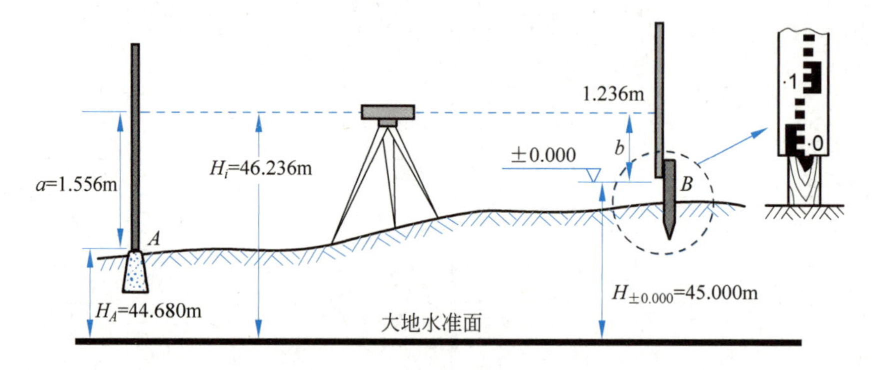

图 6-30　高程测设

步骤 1：在待测点 B 与已知点 A 大致中间位置安置水准仪。在已知水准点 A 上竖立水准尺，读取后视读数 a。

步骤 2：由已知水准点高程 H_A 计算仪器视线高 H_i。

步骤 3：根据待测点高程 $H_{\pm 0.000}$ 计算前视点的应读数 b。

步骤 4：将水准尺紧贴待测设高程的定位桩侧面，前视该水准尺，上下移动水准尺，当前视读数为 b 时，用铅笔沿水准尺底部在木桩上画一条线，该线的高程即为待测设高程 $H_{\pm 0.000}$ 的位置。

步骤 5：重新安置水准仪，检核已测设高程。

［实训记录］

高程测设记录表如表 6-10 所示。

表 6-10　高程测设记录表

已知高程点		后视读数 a	仪器视线高 H_i	设计高程 $H_{设}$	前视应读数 b	备　　注
点名	高程					
						观测者： 记录者：

续表

已知高程点		后视读数 a	仪器视线高 H_i	设计高程 $H_{设}$	前视应读数 b	备　注
点名	高程					
						观测者：
						记录者：

［实训思考］

高层建筑如何进行高程测设？

项目7 工业建筑施工测量

学习目标

知识目标

1. 熟悉工业建筑施工测量的主要内容。
2. 了解常用预制构件安装的规范要求。
3. 掌握工业建筑施工测量常用的方法。

能力目标

1. 会根据不同的工业建筑选择合适的测量仪器和工具。
2. 能根据不同工业建筑的施工要求进行定位和放线。

导入案例

上海广播电视塔施工测量方案

上海广播电视塔总高度为468m，建筑总面积为6.3万m^2，其中高空建筑面积达2万m^2。电视塔由地下室、塔座、塔身、下球体、上球体、太空舱及天线7个部分组成。电视塔地下二层，深为−12m，局部达−19.5m。从地面至286m为三筒框架主塔体，由3个直径为9m的直筒体组成。3个直筒从285m处过渡为单筒体至350m，单筒体从310m以上由8m收分至7m，350～486m为钢桅杆天线。

电视塔构筑物的施工和安装中，工程测量精度是保证电视塔施工质量和安全的重要内容，因而设计和施工精度要求也相当高，尤其是塔身垂直度偏差小于50mm。

在制订技术方案之初，对国内类似工程进行了调研，这些工程的共同特点就是采用激光铅垂仪作垂直控制，它的最大优点是直观性强，测量人员当场就可读得垂直偏差值。然而，如果被测物体高度过高，激光的光斑就大，并会产生飘移，因而难以对中，必将影响精确度。电视塔的高度为468m，如果用激光铅垂仪作垂直控制，难以保证其小于50mm的精度要求。通过综合分析，决定采用Wild ZH天顶垂准仪作垂准测量和Wild T2全站仪(附弯管)作垂准检查。

电视塔施工测量的难度不仅在于其超高的高度，而且由于塔的特殊造型，使得3个直筒体之间不能互相通视，因此，我们将电视塔的施工测量分为平面控制测量和垂直测量两大部分。

平面控制测量一是在建筑场地上建立必要精度的轴线控制网，以建立塔筒中心及放样施工所需的轴线；二是布设筒体测量基准点，通过在塔、直筒及斜筒中心埋设基准控制点，组成精密的筒体控制网，并在−0.05m结构平台上布设一个小控制网，这样就可以解决塔筒中心点不能通视的问题。由于这个控制网精度相当高，而且点位稳固，可使垂直测量精度得到保证，同时也可保证塔、塔中心的平台高度从±0.00m—98m—118m—263m—285m，直筒中心平台高度从±0.00m—98m—161m—285m。

垂直测量的方案，是测点布置在塔体筒内，并沿高程分别布置在－12.00m、150m高程上。150m高程断面，测站工作平台搭设利用筒体壁、剪力墙、电梯井墙壁、人行梯道为基础，预埋铁件搭设工作平台和测站。

学习任务

任务 7.1　预制构件安装测量

装配式单层工业厂房主要预制构件有柱子、吊车梁、屋架等。在安装这些构件时，必须使用测量仪器进行严格检测、校正，才能正确安装到位，即它们的位置和高程必须与设计要求相符。厂房预制构件安装允许误差如表7-1所示。

表7-1　厂房预制构件安装允许误差

项　目			允许误差/mm
杯形基础	中心线对轴线偏移		10
	杯底安装标高		+0，－10
柱	中心线对轴线偏移		5
	上下柱接口中心线偏移		3
	垂直度	≤5m	5
		>5m	10
		≥10m多节柱	1/1000柱高，且不大于20
	牛腿面和柱高	≤5m	+0，－5
		>5m	+0，－8
梁或吊车梁	中心线对轴线偏移		5
	梁上表面标高		+0，－5

厂房预制构件的安装测量所用仪器主要是全站仪和水准仪等常规测量仪器，所采用的安装测量方法大同小异，仪器操作基本一致。

7.1.1　柱子安装测量

1. 投测柱列轴线

根据轴线控制桩用全站仪将柱列轴线投测到杯形基础顶面作为定位轴线，并在杯口顶面弹出杯口中心线作为定位轴线的标志，如图7-1所示。

2. 柱身弹线

在柱子吊装前，应将每根柱子按轴线位置进行编号，在柱身的3个面上弹出柱中心线，供安装时校正使用，如图7-2所示。

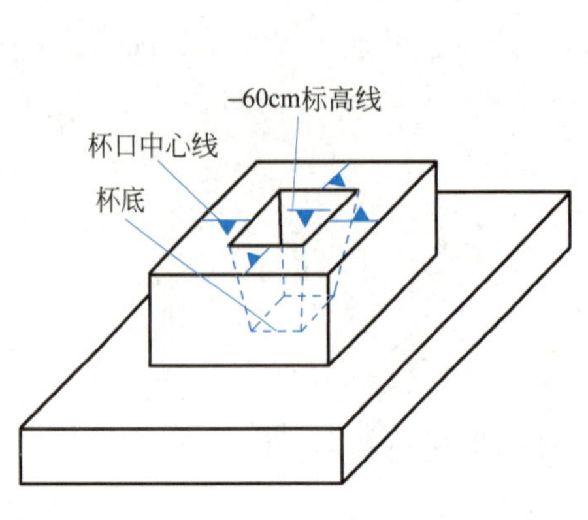

图 7-1　投测柱列轴线

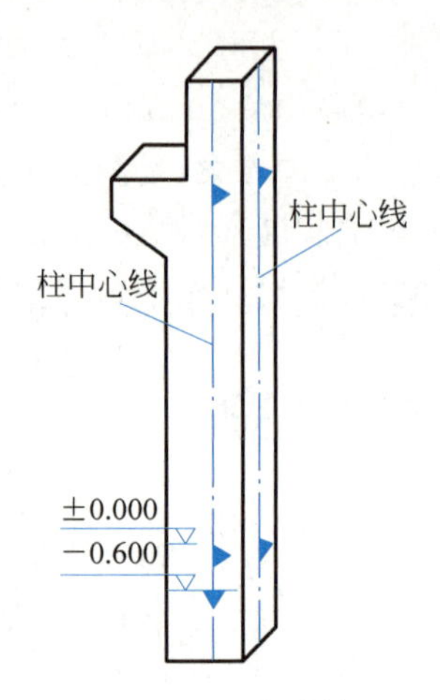

图 7-2　柱身弹线

3. 柱身长度和杯底标高检查

柱身长度是指从柱子底面到牛腿面的距离，它等于牛腿面的设计标高与杯底标高之差。检查柱身长度时，应量出柱身 4 条棱线的长度，以最长的一条为准，同时用水准仪测定标高。如果所测杯底标高与所量柱身长度之和不等于牛腿面的设计标高，则必须用水泥砂浆修填杯底。抄平时，应将靠柱身较短棱线一角填高，以保证牛腿面的标高满足设计要求。

4. 柱子吊装时垂直度的校正

柱子吊入杯底时，应使柱脚中心与定位轴线对齐，误差不超过 5cm；然后，在杯口处柱脚两边塞入木楔，使之临时固定；再在两条互相垂直的柱列轴线附近，离柱子约为柱高 1.5 倍的地方各安置一部全站仪，如图 7-3 所示。

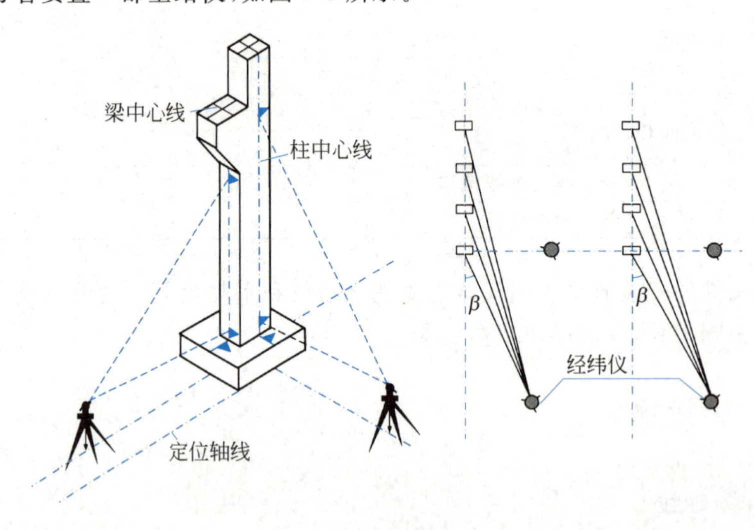

图 7-3　柱子垂直度校正

照准柱脚中心线后固定照准部，仰倾望远镜，照准柱中心线顶部。如重合，则柱子在这个方向上就是竖直的；如不重合，应用牵绳或千斤顶进行调整，使柱中心线与十字丝竖丝重合为止。当柱子两个侧面都竖直时，应立即灌浆，以固定柱子的位置。

柱子安装测量的注意事项如下。

(1) 所用仪器需校正,操作要规范。

(2) 校正时,要注意柱身垂直度及柱中心线是否对准杯口轴线标志,以防柱子倾斜、偏移。

(3) 需在柱列轴线上校正变截面柱子。

(4) 应避免在日照强烈时校正柱子的垂直度。

7.1.2 吊车梁安装测量

吊车梁的吊装测量主要是保证吊装后的吊车梁中心线位置和梁面标高满足设计要求。吊装前先弹出吊车梁的顶面中心线和吊车梁两端中心线,将吊车轨道中心线投测到牛腿面上。

1. 吊车梁安装前的准备工作

吊车梁安装前的准备工作有以下几项。

(1) 在柱面上量出吊车梁顶面标高。根据柱子上的±0.000 标高线,用钢卷尺沿柱面向上量出吊车梁顶面设计标高线,作为调整吊车梁顶面标高的依据。

(2) 在吊车梁上弹出梁的中心线。如图 7-4 所示,在吊车梁的顶面和两端面上用墨线弹出吊车梁中心线,作为安装定位的依据。

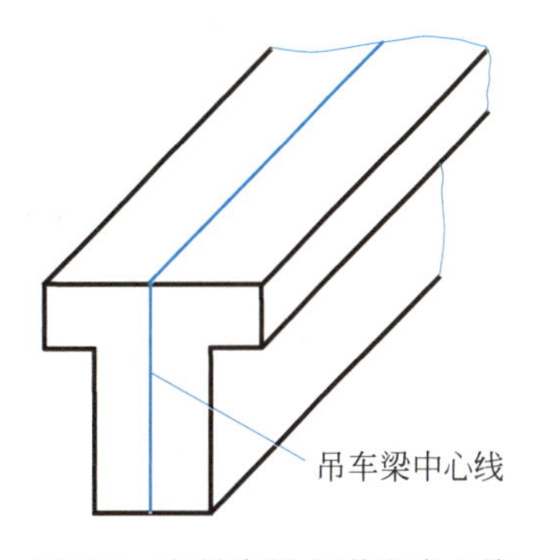

图 7-4　在吊车梁上弹出中心线

(3) 在牛腿面上投测出吊车梁的中心线。根据厂房中心线,在牛腿面上投测出吊车梁中心线,投测方法如下:如图 7-5(a)所示,利用厂房中心线 A_1A_1,根据设计轨道间距,在地面上测设出吊车梁中心线(也是吊车轨道中心线)$A'A'$ 和 $B'B'$。在吊车梁中心线的一个端点 A'(或 B')上安置全站仪,瞄准另一个端点 A'(或 B'),固定照准部,抬高望远镜,即可将吊车梁中心线投测到每根柱子的牛腿面上,并用墨线弹出吊车梁的中心线。

2. 吊车梁的安装测量

安装时,使吊车梁两端的梁中心线与牛腿面梁中心线重合,使吊车梁初步定位。采用平行线法,对吊车梁的中心线进行检测,校正方法如下。

(1) 如图 7-5(b)所示,在地面上,从吊车梁中心线向厂房中心线方向量出长度 a(1m),得到平行线 $A''A''$ 和 $B''B''$。

(2) 在平行线一端点 A''(或 B'')上安置全站仪,瞄准另一端点 A''(或 B''),固定照准部,抬高望远镜进行测量。

(3) 此时,另外一人移动梁上横放的木尺,当视线正对木尺上 1m 刻画线时,尺的零点应与梁面上的中心线重合。如不重合,可用撬杠移动吊车梁,使吊车梁中心线到 $A''A''$(或 $B''B''$)的间距等于 1m 为止。

吊车梁安装就位后,先按柱面上定出的吊车梁设计标高线对吊车梁面进行调整,然后将水准仪安置在吊车梁上,每隔 3m 测一点高程,并与设计高程比较,误差应在 3mm 以内。

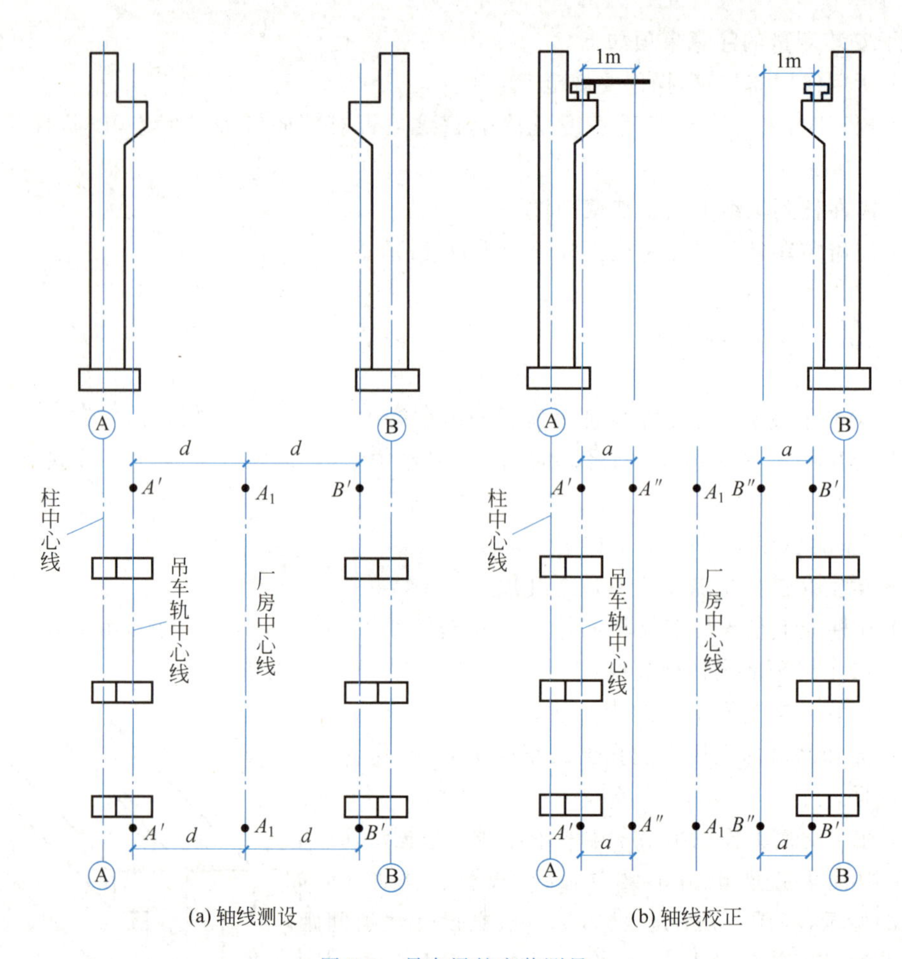

图 7-5 吊车梁的安装测量

7.1.3 屋架安装测量

屋架吊装前，用全站仪或其他方法在柱顶面上测设出屋架定位轴线。在屋架两端弹出屋架中心线，以便进行定位。屋架吊装就位时，应使屋架的中心线与柱顶面上的定位轴线对准，允许偏差为 5mm。屋架的垂直度可用锤球或全站仪进行检查。

用全站仪检校方法如下。

(1) 如图 7-6 所示，在屋架上安装 3 把卡尺，一把卡尺安装在屋架上弦中点附近，另外两把分别安装在屋架的两端。自屋架几何中心沿卡尺向外量出一定距离，一般为 500mm，做出标志。

(2) 在地面上，在距屋架中心线同样距离处安置全站仪，观测 3 把卡尺的标志是否在同一竖直面内。

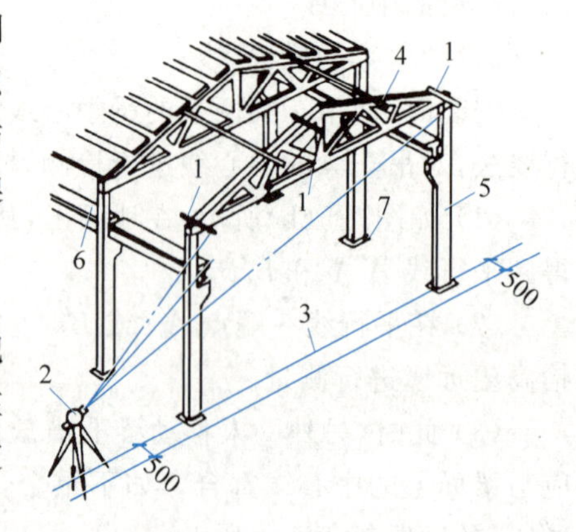

图 7-6 屋架安装测量

1—卡尺 2—经纬仪 3—定位轴线 4—屋架 5—柱 6—吊车梁 7—柱基

如果屋架竖向偏差较大，则用机具校正，最后将屋架固定。

垂直度允许偏差：薄腹梁为5mm，桁架为屋架高的1/250。

［做中学7-1］　比较分析工业建筑与民用建筑

根据所学内容比较工业建筑施工测量与民用建筑施工测量的异同点，并填入表7-2中。

表7-2　工业建筑施工测量与民用建筑施工测量的异同点

项　目	工业建筑施工测量	民用建筑施工测量
内容		
要求		
方法		

［随堂测试7-1］　柱子安装的垂直度校正应避免在日照强烈时，试查阅资料并叙述日照强烈时对校正柱子的影响。

任务7.2　高耸构筑物施工测量

高耸构筑物一般是指烟囱和水塔等高度和直径的比值很大的构筑物，其特点是重心高而支撑面积小，抗倾覆性能差，其对称轴通过基础圆心的铅垂线。因此，施工测量的工作重点是严格控制其中心位置，确保主体竖直。下面以烟囱为例介绍如何进行高耸构筑物的施工测量。

7.2.1　基础施工测量

烟囱是截圆锥形的高耸构筑物，其特点是基础小、主体高、抗倾覆性能差，对称轴是通过基础圆心的铅垂线。

1. 烟囱基础的定位与放线

1）烟囱基础的定位

烟囱基础的定位主要是定出基础中心的位置。按设计要求，利用与施工场地已有控制点或建筑物的尺寸关系，在地面上测设出烟囱基础的中心位置O（即中心桩），如图7-7所示。

在O点安置全站仪，任选一点A作后视点，并在视线方向上定出a点，倒转望远镜，通过盘左、盘右分中投点法定出b和B；然后，顺时针测设90°，定出d和D，倒转望远镜，定出c和C，得到两条互相垂直的定位轴线AB和CD。

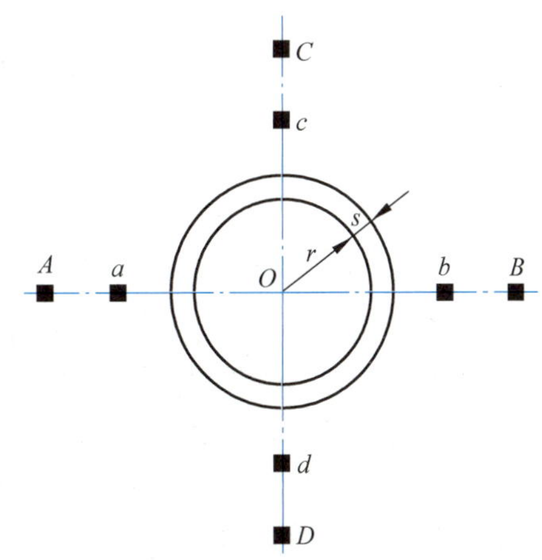

图7-7　烟囱基础的定位与放线

A、B、C、D 四点至 O 点的距离为烟囱高度的1～1.5倍。a、b、c、d 是施工定位桩，用于修坡和恢复烟囱基础的中心位置，应设置在尽量靠近烟囱而不影响桩位稳固的地方，以利于保护。

2）烟囱基础的放线

以 O 点为圆心，以烟囱底部半径 r 加上基坑放坡宽度 s 为半径，在地面上用皮尺画圆，并撒出灰线，作为基础开挖的边线。

2. 烟囱基础的施工测量

当基坑开挖接近设计标高时，在基坑内壁测设水平桩，作为检查基坑底标高和打垫层的依据。坑底夯实后，从定位桩拉两根细线，用锤球把烟囱中心投测到坑底，钉上木桩，作为垫层的中心控制点。

浇灌混凝土基础时，应在基础中心埋设钢筋作为标志，并在浇筑完毕后用全站仪把烟囱中心点 O 精确地引测到钢筋标志上，并刻上"＋"字，作为筒体施工过程中控制筒身中心位置和筒体半径的依据。

7.2.2 筒身施工测量

1. 引测烟囱中心线

在烟囱施工中，应随时将中心点引测到施工的作业面上，并以此为依据检查作业面的中心是否在构筑物的中心垂直线上。在烟囱施工中，一般每砌一步架或每升模板一次，就应引测一次中心线，以检核该施工作业面的中心与基础中心是否在同一铅垂线上。具体引测方法如下：首先在施工作业面上设置一根控制方木和一个带有刻度的旋转尺杆，如图7-8所示，尺杆零端在方木中心端，在方木中心处悬挂质量为8～12kg的锤球，逐渐移动方木，直到锤球对准基础中心为止。此时，方木中心就是该作业面的中心位置。

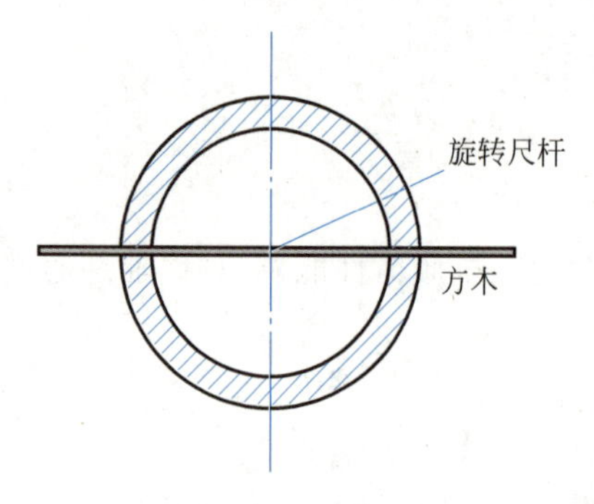

图7-8 旋转尺杆

筒体每施工10m左右，还应向施工作业面引测一次中心线，并对筒体进行检查。检查时，把全站仪安置在轴线各个控制桩上，并以定位小木桩将轴线投测到施工面边上，做好标记；然后，按相对标记拉两条细绳，其交点即为烟囱的中心位置，并与锤球引测的中心位置比较，以作校核，无误时才能继续施工。烟囱的中心偏差一般不应超过砌筑高度的1/1000。

2. 筒体外壁收坡的控制

为了保证筒身收坡符合设计要求，除了用尺杆画圆控制外，还应随时用靠尺板来检查。烟囱筒壁的收坡是用靠尺板来控制的。

靠尺板如图7-9所示，其两侧的斜边是严格按照设计要求的筒壁收坡系数制作的。在使用过程中，把斜边紧靠在筒体外侧，如筒体的收坡符合要求，则锤球线正好通过下端的缺口；如收坡控制不好，可通过坡度尺上的小木尺读数来确定其偏差大小，以利于控制筒体收坡。

在筒体施工的同时，还应检查筒体砌筑到某一高度时的设计半径。如图 7-10 所示，某高度的设计半径可由图示计算求得：

$$r_{\mathrm{H}} = R - H'm$$

式中：R——筒体底面外侧设计半径；

m——筒体的收坡系数。

收坡系数计算公式为

$$m = \frac{R - r}{H}$$

式中：r——筒体顶面外侧设计半径；

H——筒体设计高度。

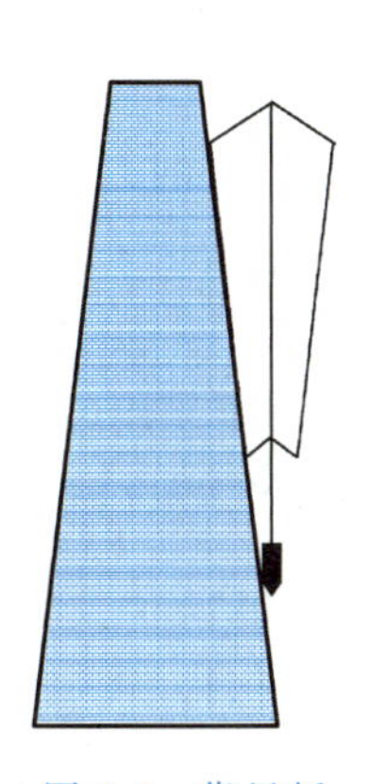

图 7-9 靠尺板

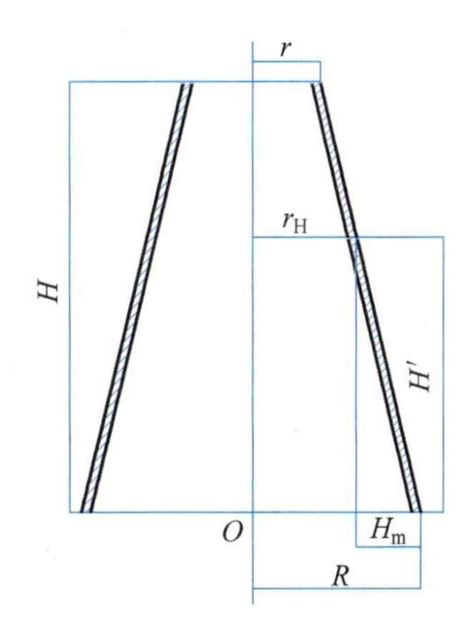

图 7-10 筒体设计半径

3. 筒体的标高控制

筒体的标高控制是用水准仪在筒体内壁上测出标高控制线，然后以此线为基准用钢卷尺或用激光测距仪量取筒体的高度。

［做中学 7-2］ 编制烟囱施工测量方案

烟囱是典型的高耸构筑物，其施工测量的工作主要是严格控制其中心位置，确保主体竖直。试根据以下工程概况分组编制烟囱施工测量方案。

工程概况：某工程烟囱高度 60m，为钢筋混凝土烟囱。烟囱筒身为 C30 级的钢筋混凝土结构，在标高±0.000 处筒壁最大厚度为 280mm，外半径为 4.595m；在 60m 处烟囱壁厚度为 180mm，烟囱外半径为 3.395m，内半径为 3.215m。筒壁厚度从标高±0.000 逐步分段减少至 260mm、240mm、220mm、200mm、180mm，筒壁在每 10m 处设 1250mm×165mm(280mm)的环形牛腿。烟囱设一个烟道口，烟道口尺寸为 5.3m×3.3m，烟道口中心标高为＋12.000m。烟囱内衬采用普通耐火砖、耐酸胶泥砌筑，烟囱在＋40m 和＋55m 处设有钢平台，烟囱沿外筒壁设有爬梯。

［随堂测试 7-2］ 变形观测是工程建设中一项十分重要的工作内容。对于高耸构筑物来说，其倾斜对构筑物的危害较大，对构筑物的使用寿命有着直接影响。试查阅相关资料并总结高耸构筑物的倾斜观测方法及适用条件，并填入表 7-3 中。

表 7-3 高耸构筑物的倾斜观测方法及适用条件

观测方法	适用条件

知识自测

一、单项选择题

1. 建筑施工测量包括(　　)、建筑施工放样测量、变形观测和竣工测量。

   A. 控制测量　　B. 高程测量　　C. 距离测量　　D. 导线测量

2. 柱子安装时,全站仪应安置在与柱子的距离约为(　　)倍高度处进行竖直校正。

   A. 1　　B. 1.5　　C. 2　　D. 0.5

3. 建筑方格网应与建筑物主要轴线(　　)。

   A. 垂直或平行　　B. 任意布设　　C. 只能平行　　D. 视情况而定

二、多项选择题

1. 建筑物多为矩形,且布置在较规则的建筑场地,其平面控制可采用(　　)。

   A. 平板仪导线　　B. 建筑方格网
   C. 多边形网　　D. 建筑基线
   E. 导线网

2. 建筑物平面位置定位的依据是(　　)。

   A. 首层平面图　　B. 建筑基线或建筑方格网
   C. 与原有建筑物的关系　　D. 控制点或红线桩
   E. 附近的水准点

3. 建筑物高程传递的方法有(　　)。

   A. 水准测量法　　B. 皮数杆法
   C. 视距高程法　　D. 钢卷尺丈量法
   E. 激光投点法

三、综合探究题

1. 在工业厂房施工测量中,为什么要专门建立独立的厂房矩形控制网?
2. 试述钢结构施工测量基本测设程序。
3. 高耸构筑物测量有何特点?

项目 8 建筑物变形测量

学习目标

知识目标

1. 了解建筑物变形观测的目的和意义。
2. 掌握观测建筑物沉降、倾斜的方法。

能力目标

1. 会进行建筑物沉降、倾斜的变形观测。
2. 会进行变形观测成果的整理和分析。

建筑物在施工过程或在使用期间，因受建筑地基的工程地质条件、地基处理方法、建筑物上部结构的荷载等多种因素的综合影响，将产生不同程度的沉降和变形。这种变形在允许范围内可认为是正常现象，但如果超过规定限度就会影响建筑物的正常使用，严重的还会危及建筑物的安全。为保证建筑物在施工、使用和运行中的安全，以及为建筑物的设计、施工、管理和科学研究提供可靠的资料，在建筑物的施工和使用过程中，需要进行建筑物的变形观测。

导入案例

为跟踪建筑物变形发展趋势，及时发现安全隐患并提交有关部门处理，以杜绝房屋安全事故的发生，××局委托对位于××区××街道的 1 号、2 号、6 号、9 号和 10 号居民楼进行变形观测，观测项目为房屋沉降和房屋主体倾斜。其工作量计划如表 8-1 所示。

表 8-1 变形观测工作量计划

序号	观测项目	布置位置	总数量	观测次数	代号
1	房屋沉降	所选 5 栋房屋的混凝土柱上	20 点	6 次	CF
2	房屋主体倾斜	所选 5 栋房屋的混凝土柱上	20 点	6 次	CQ

按照委托单位要求，施测单位确定观测工期为 12 个月，观测频率每两个月观测一次，一年观测期结束后根据变形情况决定是否追加观测。观测周期内若出现变形过大或变形速率超过报警值，则进行加密观测。观测项目的报警值和沉降稳定标准采用表 8-2 所示数值。

表 8-2 观测项目报警值和沉降稳定标准

序号	观测项目	变形报警值		稳定标准
		累计值	变化速率	
1	房屋沉降	30mm	1mm/d	0.04mm/d
2	房屋主体倾斜	2/1000	连续 3 天>0.0001H	—

注：H 为建筑物承重结构高度。

该项目沉降观测仪器为经检定合格并在有效期内的索佳 SDL30 电子水准仪，配合铟瓦条码尺（仪器标称精度为±0.3mm/km），观测精度等级为变形二级水准测量。观测路线为闭合环，环线闭合差限差为$\pm1.0\sqrt{n}$ mm（n 为闭合环测站数）。倾斜观测采用吊锤球法，在房屋顶部四阳角的观测点位置上（测点现场标记），直接或支出一点悬挂适当重量的锤球，在垂线下的底部固定钢板尺、卡尺等读数设备，直接读出或量出上部观测点相对底部观测点的水平位移量和位移方向，同时采用测定基础沉降差法进行校核。

为确保项目作业质量并在合同规定的期限内顺利完成，施测单位组建了 7 人项目组，职责分工如表 8-3 所示。在施测中固定人员、固定仪器、固定时间，按相同的路线，用相同的方法进行了观测。使用的仪器经由法定计量单位检验合格，观测前对仪器进行自检并定期对仪器保养。对测量工作中使用的基准点、工作点、观测点用醒目的标志进行标识，并对现场作业的工人进行宣传，避免人为沉降和偏移。对变化异常的测点进行复测。每次观测结束一周内提交观测简报，根据观测数据的变化规律得出结论和建议。全部观测工作结束后 10 天内向委托单位提交观测总结报告。

表 8-3 项目组人员一览表

序号	姓名	职称	学历	专业	专业工作年限	在本项目中职责
1	×××	工程师	本科	测绘工程	10 年	项目负责人
2	×××	高级工程师注册测绘工程师	本科	工程测量	31 年	技术负责人
3	×××	高级工程师注册岩土工程师	本科	工程地质	34 年	岩土分析
4	×××	助理工程师	本科	土木工程	6 年	现场监测
5	×××	助理工程师	本科	测绘工程	4 年	现场监测
6	×××	技工	大专	工民建	2 年	测工
7	×××	技工	大专	工民建	2 年	测工

学习任务

任务 8.1 建筑物沉降观测

建筑物沉降观测是根据基准点周期性测定建筑物上的沉降观测点的高程，计算沉降量的工作。

8.1.1 基准点和观测点

1. 基准点

1）布设要求

（1）建筑物沉降观测应设置基准点，当基准点离所测建筑物距离较远时可加设工作基点。对特级沉降观测的基准点数不应少于 4 个，其他级别沉降观测的基准点数不应少于 3 个，工作基点可根据需要设置。基准点和工作基点应形成闭合环或形成由附合路线构成的结点网。

(2) 基准点应设置在位置稳定、易于长期保存的地方,并应定期复测。基准点在建筑施工过程中 1～2 月复测一次,稳定后每季度或每半年复测一次。当观测点测量成果出现异常,或测区受到地震、洪水、爆破等外界因素影响时,需及时进行复测,并对其稳定性进行分析。

(3) 基准点的标石应埋设在基岩层或原状土层中,在建筑区内,点位与邻近建筑的距离应大于建筑基础最大宽度的 2 倍,标石埋深应大于邻近建筑基础的深度；在建筑物内部的点位,标石埋深应大于地基土压缩层的深度。

(4) 基准点和工作基点应避开交通干道、地下管线、仓库堆栈、水源地、河岸、松软填土、滑坡地段、机器振动区及其他可能使标石、标志易遭腐蚀和破坏的地方。

2) 测量要求

(1) 高程控制测量宜使用水准测量方法。对于二、三级沉降观测的高程控制测量,当不便使用水准测量方法时,可使用电磁波测距三角高程测量方法。

(2) 采用水准测量方法进行各级高程控制测量或沉降观测,应符合表 8-4～表 8-6 的规定。

表 8-4 仪器精度要求和观测方法

变形测量等级	仪器型号	水准尺	观测方法	仪器 i 角要求/(″)
特级	DSZ05 或 DS05	铟瓦合金标尺	光学测微法	≤10
一级	DSZ05 或 DS05	铟瓦合金标尺	光学测微法	≤15
二级	DS05 或 DS1	铟瓦合金标尺	光学测微法	≤15
三级	DS1	铟瓦合金标尺	光学测微法	≤20
	DS3	木质标尺	中丝读数法	

注：光学测微法和中丝读数法的每测站观测顺序和方法,应按现行国家水准测量规范的有关规定执行。

表 8-5 水准观测的技术指标 单位：m

等 级	视 线 长 度	前后视距差	前后视距累积差	视 线 高 度
特级	≤10	≤0.3	≤0.5	≥0.8
一级	≤30	≤0.7	≤1.0	≥0.5
二级	≤50	≤2.0	≤3.0	≥0.3
三级	≤75	≤5.0	≤8.0	≥0.2

表 8-6 水准观测的限差要求 单位：mm

等级		基辅分划(黑红面)读数之差	基辅分划(黑红面)所测高差之差	往返较差及附合或环线闭合差	单程双测站所测高差较差	检测已测测段高差之差
特级		0.15	0.2	$\leqslant 0.1\sqrt{n}$	$\leqslant 0.07\sqrt{n}$	$\leqslant 0.15\sqrt{n}$
一级		0.3	0.5	$\leqslant 0.3\sqrt{n}$	$\leqslant 0.2\sqrt{n}$	$\leqslant 0.45\sqrt{n}$
二级		0.5	0.7	$\leqslant 1.0\sqrt{n}$	$\leqslant 0.7\sqrt{n}$	$\leqslant 1.5\sqrt{n}$
三级	光学测微法	1.0	1.5	$\leqslant 3.0\sqrt{n}$	$\leqslant 2.0\sqrt{n}$	$\leqslant 4.5\sqrt{n}$
	中丝读数法	2.0	3.0			

注：n 为测站数。

2. 观测点

1）观测点的布置

沉降观测点的位置以能全面反映建筑物地基变形特征，并结合地质情况及建筑结构特点确定。点位宜选设在下列位置。

（1）建筑物的四角、核心筒四角、大转角处及沿外墙每 10～15m 处或每隔 2～3 根柱基上。

（2）高低层建筑物、新旧建筑物、纵横墙等交接处的两侧。

（3）建筑物裂缝、后浇带和沉降缝两侧、基础埋深相差悬殊处、人工地基与天然地基接壤处、不同结构的分界处及填挖方分界处。

（4）宽度大于或等于 15m 或小于 15m 而地质复杂及膨胀土地区的建筑物，在承重内隔墙中部设内墙点，在室内地面中心及四周设地面点。

（5）邻近堆置重物处、受振动有显著影响的部位及基础下的暗浜（沟）处。

（6）框架结构建筑物的每个或部分柱基上或沿纵横轴线设点。

（7）片筏基础、箱形基础底板或接近基础的结构部分的四角处及其中部位置。

（8）重型设备基础和动力设备基础的四角、基础形式或埋深改变处及地质条件变化处两侧。

（9）电视塔、烟囱、水塔、油罐、炼油塔、高炉等高耸构筑物，沿周边在与基础轴线相交的对称位置上布点，点数不少于 4 个。

2）观测标志的形式与埋设要求

沉降观测标志可根据不同的建筑结构类型和建筑材料，采用墙（柱）标志、基础标志和隐蔽式标志（用于宾馆等高级建筑物）等形式。各类标志的立尺部位应加工成半球形或有明显的突出点，并涂上防腐剂。

标志的埋设位置应避开如雨水管、窗台线、暖气片、暖水管、电气开关等有碍设标与观测的障碍物，并应视立尺需要离开墙（柱）面和地面一定距离。

8.1.2 沉降观测方法

1. 沉降观测的周期和观测时间

（1）建筑物施工阶段的观测，应随施工进度及时进行。一般建筑可在基础完工后或地下室砌完后开始观测，大型、高层建筑可在基础垫层或基础底部完成后开始观测。观测次数与间隔时间应视地基与加荷情况而定。民用高层建筑可每加高 1～5 层观测一次，工业建筑可按不同施工阶段（如回填基坑、安装柱子和屋架、砌筑墙体、设备安装等）分别进行观测。如建筑物均匀增高，应至少在增加荷载的 25％、50％、75％和 100％时各测一次。施工过程中如暂时停工，在停工时及重新开工时应各观测一次。停工期间，可每隔 2～3 个月观测一次。

（2）建筑物使用阶段的观测，应视地基土类型和沉降速度大小而定。除有特殊要求者外，一般情况下，可在第 1 年观测 3～4 次，第 2 年观测 2～3 次，第 3 年后每年观测 1 次，直至稳定为止。

（3）在观测过程中，如有基础附近地面荷载突然增减、基础四周大量积水、长时间连续降雨等情况，均应及时增加观测次数。当建筑物突然发生大量沉降、不均匀沉降或严重裂缝时，应立即进行逐日或每隔2～3天一次的连续观测。

2. 沉降观测的作业方法和技术要求

(1) 作业中应遵守的规定：观测应在成像清晰、稳定时进行；仪器离前后视水准尺的距离应力求相等，并不大于50m；前后视观测应使用同一把水准尺；经常对水准仪及水准标尺的水准器和i角进行检查。当发现观测成果出现异常情况并认为与仪器有关时，应及时进行检验与校正。

(2) 为保证沉降观测成果的正确性，在沉降观测中应做到五固定：固定水准点、固定水准路线、固定观测方法、固定仪器、固定观测人员。

(3) 首次观测值是计算沉降的起始值，操作时应特别认真、仔细，并应连续观测两次取其平均值，以保证观测成果的精确度和可靠性。

(4) 每测段往测与返测的测站数均应为偶数，否则应加入标尺零点差改正。由往测转向返测时，两标尺应互换位置，并应重新整置仪器。在同一测站上观测时，不得两次调焦。转动仪器的倾斜螺旋和测微鼓时，其最后旋转方向均应为旋进。

(5) 每次观测均需采用环形闭合方法或往返闭合方法，当场进行检查。其闭合差应在允许闭合差范围内。

(6) 在限差允许范围内的观测成果，其闭合差应按测站数进行分配，计算高程。

3. 沉降是否进入稳定阶段的判断

(1) 根据沉降量与时间关系曲线来判定。

(2) 对于重点观测和科研观测工程，若最后3期观测中，每期沉降量均不大于$2\sqrt{2}$倍测量中误差，则可认为已进入稳定阶段。

(3) 对于一般观测工程，若沉降速度小于0.01～0.04mm/d，可认为已进入稳定阶段，具体取值宜根据各地区地基土的压缩性确定。

8.1.3 沉降观测成果整理

1. 整理原始记录

每周期观测结束后，应检查记录表中的数据和计算是否正确、精度是否合格，如果误差超限则应重新观测。然后调整闭合差，推算各观测点的高程，列入成果表中。

2. 计算沉降量

根据各观测点本次所观测高程与上次所观测高程之差，计算观测点的沉降量、沉降差，以及本周期平均沉降量、沉降速率和累计沉降量。

3. 绘制沉降曲线

为了更清楚地表示沉降量、荷载、时间三者之间的关系，还要画出各观测点的时间与沉降量关系曲线图及时间与荷载关系曲线图，如图8-1所示。

4. 沉降观测应提交成果

(1) 沉降观测成果表。

(2) 沉降观测点位分布图。

(3) 工程平面位置图及基准点分布图。

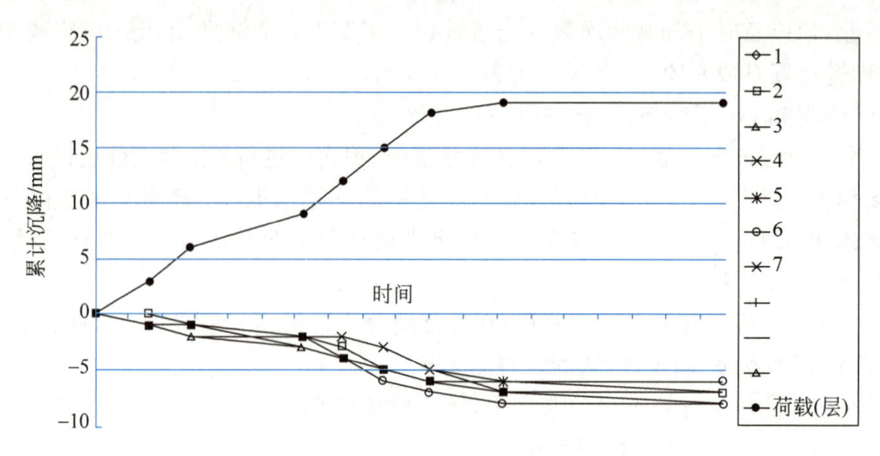

图 8-1　建筑物荷载-时间-沉降量关系曲线

(4) p-t-s(荷载-时间-沉降量)曲线图。

(5) 建筑物等沉降曲线图(如观测点数量较少可不提交)。

(6) 沉降观测分析报告。

8.1.4　常见问题及其处理

1. 曲线在首次观测后即发生回升现象

在第二次观测时即发现曲线上升,至第三次后,曲线又逐渐下降。发生此种现象,一般都是由于首次观测成果存在较大误差所引起的。此时,如周期较短,可将第一次观测成果作废,而采用第二次观测成果作为首测成果。为避免发生此类现象,建议首次观测应适当提高测量精度,认真施测,或进行两次观测,以进行比较,确保首次观测成果的可靠。

2. 曲线在中间某点突然回升

发生此种现象多半是因为水准基点或沉降观测点被碰所致,如水准基点被压低,或沉降观测点被撬高。此时,应仔细检查水准基点和沉降观测点的外形有无损伤。如果众多沉降观测点出现此种现象,则水准基点被压低的可能性很大,此时可改用其他水准点作为水准基点来继续观测,并再埋设新水准点,以保证水准点个数不少于 3 个。如果只有一个沉降观测点出现此种现象,则多半是该点被撬高(如果采用隐蔽式沉降观测点,则不会发生此种现象),如观测点被撬后已活动,则需另行埋设新点;若点位尚牢固,则可继续使用,对于该点的沉降量计算,则应进行合理处理。

3. 曲线自某点起渐渐回升

产生此种现象一般是由于水准基点下沉所致。此时,应根据水准点之间的高差来判断出最稳定的水准点,以此作为新水准基点,将原来下沉的水准基点废除。另外,埋在裙楼上的沉降观测点,由于受主楼的影响,有可能会出现正常的渐渐回升现象。

4. 曲线的波浪起伏现象

曲线在后期呈现微小波浪起伏现象,其原因一般是测量误差所造成的。曲线在前期波浪起伏之所以不突出,是因为下沉量大于测量误差的原因;但到后期,由于建筑物下沉极微或已接近稳定,因此在曲线上就会出现测量误差比较突出的现象。此时,可将波浪曲线改为水平线。后期测量宜提高测量精度等级，并适当地延长观测的间隔时间。

［做中学 8-1］　沉降观测成果整理

某住宅楼为 3 层结构，施工期间需对该楼进行 6 次沉降观测，布设沉降观测点共 6 个，具体点位布置如图 8-2 所示。此次沉降观测采用仪器两次测高法进行观测，现场观测时，整个观测路线为一闭合回路，6 次沉降观测汇总结果如表 8-7 所示。下面，让我们根据每次沉降观测成果，按照以下步骤的引导，来熟悉累计沉降量的计算及沉降曲线的绘制。

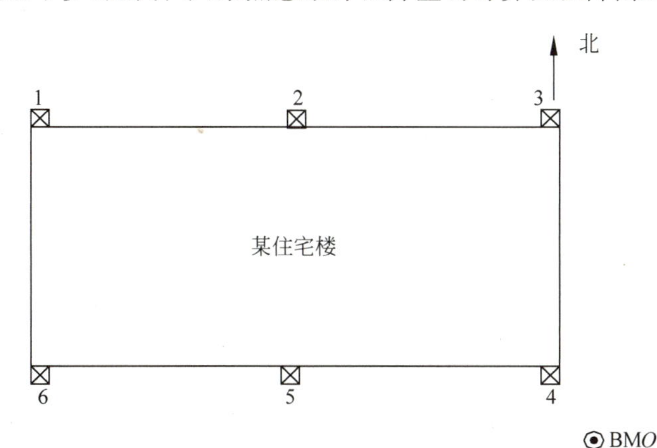

⊠ 沉降观测点位　⊙ 沉降观测基准点

图 8-2　某住宅楼沉降观测点位布置示意图

表 8-7　沉降观测汇总结果　　单位：mm

观测点	第 1 次 2005.03.01		第 2 次 2005.03.16		第 3 次 2005.03.31		第 4 次 2005.04.16		第 5 次 2005.05.01		第 6 次 2005.05.16	
	沉降量		沉降量		沉降量		沉降量		沉降量		沉降量	
	本次	累计	本次	累计	本次	累计	本次	累计	本次	累计	本次	累计
1	0.00		2.08		2.03		1.65		0.83		0.35	
2	0.00		1.57		2.51		1.47		0.69		0.22	
3	0.00		1.83		2.55		1.61		0.63		0.20	
4	0.00		1.36		2.76		2.12		0.75		0.31	
5	0.00		1.51		2.15		1.90		0.58		0.27	
6	0.00		1.70		1.91		1.82		0.60		0.16	

步骤 1：计算每次观测后各点的累计沉降量，填入表 8-7 中。

步骤 2：以累计沉降量 s 为纵轴，时间 t 为横轴，根据每次观测日期和相应的沉降量按比例画出各点的位置，然后将各点连接起来，完成图 8-3。

步骤 3：成果分析。从沉降成果中可得，该楼的平均沉降量为________mm，最大沉降量为________测点________mm，最小沉降量为________测点________mm。最近一次平均沉降速率为________mm/d，其中最近一次最大沉降速率为________测点，最大值________mm/d。

［随堂测试 8-1］　建筑物沉降观测是通过采用相关等级及精度要求的水准仪，通过在建筑物上所设置的若干观测点定期观测相对于建筑物附近的水准点的高差随时间的变化量，获得建筑物实际沉降的变化或变形趋势，并判定沉降是否进入稳定期和是否存在不均匀

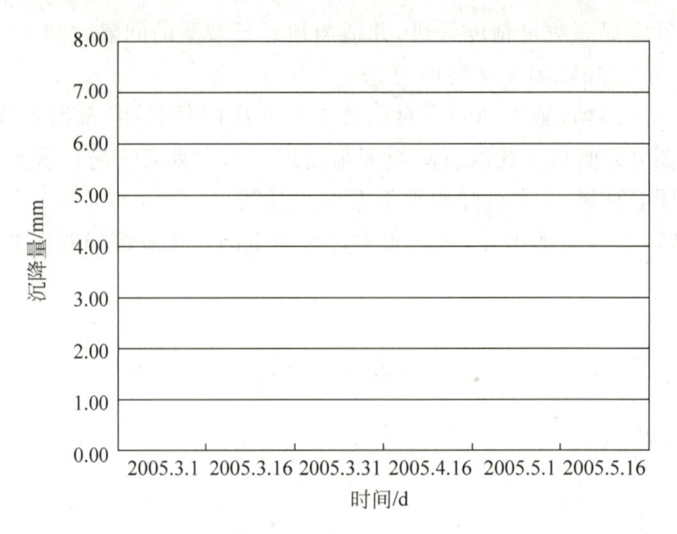

图 8-3 *s-t* 曲线图

沉降对建筑物的影响。请结合所学知识点探究：

（1）如何判定沉降是否进入稳定期？

（2）不均匀沉降对建筑物会造成什么影响？

任务 8.2 建筑物倾斜观测

倾斜观测是指对建(构)筑物中心线或其墙、柱等，在不同高度的点相对于底部基准点的偏离值进行的测量，包括建筑物基础倾斜观测和建筑物主体倾斜观测。建筑物产生倾斜的原因主要有：地基沉降不均匀；建筑物体型复杂(部分高重、部分低轻)，形成不同荷载；施工未达到设计要求，承载力不够；受外力作用，如风荷、地下水抽取、地震等。

建筑物基础倾斜观测一般采用精密水准仪进行沉降观测，定期测出基础两端点的差异沉降量，再根据两点的距离，即可计算出基础的倾斜度。建筑物主体倾斜观测，应测定建筑物顶部观测点相对于底部固定点或各层间上层相对于下层观测点的水平位移与高差，分别计算整体或分层的倾斜度、倾斜方向及倾斜速度。本任务主要介绍建筑物主体倾斜观测的内容。

8.2.1 主体倾斜观测点位

1. 主体倾斜观测点位的布设

（1）当从建筑外部观测时，测站点的点位应选在与倾斜方向成正交的方向线上距照准目标 1.5～2.0 倍目标高度的固定位置。当利用建筑物内部竖向通道观测时，可将通道底部中心点作为测站点。

（2）对于整体倾斜，观测点及底部固定点应沿着对应测站点的建筑主体竖直线，在顶部和底部上下对应布设；对于分层倾斜，应按分层部位上下对应布设。

(3) 按前方交会法布设的测站点，基线端点的选设应考虑测距或长度丈量的要求；按方向线水平角法布设的测站点，应设置好定向点。

2. 主体倾斜观测点位的标志设置

(1) 建筑物顶部和墙体上的观测点标志，可采用埋入式照准标志形式。有特殊要求时，应专门设计。

(2) 不便埋设标志的塔形、圆形建筑物及竖直构件，可以照准视线所切同高边缘认定的位置或用高度角控制的位置作为观测点位。

(3) 位于地面的测站点和定向点，可根据不同的观测要求，采用带有强制对中设备的观测墩或混凝土标石。

(4) 对于一次性倾斜观测项目，观测点标志可采用标记形式或直接利用符合位置与照准要求的建筑物特征部位；测站点可采用小标石或临时性标志。

8.2.2　主体倾斜观测方法

(1) 从建筑物或构件的外部观测时，宜选用下列经纬仪观测法。

① 投点法。观测时，在底部观测点位置安置测量设施(如水平读数尺等)。在每个测站安置全站仪或经纬仪投影时，应按正倒镜法求得所测每对上下观测点标志间的水平位移分量，按矢量相加法求得水平位移值(倾斜量)和位移方向(倾斜方向)。

对需要进行倾斜观测的一般建筑物，要在几个侧面进行观测，全站仪或经纬仪的位置如图 8-4(a)所示。其中要求仪器应设置在离建筑物较远的地方(距离 l 最好大于 1.5 倍建筑物的高度)，以减少仪器纵轴不垂直的影响。

观测时瞄准墙顶一点 M，向下投影得一点 N，投影时仪器在固定测站严格对中整平，用盘左、盘右两个度盘位置往下投影，分别量取水平距离，取其平均值，即为 NN_1 间的水平距离 a，如图 8-4(b)所示。

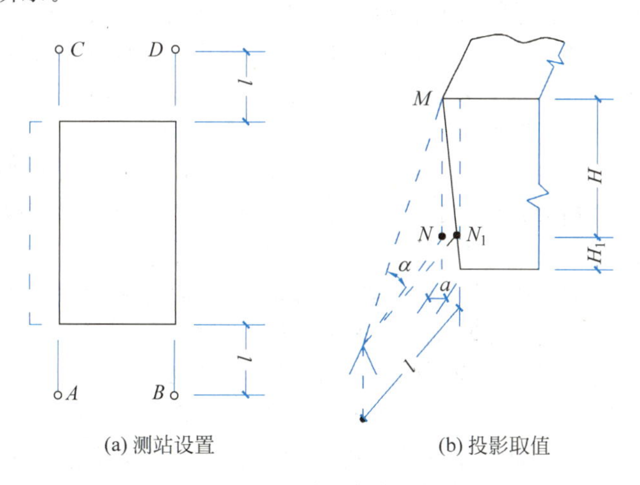

(a) 测站设置　　(b) 投影取值

图 8-4　投点法倾斜观测

H 和 H_1 可用钢卷尺直接量取，或用手持式激光测距仪测定。另外，以 M 点为基准，采用全站仪或经纬仪测出垂直角 α。根据垂直角 α，也可按下式计算出高度：

$$H = l\tan\alpha$$

则建筑物的倾斜度 i 为

$$i = a/H$$

建筑物该阳角的倾斜量 β 为

$$\beta = i(H + H_1)$$

最后，综合分析 4 个阳角的倾斜度，即可描述整幢建筑物的倾斜情况。

② 测水平角法。对塔形、圆形建筑物或构件，每测站的观测以定向点作为零点方向，以所测各观测点的方向值和至底部中心的距离，计算顶部中心相对底部中心的水平位移分量。对矩形建筑，可在每测站直接观测顶部观测点与底部观测点之间的夹角或上层观测点与下层观测点之间的夹角，以所测角值与距离值计算整体的或分层的水平位移分量和位移方向。

③ 前方交会法。所选基线应与观测点组成最佳构形，交会角宜在 60°～120°。水平位移计算可采用直接由两周期观测方向值之差解算坐标变化量的方向差交会法，也可采用按每周期计算观测点坐标值，再以坐标差计算水平位移的方法。

(2) 当利用建筑物或构件的顶部与底部之间的竖向通视条件进行观测时，宜选用下列观测方法。

① 吊锤球法。在顶部或需要的高度处观测点位置上，直接或支出一点悬挂适当重量的锤球，在垂线下的底部固定读数设备(如毫米格网读数板)，直接读取或量出上部观测点相对底部观测点的水平位移量和位移方向。

② 激光铅垂仪观测法。在顶部适当位置安置接受靶，在其垂线下的地面或地板上安置激光铅垂仪或激光经纬仪，按一定周期观测，在接受靶上直接读取或量出顶部的水平位移量和位移方向。作业中仪器应严格置平、对中，应旋转 180°观测两次取其中数。对超高层建筑，当仪器设在楼体内部时，应考虑大气湍流的影响。

③ 激光位移计自动记录法。激光位移计宜安置在建筑物底层或地下室地板上，接收装置可设在顶层或需要观测的楼层，激光通道可利用未使用的电梯井或楼梯间隔，测试室宜选在靠近顶部的楼层内。当位移计发射激光时，从测试室的光线示波器上可直接获取位移图像及有关参数，并自动记录成果。

④ 正、倒垂线法。垂线宜选用直径 0.6～1.2mm 的不锈钢丝或铟瓦丝，并采用无缝钢管保护。采用正垂线法时，垂线上端可锚固在通道顶部或需要高度处所设的支点上；采用倒垂线法时，垂线下端可固定在锚块上，上端设浮筒。用来稳定重锤、浮子的油箱中应装有黏性小、不冰冻的阻尼液。观测时，由底部观测墩上安置的量测设备(如坐标仪、光学垂线仪、电感式垂线仪等)，按一定周期测出各测点的水平位移量。

(3) 当利用相对沉降量间接确定建筑整体倾斜时，可选用下列方法。

① 倾斜仪测记法。采用的倾斜仪(如水管式倾斜仪、水平摆倾斜仪、气泡倾斜仪或电子倾斜仪)应具有连续读数、自动记录和数字传输的功能。监测建筑物上部层面倾斜时，仪器可安置在建筑物基础面上，以所测楼层或基础面的水平角变化值反映和分析建筑物倾斜的变化程度。

② 测定基础沉降差法。可在基础上选设观测点，采用水准测量方法，以所测各周期的基础沉降差换算求得建筑物整体倾斜度及倾斜方向。

8.2.3 主体倾斜观测周期

建筑主体倾斜观测的周期，可视倾斜速度每隔 1～3 个月观测一次。如遇基础附近因大量堆载或卸载、场地降雨长期积水等而导致倾斜速度加快时，应及时增加观测次数。施工期间的观测周期应随施工进度并结合实际情况确定，具体要求与前述沉降观测的周期要求相同。倾斜观测应避开强日照和风荷载影响大的时间段。

8.2.4 主体倾斜观测成果

倾斜观测工作结束后，应提交下列成果：

(1) 倾斜观测点位布置图；

(2) 观测成果表、成果图；

(3) 主体倾斜曲线图；

(4) 观测成果分析资料。

［做中学 8-2］ 计算倾斜度

某 6 层住宅楼楼角编号及楼角高度如图 8-5 所示，现采用全站仪对该住宅楼的东、南、西、北 4 个楼角位置进行倾斜测量。请根据表 8-8 提供的各楼角观测点偏移量，计算各楼角位置的倾斜度。

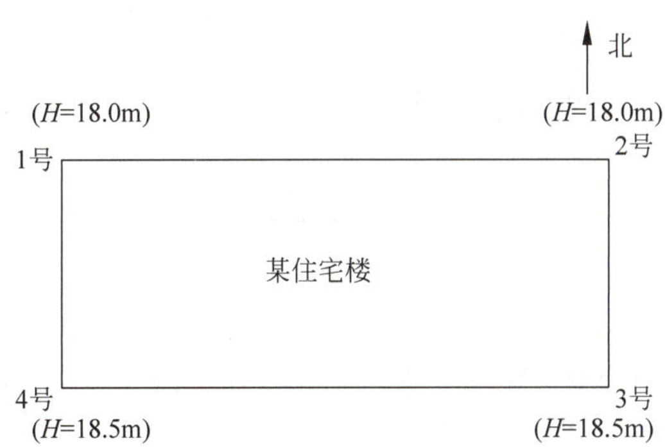

图 8-5 某住宅楼楼角编号及楼角高度

表 8-8 某 6 层住宅楼倾斜测量成果表

点 号	倾斜方向	偏移方向	偏移量/mm	倾斜度/‰
1号	南北向	南	9.4	
	东西向	东	6.4	
2号	南北向	南	11.2	
	东西向	西	3.2	
3号	南北向	南	6.4	
	东西向	西	15.6	
4号	南北向	北	7.6	
	东西向	西	17.9	

注：所有点位的偏移量均为该楼最上面点相对于最下面点(勒脚处)沿南北向或东西向的偏移量。

［随堂测试 8-2］ 建筑物主体倾斜观测是测定建筑物本身的倾斜量，以了解建筑物施工阶段不同时期基础桩的稳定程度，为设计和施工部门提供相关的参考数据，以便及时采取措施，达到安全施工、杜绝隐患的目的。请上网查阅相关文献资料，了解建筑物主体倾斜的允许值，填入表 8-9 中。

表 8-9 建筑物主体倾斜的允许值

单位：m

多层和高层建筑的整体倾斜		高耸结构基础的倾斜	
建筑物高度	倾斜允许值	建筑物高度	倾斜允许值
$H_g \leqslant 24$		$H_g \leqslant 20$	
$24 < H_g \leqslant 60$		$20 < H_g \leqslant 50$	
$60 < H_g \leqslant 100$		$50 < H_g \leqslant 100$	
$H_g > 100$		$100 < H_g \leqslant 150$	
		$150 < H_g \leqslant 200$	
		$200 < H_g \leqslant 250$	

知识自测

一、单项选择题

1. 每个工程变形监测应至少有（　　）个基准点。

A. 2　　B. 3　　C. 4　　D. 5

2. 施工沉降观测过程中，若工程暂时停工，停工期间可每隔（　　）个月观测一次。

A. 1～2　　B. 2～3　　C. 3～4　　D. 4～5

3. 塔形、圆形建筑或构件宜采用（　　）检测主体倾斜。

A. 投点法　　B. 测水平角法

C. 前方交会法　　D. 正、倒垂线法

4. 对于深基础建筑或高层、超高层建筑，沉降观测应从（　　）时候开始。

A. 上部结构施工　　B. 主体封顶　　C. 不一定　　D. 基础施工

5. 基准点在施工过程中应每隔（　　）个月复测一次。

A. 1～2　　B. 2～3　　C. 3～4　　D. 4～5

二、多项选择题

1. 变形监测网监测周期的确定因素有（　　）。

A. 监测体变形特征　　B. 监测体变形速率

C. 观测精度　　D. 工程地质条件

2. 每期观测结束后，数据处理中出现（　　）情况，必须立即通知建设单位和施工单位采取相应措施。

A. 变形量达到预警值或接近允许值

B. 变形量缓慢增长但未达到预警值

C. 建(构)筑物的裂缝或地表裂缝快速扩大

D. 变形量出现异常变化

3. 沉降观测应提交(　　)。

A. 工程平面位置图及基准点分布图
B. 沉降观测点位分布图
C. 沉降观测成果表
D. 荷载-时间-沉降量曲线图
E. 等沉降曲线图

4. 倾斜观测结束后,提交的成果一般包括(　　)。

A. 建筑物设计图及施工详图
B. 观测点位布置图
C. 基准点位分布图
D. 观测成果表
E. 主体倾斜曲线图

三、综合探究题

1. 建筑物沉降观测点的埋设要求有哪些?
2. 主体倾斜观测点的布设应满足哪些要求?

参 考 文 献

[1] 冯立升.中国古代的水准测量技术[J].自然科学史研究,1990(02):190—196.

[2] GB 50026—2007.工程测量规范[S].北京:中国计划出版社,2008.

[3] GB/T 20257.1—2017.国家基本比例尺地形图图式　第一部分:1∶500　1∶1000　1∶2000 地形图图式[S].北京:中国标准出版社,2018.

[4] JGJ 8—2016.建筑变形测量规范[S].北京:中国建筑工业出版社,2016.

[5] GB/T 12898—2009.国家三、四等水准测量规范[S].北京:中国标准出版社,2009.

[6] 李生平.建筑工程测量[M].2 版.武汉:武汉理工大学出版社,2003.

[7] 王云江.建筑工程测量[M].2 版.北京:中国建筑工业出版社,2009.

[8] 冯大福,黄治国.建筑工程测量[M].天津:天津大学出版社,2010.

[9] 覃辉.土木工程测量[M].重庆:重庆大学出版社,2011.

附录1 《工程测量员》国家职业技能标准

1 职业概况

1.1 职业名称

工程测量员。

1.2 职业编码

4-08-03-04。

1.3 职业定义

使用全站仪、水准仪、测深仪、断面仪、陀螺经纬仪等仪器和设备，进行工程建设目标测量的人员。

1.4 职业技能等级

本职业共设5个等级，分别为：五级/初级工、四级/中级工、三级/高级工、二级/技师、一级/高级技师。

1.5 职业环境条件

室内、室外，常温。

1.6 职业能力特征

具备一定的表达能力和计算能力；形体知觉、色觉、空间感正常；手指、手臂灵活，动作协调。

1.7 普通受教育程度

高中毕业(或同等学力)。

1.8 职业技能鉴定要求

1.8.1 申报条件

具备以下条件之一者，可申报五级/初级工。

(1) 累计从事本职业或相关职业[1]工作1年(含)以上。

(2) 本职业或相关职业学徒期满。

具备以下条件之一者，可申报四级/中级工。

(1) 取得本职业或相关职业五级/初级工职业资格证书(技能等级证书)后，累计从事本职业或相关职业工作4年(含)以上。

(2) 累计从事本职业或相关职业工作6年(含)以上。

---

① 相关职业：包括大地测量员、摄影测量员、地图绘制员、不动产测绘员、海洋测绘员、无人机测绘操控员、地理信息采集员、地理信息处理员、地理信息应用作业员等，下同。

(3) 取得技工学校本专业[①]或相关专业[②]毕业证书(含尚未取得毕业证书的在校应届毕业生);或取得经评估论证、以中级技能为培养目标的中等及以上职业学校本专业或相关专业毕业证书(含尚未取得毕业证书的在校应届毕业生)。

具备以下条件之一者,可申报三级/高级工。

(1) 取得本职业或相关职业四级/中级工职业资格证书(技能等级证书)后,累计从事本职业或相关职业工作5年(含)以上。

(2) 取得本职业或相关职业四级/中级工职业资格证书(技能等级证书),并具有高级技工学校、技师学院毕业证书(含尚未取得毕业证书的在校应届毕业生);或取得本职业或相关职业四级/中级工职业资格证书(技能等级证书),并具有经评估论证、以高级技能为培养目标的高等职业学校本专业或相关专业毕业证书(含尚未取得毕业证书的在校应届毕业生)。

(3) 具有大专及以上本专业或相关专业毕业证书,并取得本职业或相关职业四级/中级工职业资格证书(技能等级证书)后,累计从事本职业或相关职业工作2年(含)以上。

具备以下条件之一者,可申报二级/技师。

(1) 取得本职业或相关职业三级/高级工职业资格证书(技能等级证书)后,累计从事本职业或相关职业工作4年(含)以上。

(2) 取得本职业或相关职业三级/高级工职业资格证书(技能等级证书)的高级技工学校、技师学院毕业生,累计从事本职业或相关职业工作3年(含)以上;或取得本职业或相关职业预备技师证书的技师学院毕业生,累计从事本职业或相关职业工作2年(含)以上。

具备以下条件者,可申报一级/高级技师。

取得本职业或相关职业二级/技师职业资格证书(技能等级证书)后,累计从事本职业或相关职业工作4年(含)以上。

1.8.2 鉴定方式

鉴定方式分为理论知识考试、技能考核以及综合评审。理论知识考试以闭卷笔试、机考等方式为主,主要考核从业人员从事本职业应掌握的基本要求和相关知识要求;技能考核主要采用现场操作、模拟操作等方式进行,主要考核从业人员从事本职业应具备的技能水平;综合评审主要针对技师和高级技师,通常采取审阅申报材料、答辩等方式进行全面评议和审查。

理论知识考试、技能考核和综合评审均实行百分制,成绩皆达60分(含)以上者为合格。

1.8.3 监考人员、考评人员与考生配比

理论知识考试中的监考人员与考生配比不低于1∶15,且每个考场不少于2名监考人员;技能考核中的考评人员与考生配比不低于1∶5,且考评人员为3人(含)以上单数;综合评审委员为3人(含)以上单数。

1.8.4 鉴定时间

各等级理论知识考试时间不少于120min;技能考核时间不少于60min;综合评审时间

---

① 本专业:包括测绘工程、地理信息、地图制图、摄影测量、遥感、大地测量、工程测量、地籍测绘、土地管理、矿山测量、导航工程、地理国情监测等专业,下同。

② 相关专业:包括地理、地质、工程勘察、资源勘查、土木、建筑、规划、市政、水利、电力、道桥、工民建、海洋等专业,或者能够提供其在校期间所学专业开设测绘专业必修课程证明的专业,下同。

不少于30min。

1.8.5 鉴定场所设备

理论知识考试在标准教室内进行；技能考核在具有被测实体，配备测量仪器，并有安全保障的技能考核场地进行。

2 基本要求

2.1 职业道德

2.1.1 职业道德基本知识

2.1.2 职业守则

(1) 遵守法律、法规和有关规定。

(2) 爱岗敬业，忠于职守，忠诚奉献，弘扬劳模精神和工匠精神。

(3) 认真负责，精益求精，严于律己，吃苦耐劳。

(4) 刻苦学习，勤奋钻研，努力提高思想和科学文化素质。

(5) 谦虚谨慎，团结协作，主动配合。

(6) 严格执行规范，保证成果质量，爱护仪器设备。

(7) 重视安全环保，坚持文明生产。

2.2 基础知识

2.2.1 测量基础知识

(1) 地面点定位知识。

(2) 平面、高程测量知识。

(3) 测量数据处理知识。

(4) 测量仪器设备知识。

(5) 数字地形图及其测绘知识。

(6) 地形图应用及工程识图的知识。

2.2.2 计算机基本知识

(1) 计算机操作基础知识。

(2) 测量相关软件使用知识。

2.2.3 安全生产与环境保护知识

(1) 劳动保护知识。

(2) 仪器设备的安全使用知识。

(3) 野外安全生产知识。

(4) 资料保管保密的知识。

2.2.4 相关法律、法规知识

(1)《中华人民共和国劳动法》相关知识。

(2)《中华人民共和国测绘法》相关知识。

(3) 其他有关法律、法规及技术标准的基本知识。

3 工作要求

本《工程测量员》国家职业技能标准对五级/初级工、四级/中级工、三级/高级工、二级/技师、一级/高级技师的技能要求和相关知识要求依次递进，高级别涵盖低级别的要求。

3.1 五级/初级工

五级/初级工的技能要求和相关知识要求见附表 1-1。

附表 1-1 五级/初级工的技能要求和相关知识要求

职业功能	工作内容	技能要求	相关知识要求
1. 准备	1.1 资源准备	1.1.1 能根据安排准备测区所需的地形图 1.1.2 能根据安排准备测区控制点资料，如点之记等	1.1.1 各种工程控制网的布设形式 1.1.2 地形图、工程图的分幅与编号规则
	1.2 仪器准备	1.2.1 能进行脚架、棱镜、觇板、标尺等工程测量辅助设备的准备及检视 1.2.2 能进行温度计、气压计等辅助设备的准备及检视 1.2.3 能进行 GNSS 接收机供电连接设备的准备及检视	1.2.1 常用仪器设备的型号和性能 1.2.2 常用测量辅助设备的基本常识
2. 测量	2.1 控制测量	2.1.1 能进行图根导线观测、记录 2.1.2 能进行图根水准观测、记录 2.1.3 能进行低等级 GNSS 静态测量外业观测、记录 2.1.4 能进行平面、高程等级测量中前后视的仪器安置或立尺(镜)	2.1.1 水平角测量、垂直角测量、距离测量和导线测量的知识 2.1.2 水准测量的知识 2.1.3 GNSS 测量的基本知识 2.1.4 常用仪器设备的操作
	2.2 工程与地形测量	2.2.1 能进行工程放样、定线中的前视定点 2.2.2 能进行地形图和纵横断面图测量的立尺(镜) 2.2.3 能现场绘制草图，进行放样点的点之记	2.2.1 施工放样的基本知识 2.2.2 角度、长度、高度的施工放样方法 2.2.3 地形图的内容与用途及图式符号的知识
3. 数据处理	3.1 数据检查	3.1.1 能进行图根导线外业观测数据的检查 3.1.2 能进行图根水准测量外业观测数据的检查	3.1.1 水平角测量、垂直角测量、距离测量、水准测量的记录规则 3.1.2 水平角测量、垂直角测量、距离测量、水准测量的观测限差要求
	3.2 数据整理	3.2.1 能进行图根导线外业观测数据的整理 3.2.2 能进行图根水准测量外业观测数据的整理	3.2.1 图根导线方位角闭合差限差要求 3.2.2 图根水准测量数据的测段小结和闭合差限差要求

续表

职业功能	工作内容	技能要求	相关知识要求
4. 仪器设备维护	4.1 仪器设备检校	4.1.1 能进行棱镜、钢卷尺、水准尺等仪器设备的检校 4.1.2 能进行电子计算器的电池拆装	4.1.1 棱镜、钢卷尺、水准尺等仪器设备的检校知识 4.1.2 常用电子计算器的种类
	4.2 仪器设备保养	4.2.1 能进行棱镜、钢卷尺、水准尺等仪器设备的日常维护 4.2.2 能进行电子计算器的保养	4.2.1 棱镜、钢卷尺、水准尺等仪器设备的日常维护知识 4.2.2 常用电子计算器的保养知识

3.2 四级/中级工

四级/中级工的技能要求和相关知识要求见附表 1-2。

附表 1-2 四级/中级工的技能要求和相关知识要求

职业功能	工作内容	技能要求	相关知识要求
1. 准备	1.1 资料准备	1.1.1 能根据工程需要，列出各种测图控制网所需资料的清单 1.1.2 能分析所收集资料的正确性及准确性	1.1.1 测量坐标系统、高程基准 1.1.2 平面、高程控制网的布网原则、测量方法及精度指标 1.1.3 大比例尺地形图的成图方法及成图精度指标
	1.2 仪器准备	1.2.1 能对全站仪主机进行测前检视 1.2.2 能对水准仪进行测前检视(含 i 角检验) 1.2.3 能对 GNSS 接收机及天线进行测前检视	1.2.1 常用测量仪器的基本结构、主要性能和精度指标 1.2.2 常用测量仪器的检视内容与步骤
2. 测量	2.1 控制测量	2.1.1 能进行一、二、三级导线测量的选点、埋石、观测、记录 2.1.2 能进行 GNSS 静态测量外业观测、记录 2.1.3 能进行 GNSS-RTK 测量 2.1.4 能进行三、四等水准测量的选点、埋石、观测、记录	2.1.1 测量误差的概念 2.1.2 导线、水准和光电测距测量的主要误差来源 2.1.3 GNSS 静态测量和 GNSS-RTK 测量知识 2.1.4 相应等级导线、水准测量记录要求与各项限差规定
	2.2 地形测量	2.2.1 能进行大比例尺地形图数据采集 2.2.2 能进行地形地物的综合取舍	2.2.1 大比例尺地形图测图的知识 2.2.2 地形测量原理及工作流程知识 2.2.3 地形图图式符号运用的知识 2.2.4 外业数据采集内容综合取舍的一般原则
	2.3 工程测量	2.3.1 能进行各类平面点位的放样 2.3.2 能进行不同高程位置的放样 2.3.3 能进行纵横断面图测量	2.3.1 平面点位测设方法 2.3.2 高程放样方法 2.3.3 纵横断面图测量方法

续表

职业功能	工作内容	技能要求	相关知识要求
3. 数据处理	3.1 数据整理	3.1.1 能进行一、二、三级导线观测数据的检查与资料整理 3.1.2 能进行三、四等水准观测数据的检查与资料整理 3.1.3 能进行一般地区大比例尺地形图数据的整理 3.1.4 能进行平面点位放样和高程位置放样的数据整理	3.1.1 等级导线测量成果计算和精度评定知识 3.1.2 等级水准路线测量成果计算和精度评定知识 3.1.3 大比例尺地形图的完整性与合理性 3.1.4 平面点位放样和高程位置放样的计算和限差检查知识
	3.2 计算	3.2.1 能进行单一导线、单一水准路线的平差计算与成果整理 3.2.2 能进行平面位置放样(主要是极坐标法放样)数据和高程放样数据计算	3.2.1 单一导线平差计算 3.2.2 单一水准路线平差计算
4. 仪器设备维护	4.1 仪器设备检校	4.1.1 能进行全站仪、GNSS接收机、水准仪等仪器设备的检校 4.1.2 能进行温度计、气压计的检校 4.1.3 能进行袖珍计算机的硬件连接	4.1.1 全站仪、GNSS接收机、水准仪等仪器设备的安全操作规程 4.1.2 温度计、气压计的读数方法 4.1.3 袖珍计算机的安全操作
	4.2 仪器设备保养	4.2.1 能进行全站仪、GNSS接收机、水准仪等仪器设备的日常保养 4.2.2 能进行温度计、气压计的日常保养 4.2.3 能进行袖珍计算机的日常保养	4.2.1 全站仪、GNSS接收机、水准仪等仪器设备的保养知识 4.2.2 温度计、气压计的维护知识 4.2.3 袖珍计算机的保养知识

3.3 三级/高级工

三级/高级工的技能要求和相关知识要求见附表1-3。

附表1-3 三级/高级工的技能要求和相关知识要求

职业功能	工作内容	技能要求	相关知识要求
1. 准备	1.1 资料准备	1.1.1 能根据工程需要,列出各种施工控制网所需资料的清单 1.1.2 能根据工程放样方法的要求准备放样数据	1.1.1 施工控制网的基本知识 1.1.2 工程测量控制网的布网方案、施测方法及主要技术要求 1.1.3 工程放样方法与数据准备

续表

职业功能	工作内容	技能要求	相关知识要求
1. 准备	1.2 仪器准备(根据不同专业方向选考两项)	1.2.1 能进行陀螺全站仪及配套设备的检视 1.2.2 能进行回声测深仪及配套设备的检视 1.2.3 能进行液体静力水准仪或激光铅垂仪及配套设备的检视 1.2.4 能进行管线探测仪器及配套设备的检视 1.2.5 能进行三维激光扫描仪及配套设备的检视 1.2.6 能进行测量机器人等精密设备的检视	1.2.1 陀螺全站仪、回声测深仪、液体静力水准仪、激光铅垂仪、管线探测仪、三维激光扫描仪、测量机器人等仪器设备的工作原理 1.2.2 陀螺全站仪、回声测深仪、液体静力水准仪、激光铅垂仪、管线探测仪、三维激光扫描仪、测量机器人等仪器设备的结构和检视知识
2. 测量	2.1 控制测量	2.1.1 能进行各类工程测量施工平面控制网的选点、埋石和观测、记录 2.1.2 能进行各种工程测量施工高程控制测量网的选点、埋石和观测、记录 2.1.3 能进行隧道和地下工程控制导线的选点、埋石和观测、记录 2.1.4 能进行竖井联系测量	2.1.1 测量误差产生的原因及其分类 2.1.2 水准、水平角、垂直角、电磁波测距等观测误差的减弱措施 2.1.3 GNSS测量误差来源及其减弱措施 2.1.4 工程测量细部放样网的布网原则、施测方法及主要技术要求 2.1.5 高程控制测量网的布设方案及测量知识 2.1.6 地下导线测量知识 2.1.7 竖井联系测量的方法 2.1.8 工程施工控制网观测的记录和限差要求
	2.2 地形测量	2.2.1 能进行大比例尺地形图测绘 2.2.2 能进行水下地形测绘	2.2.1 数字化成图的知识 2.2.2 水下地形测量的施测方法
	2.3 工程测量(根据不同专业方向选考两项)	2.3.1 能进行各类工程建(构)筑物方格网轴线测设、放样及规划改正的测量、记录 2.3.2 能进行各种线路工程中线的测设、验线和调整 2.3.3 能进行变形测量的观测、记录 2.3.4 能进行城市地下管线的外业探测、记录 2.3.5 能进行城市建设工程竣工规划的核实测量 2.3.6 能进行地质勘探工程测量 2.3.7 能进行贯通测量的施测和贯通误差的调整 2.3.8 能进行水工建筑物的施工放样	2.3.1 各类工程建(构)筑物方格网轴线测设及规划改正 2.3.2 各种线路工程测量知识 2.3.3 各种圆曲线、缓和曲线测设方法 2.3.4 变形观测的方法、精度要求和观测频率 2.3.5 城市地下管线测量的施测方法及主要操作流程 2.3.6 城市建设工程规划核实测量知识 2.3.7 地质勘探工程点、勘探线剖面以及物化探测量知识 2.3.8 地质勘探坑道测量知识 2.3.9 贯通测量知识及贯通误差概念 2.3.10 水利工程坝体施工测量及水工建筑物细部放样知识

续表

职业功能	工作内容	技能要求	相关知识要求
3. 数据处理	3.1 数据整理(根据不同专业方向选考两项)	3.1.1 能进行各类工程施工控制网原始观测数据的检查与整理 3.1.2 能进行各类工程施工控制网轴线测设、放样及规划改正测量成果的检查与整理 3.1.3 能进行各种线路工程中线的测设、验线和调整的检查与整理 3.1.4 能进行变形测量数据的检查与整理 3.1.5 能进行城市地下管线探测数据的检查与整理 3.1.6 能进行城市建设工程竣工规划核实测量数据的检查与整理 3.1.7 能进行地质勘探工程测量和贯通测量等测量的数据检查与整理	3.1.1 各类工程施工控制网相关知识 3.1.2 各种轴线、中线测设、调整测量的计算 3.1.3 变形测量数据记录和限差 3.1.4 城市地下管线探测数据记录和限差 3.1.5 城市建设工程竣工规划核实测量数据记录和限差 3.1.6 地质勘探工程测量和贯通测量数据记录和限差
	3.2 计算	3.2.1 能进行各种导线网、水准网的平差计算及精度评定 3.2.2 能进行轴线测设与细部放样数据的计算 3.2.3 能进行变形测量的数据处理	3.2.1 高斯投影的基本知识 3.2.2 衡量测量成果精度的指标 3.2.3 放样数据计算方法 3.2.4 变形测量数据处理的方法与步骤
4. 质量管理与技术指导	4.1 控制测量检验	4.1.1 能进行各等级导线、水准测量的观测、计算成果的检查 4.1.2 能进行各种工程施工控制网观测成果的检查	4.1.1 各等级导线、水准测量精度指标、质量要求和成果整理的知识 4.1.2 各种工程施工控制网观测成果的限差规定、质量要求
	4.2 地形测量检验	4.2.1 能进行大比例尺地形图测绘的检查 4.2.2 能进行水下地形测量的检查	4.2.1 地形图测绘的精度指标、质量要求 4.2.2 水下地形测量的精度指标、施测方法和检查方法
	4.3 工程测量检验	4.3.1 能进行各类工程细部点放样的数据检查与现场验测 4.3.2 能进行纵横断面图测绘的检查 4.3.3 能进行城市地下管线探测成果的检查	4.3.1 各类工程细部点放样验算方法和精度要求 4.3.2 纵横断面图测绘的精度指标、质量要求 4.3.3 城市地下管线探测技术规程、质量要求和检查方法
	4.4 技术指导	4.4.1 能在作业过程中指导初、中级工程测量员进行生产作业 4.4.2 能发现并纠正初、中级工程测量员在作业过程中的错误	4.4.1 技术指导的工作内容 4.4.2 技术指导的方法

续表

职业功能	工作内容	技能要求	相关知识要求
5. 仪器设备维护	5.1 仪器设备检校	5.1.1 能进行陀螺全站仪、回声测深仪、液体静力水准仪、激光铅垂仪、管线探测仪、三维激光扫描仪、测量机器人等设备的检校 5.1.2 能进行电子计算机的硬件连接 5.1.3 能进行各种电子仪器设备的常规操作及相互间的数据传输	5.1.1 陀螺全站仪、回声测深仪、液体静力水准仪、激光铅垂仪、管线探测仪、三维激光扫描仪、测量机器人等精密测绘仪器的性能、检校方法 5.1.2 电子计算机的操作知识 5.1.3 各种电子仪器的操作与数据传输知识
	5.2 仪器设备保养	5.2.1 能进行陀螺全站仪、回声测深仪、液体静力水准仪、激光铅垂仪、管线探测仪、三维激光扫描仪、测量机器人等设备的日常保养 5.2.2 能进行电子计算机的日常维护保养	5.2.1 陀螺全站仪、回声测深仪、液体静力水准仪、激光铅垂仪、管线探测仪、三维激光扫描仪、测量机器人等精密测绘仪器的保养常识 5.2.2 电子计算机的维护保养知识

3.4 二级/技师

二级/技师的技能要求和相关知识要求见附表1-4。

附表1-4 二级/技师的技能要求和相关知识要求

职业功能	工作内容	技能要求	相关知识要求
1. 准备	1.1 资料收集与分析	1.1.1 能根据所收集的相关等级控制点信息进行可利用和兼容性分析 1.1.2 能根据工程需要收集工程规划图、设计图和已有地形图资料并进行可使用分析	1.1.1 各等级控制点间相互关系及成果应用知识 1.1.2 地形图更新的要求 1.1.3 工程规划设计的基础知识
	1.2 方案编制(根据不同专业方向选考两项)	1.2.1 能根据工程特点编制各类工程测量控制网的施测方案 1.2.2 能按照实际需要编制变形观测方案 1.2.3 能根据现场条件编制竖井定向联系测量施测方案 1.2.4 能根据工程特点编制施工放样方案 1.2.5 能编制特种工程测量控制网施测方案	1.2.1 运用误差理论进行主要测量方法(GNSS测量、导线测量、水准测量等)的精度分析与估算 1.2.2 主要工程测量控制网精度的确定 1.2.3 变形观测方法与精度等级的确定 1.2.4 地下控制测量的特点、施测方法及精度设计知识 1.2.5 施工放样方法的精度分析及选择 1.2.6 特种工程测量控制网的布设与精度要求

续表

职业功能	工作内容	技能要求	相关知识要求
2. 测量	2.1 控制测量	2.1.1 能进行各等级测图控制网施测的协调与管理 2.1.2 能进行各等级施工控制网施测的协调与管理	2.1.1 工程控制网布设生产流程 2.1.2 工程控制网布设生产组织的知识
	2.2 地形测量	2.2.1 能进行大比例尺地形图的生产与组织 2.2.2 能进行大比例尺地形图施测的协调与管理 2.2.3 能进行水下地形测绘施测的协调与管理	2.2.1 地形测量生产组织的知识 2.2.2 地形测量管理的知识
	2.3 工程测量（根据不同专业方向选考两项）	2.3.1 能进行建筑工程建设中各阶段测量工作的协调与管理 2.3.2 能进行市政工程建设中各阶段测量工作的协调与管理 2.3.3 能进行水利工程建设中各阶段测量工作的协调与管理 2.3.4 能进行线路与桥隧建设中各阶段测量工作的协调与管理 2.3.5 能进行地下管线探测工作的协调与管理 2.3.6 能进行地质勘探测量工作的协调与管理 2.3.7 能进行其他各类精密工程测量工作的协调与管理 2.3.8 能进行城市建设工程规划核实测量工作的协调与管理 2.3.9 能进行特种工程测量施测的协调与管理	2.3.1 各类工程建设项目对测量工作的要求 2.3.2 工程建设各阶段测量工作内容的知识 2.3.3 工程测量项目管理知识
3. 数据处理	3.1 平差计算	3.1.1 能进行各种常规工程测量控制网的平差计算 3.1.2 能进行各种常规工程测量控制网平差结果的精度评定 3.1.3 能进行不同坐标系统之间的转换	3.1.1 各种测量控制网的平差计算 3.1.2 各种测量控制网精度评定的方法 3.1.3 坐标系统转换知识
	3.2 数据分析（根据不同专业方向选考两项）	3.2.1 能进行规划测量数据的分析比较 3.2.2 能进行变形测量数据成果的分析处理 3.2.3 能进行地质勘探测量成果分析	3.2.1 测量数理统计知识和统计图表 3.2.2 变形观测资料整编与成果计算的知识 3.2.3 勘探线端点与方格网交点距离计算方法及要求 3.2.4 勘探线上工程点偏离距、投影距的计算方法及要求

续表

职业功能	工作内容	技能要求	相关知识要求
4. 质量管理与技术指导	4.1 控制测量检查	4.1.1 能进行各种工程施工控制网测量成果的检查 4.1.2 能进行各种工程施工控制网测量成果的精度评定与资料整理	4.1.1 各等级 GNSS 网、导线网、水准网的质量检查验收标准 4.1.2 各种工程施工控制网的质量检查验收标准
	4.2 工程测量检查(根据不同专业方向选考两项)	4.2.1 能进行各种工程轴线(中线)测设的数据检查与现场验测 4.2.2 能进行城市建设工程规划核实测量成果的检查 4.2.3 能进行变形观测成果的检查 4.2.4 能进行地质勘探测量成果检查	4.2.1 各种工程轴线(中线)的检验方法和精度要求 4.2.2 城市建设工程规划核实测量的质量验收标准 4.2.3 变形观测成果的质量验收标准 4.2.4 地质勘探测量成果的质量验收标准
	4.3 技术指导与培训	4.3.1 能根据工程特点与难点对高级工程测量员进行具体的技术指导 4.3.2 能根据培训计划与内容进行技术培训的授课 4.3.3 能撰写本专业的技术报告 4.3.4 能及时了解并应用测绘新技术和新方法	4.3.1 技术指导与技术培训的基本知识 4.3.2 技术报告的撰写知识 4.3.3 测绘新技术、新方法的应用知识

3.5 一级/高级技师

一级/高级技师的技能要求和相关知识要求见附表 1-5。

附表 1-5 一级/高级技师的技能要求和相关知识要求

职业功能	工作内容	技能要求	相关知识要求
1. 准备	1.1 资料收集与分析	1.1.1 能根据工程项目特点列出技术设计所需的资料清单 1.1.2 能针对技术设计书的编制要求,进行所收集资料的可靠性和可利用性分析	1.1.1 工程测量技术管理的规定 1.1.2 坐标系统、高程基准和地形图等成果的历史沿革知识
	1.2 技术设计书编制(根据不同专业方向选考两项)	1.2.1 能根据测区情况和成图方法的不同要求编制各种比例尺地形图测绘的技术设计书 1.2.2 能根据工程的具体情况与工程要求编制变形观测的技术设计书 1.2.3 能编制精密工程测量的技术设计书 1.2.4 能根据工程项目特点编制其他工程测量的技术设计书	1.2.1 工程测量技术设计书编写的基本要求 1.2.2 工程测量技术设计书编写的主要内容

续表

职业功能	工作内容	技能要求	相关知识要求
2. 测量	2.1 控制测量	2.1.1 能根据规范和有关技术规定的要求对工程控制网测量中的疑难技术问题提出解决方案	2.1.1 控制测量规范及有关技术规定 2.1.2 工程控制网测量问题分析处理方法
	2.2 地形测量	2.2.1 能根据测区自然地理条件或工程建设要求对各种比例尺地形图的地物、地貌表示提出解决方案	2.2.1 地形图测绘的相关技术标准 2.2.2 地形图综合取舍处理的知识
	2.3 工程测量	2.3.1 能根据工程建设实际需要对工程测量中的技术问题提出解决方案	2.3.1 工程管理的基本知识 2.3.2 工程测量问题分析处理方法
3. 数据处理	3.1 平差计算	3.1.1 能进行CPⅢ测量控制网的平差计算 3.1.2 能进行其他精密工程控制网的平差计算	3.1.1 CPⅢ测量控制网的知识 3.1.2 平差计算处理方法
	3.2 数据分析	3.2.1 能进行工程测量控制网的精度估算与优化设计 3.2.2 能进行建筑物变形观测值的统计与分析	3.2.1 测量控制网精度估算与优化设计知识 3.2.2 建筑物变形观测值的统计与分析知识
4. 质量管理与技术指导	4.1 质量审核与验收(根据不同专业方向选考两项)	4.1.1 能进行各类工程测量成果的审核与验收 4.1.2 能进行各种成图方法与比例尺地形图测绘成果资料的审核与验收 4.1.3 能进行建筑物变形观测成果整编的审核与验收 4.1.4 能根据各类成果资料审核与验收的具体情况编写测量的质量技术报告	4.1.1 工程测量成果审核与验收技术规定 4.1.2 地形图测绘成果验收技术规定 4.1.3 建筑物变形观测成果资料验收技术规定 4.1.4 测量成果验收技术报告的编写知识
	4.2 技术指导与培训	4.2.1 能根据工程测量作业中遇到的疑难问题对其他等级工程测量员进行技术指导 4.2.2 能根据本单位实际情况制订技术培训规划并编写培训计划 4.2.3 能及时掌握测绘新技术和新方法,并能开展专题培训	4.2.1 制订技术培训规划的知识 4.2.2 技术指导方案的内容及编写方法 4.2.3 测绘新技术、新方法

4 权重表

4.1 理论知识权重表

理论知识权重见附表1-6。

附表 1-6 理论知识权重表

项目		五级/初级工(%)	四级/中级工(%)	三级/高级工(%)	二级/技师(%)	一级/高级技师(%)
基本要求	职业道德	5	5	5	5	5
	基础知识	25	20	15	10	5
相关知识要求	准备	15	15	10	15	20
	测量	35	35	30	15	15
	数据处理	5	10	15	20	15
	质量管理与技术指导	—	—	20	35	40
	仪器设备维护	15	15	5	—	—
合计		100	100	100	100	100

4.2 技能要求权重表

技能要求权重见附表 1-7。

附表 1-7 技能要求权重表

项目		五级/初级工(%)	四级/中级工(%)	三级/高级工(%)	二级/技师(%)	一级/高级技师(%)
技能要求	准备	20	10	10	15	20
	测量	55	60	50	30	20
	数据处理	10	15	20	25	30
	质量管理与技术指导	—	—	15	30	30
	仪器设备维护	15	15	5	—	—
合计		100	100	100	100	100

5 附录

GNSS、RTK 的中英文对照见附表 1-8。

附表 1-8 中英文对照

名称(英文缩写)	英 文 全 称	中 文 全 称
GNSS	Global Navigation Satellite System	全球导航卫星系统
RTK	Real Time Kinematic	实时动态载波相位差分技术

附录2 《工程测量员》职业技能鉴定

《中华人民共和国劳动法》第八章第六十九条规定："国家确定职业分类，对规定的职业制定职业技能标准，实行职业资格证书制度，由经备案的考核鉴定机构负责对劳动者实施技能考核鉴定。"职业资格证书制度是劳动就业制度的一项重要内容，也是一种特殊形式的国家考试制度。它是指按照国家制定的职业技能标准或任职资格条件，通过政府认定的考核鉴定机构，对劳动者的技能水平或职业资格进行客观公正、科学规范的评价和鉴定，对合格者授予相应的国家职业资格证书。目前按照国家现行职业标准，工程测量员职业等级分为初级、中级、高级、技师、高级技师5个级别。

《中华人民共和国劳动法》和《中华人民共和国职业教育法》明确规定了国家推行职业资格证书制度和开展职业技能鉴定的目的与法律依据。考核合格后颁发由国家人力资源和社会保障部、自然资源部职业技能鉴定指导中心联合发放的《工程测量员》职业资格证书。

工程测量员职业技能鉴定内容分为理论知识和操作技能考核两部分，理论知识考试采用书面闭卷形式进行，操作考核含水准仪和经纬仪两个单项，三项满分均为100分，全部达到60分以上才算通过，可以颁发资格证书。

一、水准仪操作考核

（一）水准测量考核试题

1. 试题名称

水准观测（包括记录与计算）。要求改变仪器高度观测两次，观测顺序为后—后—前—前（黑—红—黑—红），黑面三丝读数。

2. 时间要求

水准观测考核总时间为25min。其中准备时间5min，观测时间15min，从开箱开始计时，至观测结束为止，仪器整理装箱不计算时间；计算时间5min，观测结束时间即为计算开始时间，至上交表格为止。

3. 场地布置

如附图2-1所示，现场给定两个水准点TP1、TP2，两点相距约120m。TP1、TP2点可以是两个尺垫；也可以是一个固定点，一个尺垫。场地为长度超过120m的空地，也可以是长度超过150m的无车辆和行人往来的硬质路面。

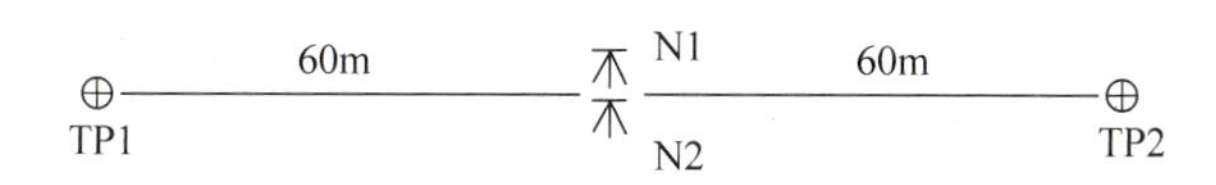

附图 2-1 场地布置图

4. 所需器材及物品准备

所需器材及物品准备如附表 2-1 所示。

附表 2-1 所需器材及物品准备

序号	名称	规格	单位	数量	备注
1	DS3 水准仪		套/组	1	尽量不用自动安平水准仪
2	水准仪脚架		副/组	1	
3	标尺	2m、3m 均可	对/组	1	尽量不用塔尺
4	尺垫	3kg 以上	个/组	2	
5	记录板	A4 以上	个/组	2	记录员、考评员各一
6	答题卷	A4	份/人	1	观测数据记录、计算
7	评分表	A4	份/人	1	考评员使用
8	计时器		个/组	1	考评员使用
9	秩序牌	大小如代表证	个/组	4	号码分别为 1、2、3、4

5. 考核过程与要求

考核时四人一组，一人观测、一人记录、两人立尺，要求观测者独立完成观测操作，记录者独立完成计算。考核主要过程与要求如下。

(1) 考试准备 5min(不计入考核时间)，1 号考生检查仪器，2 号考生领取记录表格，3、4 号考生检查标尺。

(2) 考评员发出开始操作指令后，观测者开始操作，要完成开箱、取仪器、安置仪器、观测、装箱等整个流程；记录者记录下考评员所报的开始观测时间，完成记录、计算；立尺者按要求立好标尺并按观测者指示转动标尺。

(3) 操作要求是：观测者选择中间点，安置仪器、瞄准、读数，观测顺序是后—后—前—前(黑—红—黑—红)，黑面要求三丝读数；改变仪器高度(两次高度至少差 10cm)，按前述要求再操作一遍。

(4) 观测者大声、流利地读出观测数据，记录者要复读一遍，确定无误后计入记录表格，发现数据超限要及时提醒观测者，但不能指导或帮助操作者。

(5) 立尺者要把标尺立直、立稳，并按观测者指示转动标尺。

(6) 观测者完成观测后，报告考评员，并确保水准仪望远镜照准最后一个目标的状态不变，经考评员检查照准目标、读数并同意后，方可将仪器从脚架上卸下并整理装箱，收好脚架。

(7) 记录者记录考评员所报的观测结束时间，开始进行计算，完成计算后报告考评员，记录好考评员所报的计算结束时间，然后上交记录表格。

(8) 记录者与观测者互换，从第 1 步开始考核。1、2 号考生完成观测、记录计算后，3、4 号考生进行观测、记录计算，1、2 号考生改为立尺。换人观测前，将其中一个尺垫移动 3m。

6. 否定项说明

若考生发生下列情况之一,则应及时终止其考试:

(1) 观测中严重损坏仪器(不能现场修复)或丢失仪器(包括附件)的;

(2) 规定的考核时间已用完,而没有完成观测内容的;

(3) 记录中使用铅笔的硬度不是2H以上的;

(4) 记录中拒绝回报观测者所读数据的;

(5) 记录中没有即时发现测站成果超限而通知迁站的;

(6) 记录使用橡皮擦或伪造成果的;

(7) 立尺根本不能把标尺立竖直,或者碰动尺垫的。

(二) 水准测量考核评分标准

1. 五级考核内容及评分标准

五级考核内容及评分标准如附表2-2所示。

附表2-2 五级考核内容及评分标准

序号	考核内容		配分	评分标准
1	仪器安置 15分	拿取仪器	3	开箱没有注意仪器安全、没有用双手拿仪器或对竖轴保护不够,扣3分
		仪器姿态	4	脚架高度与观测者不相适应扣1分,脚架腿安置方向不规范或影响观测者站位扣1分,影响仪器安全扣4分
		粗平	4	未拧紧中心螺旋扣2分,脚架头过度倾斜、粗平时过度旋转脚螺旋扣2分
		其他	4	测站点明显不满足水准测量要求扣2分,两次仪器高的差值未超过10cm扣2分
2	操作程序 15分	目镜调焦	3	目镜调焦不清晰、后前方向或读数中间反复进行目镜调焦,1次扣1分
		目标照准	4	不能正确使用粗瞄准器扣1分,粗瞄后没有立即制动螺旋扣1分,在瞄准同一目标后反复进行物镜调焦扣1分,物镜调焦不清晰扣1分
		精平	4	中丝读数前没有进行管水准器精平或补偿器按钮检查操作扣4分,管水准器气泡明显错开扣3分
		读数	4	不能清晰、流利地读出读数,1次扣1分;读数顺序错误,1次扣1分
3	熟练程度 15分	观测时间	15	10分钟内完成观测得15分。以10分钟为基准,每超过1分钟扣2分,超过5分钟停止观测,考核不通过
4	成果质量 20分	前后视距差	5	前后视距差超过5m扣5分
		基辅读数差	5	黑红面读数差超过3mm扣5分
		基辅读数差之差	5	后视、前视基辅读数差的差值超过5mm扣5分
		高差之差	5	两次观测高差的差值超过5mm但不超过10mm扣5分,超过10mm考核不通过

续表

序号	考核内容		配分	评分标准
5	记录计算 20分	记录规范、齐全	5	记录有缺项、记录前未复读、不按规定划改等,1次扣1分;连环涂改、擦、刮,1次扣5分
		及时检核提醒	5	观测超限未及时发现并提醒、指导或帮助操作者观测,1次扣5分;伪造成果的取消考试资格
		计算准确	5	计算错误、均值取位错误,1处扣1分,连环计算错误按1处计;未完成计算扣5分
		计算时间	5	5min内完成计算得5分,每超1min扣1分;超过10min停止计算
6	仪器维护 10分	仪器维护	6	脚踢或坐仪器箱扣2分,仪器箱未盖扣2分,使用方法不当造成仪器或附件故障扣2分
		仪器装箱	4	仪器装箱时未先打开仪器箱盖扣1分,装箱前没有进行螺旋归位扣1分,仪器不能顺利按正确位置放入仪器箱扣1分,不能平稳关好箱盖扣1分
7	立尺 5分	立尺	5	标尺未立直、立稳扣2分,立尺错误或未按观测者指示及时转动标尺扣3分

2. 四级考核内容及评分标准

四级考核内容及评分标准如附表2-3所示。

附表2-3 四级考核内容及评分标准

序号	考核内容	配分	评分标准
1	观测时间	30	总观测时间为15min,每超1min扣3分;总观测时间超过25min,即停止观测,此项得分为零;超时未完成整个观测,按已完成测站数的比例计分
2	操作程序	20	观测操作方法、顺序正确满分20分,每错1处扣2分
3	测站限差	15	视距差3m,视距累计差7m,1m内扣15分,超过1m应返工重测。红黑面读数差3mm,红黑面高差之差4mm,超限返工重测,时间连续计算
4	闭合差	15	路线闭合差限差为±20mm,闭合差7mm内得满分,8～13mm得10分,14～20mm得8分,闭合差超限应予以重测,时间连续计算
5	记录计算	20	观测结束后,须在5min内完成闭合差计算。超过1min扣2分,超过10min停止计算。高差及闭合差计算错误扣2分,表头每空1处扣2分。记录每错1处扣2分。连环涂改、就字改字、擦、刮的每1处扣10分。测站观测超限未及时发现,造成返工的扣10分。伪造成果的,则取消考试资格

(三)考核注意事项

为了提高水准仪操作技能成绩,保证鉴定考核工作顺利进行,考生在考核前应充分了解考核要求、主动准备好相关仪器工具；考核结束后要立即整理所用的仪器工具，归还至指定位置并摆放整齐。考核过程中还应特别注意以下事项。

1. 观测员注意事项

(1) 安置仪器时，使两架腿连线与路线方向平行，可避免出现“骑马”观测现象；

(2) 读数前必须仔细调焦，消除视差；

(3) 读数时，手不能压在水准仪和脚架上；

(4) 观测过程中，若发现气泡不居中，应该立即整平仪器，重新开始本测站观测；

(5) 迁站前需先征求记录员的意见，测站观测若有超限不得迁站；

(6) 迁站时水准仪不必装箱，可连同脚架一起竖直搬运；

2. 记录员注意事项

(1) 分配好各测站的前、后尺，在记录表中填上尺常数；

(2) 观测过程中，应及时计算每一站的各项限差，若有超限，应提醒观测员重测；

(3) 记录数据要规范，不得出现“连环涂改、就字改字、擦、刮”等现象；

(4) 观测数据厘米、毫米位不得改动，各项计算要保证不出错；

(5) 考核完毕后应及时将记录表格上交给考评老师；

3. 立尺员注意事项

(1) 观测过程中，水准尺不得随意挪动，以免影响观测员读数；

(2) 水准尺一定要竖立在测量点位上，并保证竖直。

二、经纬仪/全站仪操作考核

(一) 角度测量考核试题

1. 试题名称

水平角观测(包括记录与计算)。五级要求采用测回法观测，三方向、一测回；四级要求观测三方向、二测回、归零。

2. 时间要求

考核总时间为 30min。其中准备时间 5min，观测时间 20min，从开箱开始计时，至观测结束为止，仪器整理装箱不计算时间；计算时间 5min，观测结束时间即为计算开始时间，至上交表格为止。

3. 场地布置

现场给定一个控制点 P、三个方向目标 A、B、C。控制点标志可以是标注在 10cm 见方的瓷砖上面的十字丝，三个方向目标选在距 P 点前方 30～50m、通视条件好、可以粘贴十字丝标志的墙壁或灯杆等。

4. 所需器材及物品准备

所需器材及物品准备如附表 2-4 所示。

附表 2-4 所需器材及物品准备

序号	名称	规格	单位	数量	备注
1	DJ6 经纬仪/全站仪		套/组	1	
2	经纬仪脚架		副/组	1	
3	瓷砖		块/组	1	10cm 见方
4	标签		张/组	4	标签上画上十字丝
5	记录板	A4 以上	个/组	2	记录员、考评员各一个
6	答题卷	A4	份/人	1	观测数据记录、计算
7	评分表	A4	份/人	1	考评员使用
8	计时器		个/组	1	考评员使用

5. 主要过程与要求

考核时两人一组，一人观测、一人记录。观测者在 P 点安置经纬仪，采用方向观测法分别观测 A、B、C 三个目标并读数；记录者负责记录、计算。要求观测者独立完成观测操作，记录者独立完成计算。考核主要过程与要求如下。

(1) 考试准备 5min(不计入考核时间)，观测者检查仪器，记录者领取记录表格。考评员发出开始考核指令后，操作者开始操作，同时记录者记录考评员所报的观测开始时间。

(2) 观测者安置好仪器后，报告考评员，考评员检查仪器对中整平结果后，观测者继续操作。

(3) 观测要求：望远镜盘左位置照准起始目标 A，配置度盘读数为 $0°2'12''$附近，按规定完成各目标的照准、读数。

记录要求：观测者读数后，记录者要复读一遍，确定无误后计入记录表格，发现数据超限要提醒操作者，但不能指导或帮助操作者。

(4) 测者完成观测后，报告考评员，并确保经纬仪望远镜照准最后一个目标的状态不变，经考评员检查照准目标、读数并同意后，方可将仪器从脚架上卸下并整理装箱，收好脚架。

(5) 记录者记录考评员所报的观测结束时间，开始进行计算，完成计算后报告考评员，记录好考评员所报的计算结束时间，然后上交记录表格。

(6) 记录者与观测者互换，从第 1 步开始考核。换人观测前，将贴标签的瓷砖移动 30cm。

6. 否定项说明

若考生发生下列情况之一，则应及时终止其考试：

(1) 观测中严重损坏仪器(不能现场修复)或丢失仪器(包括附件)的；

(2) 规定的考核时间已用完，而没有完成观测内容的；

(3) 记录中使用铅笔的硬度不是 2H 以上的；

(4) 记录中拒绝回报观测者所读数据的；

(5) 记录使用橡皮擦或伪造成果的。

(二) 角度测量考核内容及评分标准

1. 五级考核内容及评分标准

五级考核内容及评分标准如附表 2-5 所示。

附表 2-5　五级考核内容及评分标准

序号	考核内容		配分	评分标准
1	仪器安置 10分	光学对点器调焦	2	对点器的圆圈标志和测站点十字丝影像要清晰，圆圈标志模糊、影像模糊各扣1分
		对中整平	2	对中误差超过3mm扣1分，管水准器气泡偏离超过2个分划扣1分
		仪器姿态	2	脚架高度与观测者不相适应扣1分，脚架腿安置方向不规范或影响观测者站位扣1分，影响仪器安全扣2分
		安置时间	4	5min内完成对中整平，每超过1min扣1分
2	操作程序 20分	度盘配置	4	起始方向配置度盘读数为0°02′12″附近得2分，未配置度盘或超过10′扣2分；度盘盖未关闭扣2分
		观测顺序	4	盘左顺时针旋转照准部，盘右逆时针，出错1次扣1分
		望远镜调焦	4	望远镜的十字丝、目标影像要清晰，目镜未调焦十字丝不清晰扣1分，物镜未调焦目标影像不清晰1次扣1分
		照准	4	粗瞄会使用望远镜上的粗瞄准器，使用微动螺旋精确照准要用旋进方向，操作错误1次扣1分
		读数	4	不能清晰、流利地读出度盘读数，1次扣1分
3	熟练程度 20分	观测时间	20	15min内(含仪器安置)完成观测得20分；以15min为基准，每超过1min扣2分，超过5min停止观测，考核不通过
4	成果质量 20分	半测回差	20	半测回差限差为40″，误差在15″内得20分，16″～30″内扣5分，31″～40″内扣10分，超限考核不通过
5	记录计算 20分	记录规范、齐全	5	记录有缺项、记录前未复读、不按规定划改等，1次扣1分；连环涂改、擦、刮的，1次扣5分
		及时检核	5	观测超限未及时发现并提醒、指导或帮助操作者观测，1次扣5分；伪造成果的取消考试资格
		计算准确	5	计算错误、均值取位错误，1处扣1分，连环计算错误按1处计；未完成计算的该项不得分
		计算时间	5	5min内完成计算得5分。以5min为基准，每超1min扣1分，超过5min停止计算
6	仪器维护 10分	仪器维护	6	脚踢或坐仪器箱扣2分，仪器箱未盖扣2分，使用方法不当造成仪器或附件故障扣2分
		仪器装箱	4	仪器装箱时未先打开仪器箱盖扣1分，装箱前没有进行螺旋归位扣1分，仪器不能顺利按正确位置放入仪器箱扣1分，不能平稳关好箱盖扣1分

2. 四级考核内容及评分标准

四级考核内容及评分标准如附表2-6所示。

附表 2-6　四级考核内容及评分标准

序号	考核内容	配分	评分标准
1	安平对中	10	5min内完成得满分，每超过1min扣2分，超过10min停止观测
2	观测时间	20	15min之内(含安平对中)得满分，每超过1min扣2分。第一测回超过20min或总时间超过25min，即停止观测

续表

序号	考核内容	配分	评分标准
3	操作程序	10	观测操作方法、程序正确满分10分。发生1次错误扣2分。
4	归零差	20	半测回归零差满分20分，限差18″，9″内得满分，9″～14″得15分，15″～18″内得10分，超限的应予以重测（安平对中可不做），观测时间连续计算
5	测回较差	20	同一方向值各测回较差满分20分，限差24″，12″内得满分，13″～18″得15分，19″～24″内得10分，超限的应予以重测（安平对中可不做），观测时间连续计算
6	记录计算	20	观测结束后，须在5min内完成计算。每超过1min扣2分。超过10min停止计算。表头每空1处扣2分，记录每错1处扣2分，连环涂改、就字改字、擦、刮的每1处扣10分。测站限差超限未及时发现，造成返工的扣10分。伪造成果的取消考试资格

（三）注意事项

为了提高经纬仪操作技能成绩，保证鉴定考核工作顺利进行，考生在考核前应充分了解考核要求，主动准备好相关仪器工具；考核结束后要立即整理所用的仪器工具，归还至指定位置并摆放整齐。考核过程中还应特别注意以下事项。

1. 观测员注意事项

（1）观测前确认好目标点的位置，特别是起始方向；

（2）目标点越近，对中和瞄准的精度要求越高；

（3）瞄准目标时一定要消除视差；

（4）观测时精度第一，速度第二；

（5）配合记录员，报读目标点及其方向值；

（6）归零差超限时，必须重新观测。

2. 记录员注意事项

（1）观测员报读目标点及其方向值时，要回读，确定无误后再记录；

（2）及时计算归零差，若超限，应提醒观测员重测；

（3）记录数据要规范，度分秒单位可不填写，不得出现“连环涂改、就字改字、擦、刮”等现象；

（4）记录时观测数据秒值不得改动，要保证各项计算不出错；

（5）考核完毕后及时将记录表格上交给考评老师。

附录 3 理论知识模拟试卷

中级理论知识模拟试卷

一、单项选择题(第 1 题～第 80 题。选择一个最合适的答案,将相应的字母填入题内的括号中。每题 1 分,满分 80 分。)

1. 绝对高程是地面点到(　　)的铅垂距离。

A. 坐标原点　　B. 大地水准面　　C. 任意水准面　　D. 赤道面

2. 用水准仪望远镜在标尺上读数时,应首先消除视差。产生视差的原因是(　　)。

A. 外界亮度不够　　B. 标尺不稳

C. 标尺的成像面与十字丝平面没能重合　　D. 十字丝模糊

3. 以下(　　)是导线测量中必须进行的外业工作。

A. 测水平角　　B. 测竖角　　C. 测气压　　D. 测垂直角

4. 下列关于等高线的叙述中,错误的是(　　)。

A. 所有高程相等的点在同一等高线上

B. 等高线必定是闭合曲线,即使本幅图没有闭合,则在相邻的图幅闭合

C. 等高线不能分叉、相交或合并

D. 等高线经过山脊与山脊线正交

5. 导线最好应布设成(　　)。

A. 附合导线　　B. 闭合水准路线　　C. 支水准路线　　D. 其他路线

6. 在进行高程控制测量时,对于地势比较平坦地区且精度要求高时,一般采用(　　)。

A. 水准测量　　B. 视距测量

C. 三角高程测量　　D. 气压测量

7. 在进行高程控制测量时,对于地势起伏较大的山区且精度要求低时,一般采用(　　)。

A. 水准测量　　B. 视距测量

C. 三角高程测量　　D. 气压测量

8. 以真子午线北端作为基本方向顺时针量至直线的夹角称为该直线的(　　)。

A. 坐标方位角　　B. 子午线收敛角　　C. 磁方位角　　D. 真方位角

9. 下列所列各种点,(　　)属于平面控制点。

A. 导线点　　B. 水准点

C. 自画点　　D. 三角高程点

10. 下列所列各种点，(　　)属于高程控制点。

A. 三角点　　B. 水准点　　C. 导线点　　D. 自画点

11. 测量工作的基准线是(　　)。

A. 曲线　　B. 线段　　C. 铅垂线　　D. 直线

12. 野外测量工作的基准面是(　　)。

A. 大地水准面　　B. 任意水准面　　C. 赤道面　　D. 坐标原点

13. 三等水准测量采用(　　)的观测顺序可以减弱仪器下沉的影响。

A. 前—后—前—后　　B. 前—前—后—后

C. 前—后—后—前　　D. 后—前—前—后

14. 经纬仪与水准仪十字丝分划板上丝和下丝的作用是(　　)。

A. 美观　　B. 测量视距　　C. 保证平行　　D. 瞄准

15. 水准测量中，转点 TP 的主要作用是(　　)。

A. 休息　　B. 传递高程　　C. 垫高尺子　　D. 固定点位

16. 等高线应与山脊线及山谷线(　　)。

A. 呈 45°　　B. 一致　　C. 平行　　D. 垂直

17. 测图比例尺越大，表示地表现状越(　　)。

A. 简单　　B. 复杂　　C. 详细　　D. 简洁

18. 相对高程是地面点到(　　)的垂直距离。

A. 大地水准面　　B. 假定大地水准面　　C. 任意水准面　　D. 赤道面

19. 权与中误差的平方成(　　)。

A. 正比　　B. 反比　　C. 一致　　D. 相反

20. 在球面上用地理坐标表示点的平面坐标时，地面点的位置通常用(　　)表示。

A. 方向　　B. 时区　　C. 经纬度　　D. 坐标

21. 将地面点由球面坐标系统转变到平面坐标系统的变换称为(　　)。

A. 放大　　B. 缩小　　C. 球面投影　　D. 地图投影

22. 直线定向是确定一条直线与标准方向间(　　)关系的工作。

A. 直线　　B. 曲线　　C. 角度　　D. 坐标

23. 经纬仪测回法测量垂直角时，盘左和盘右读数的理论关系是(　　)。

A. 两者差为零　　B. 两者和为 360°

C. 两者差为 180°　　D. 两者和为 180°

24. 高斯投影属于(　　)。

A. 等面积投影　　B. 等距离投影　　C. 等角投影　　D. 等长度投影

25. 目镜调焦的目的是(　　)。

A. 看清十字丝　　B. 看清物像　　C. 消除视差　　D. 以上都不对

26. 已知 A 点高程为 62.118m，水准仪观测 A 点标尺的读数为 1.345m，则仪器视线高程为(　　)。

A. 60.773　　B. 63.463　　C. 62.118　　D. 62.000

27. 坐标方位角的取值范围为(　　)。

A. 0°～270°　　B. －90°～＋90°

C. 0°～360°　　D. －180°～＋180°

28. 导线测量角度闭合差的调整方法是(　　)。

A. 反号按角度个数平均分配　　B. 反号按角度大小比例分配

C. 反号按边数平均分配　　D. 反号按边长比例分配

29. 三角高程测量中,采用对向观测可以消除(　　)的影响。

A. 视差　　B. 视准轴误差

C. 地球曲率差和大气折光差　　D. 水平度盘分划误差

30. 同一幅地形图内,等高线平距越大,表示(　　)。

A. 等高距越大　　B. 地面坡度越陡

C. 等高距越小　　D. 地面坡度越缓

31. 施工放样的基本工作包括测设(　　)。

A. 水平角、水平距离与高程　　B. 水平角与水平距离

C. 水平角与高程　　D. 水平距离与高程

32. 沉降观测宜采用(　　)方法。

A. 三角高程测量　　B. 水准测量或三角高程测量

C. 水准测量　　D. 等外水准测量

33. 在(　　)为半径的圆面积之内进行平面坐标测量时,可以用过测区中心点的切平面代替大地水准面,而不必考虑地球曲率对距离的投影。

A. 100km　　B. 50km　　C. 25km　　D. 10km

34. 水平角观测时,各测回间改变零方向度盘位置是为了削弱(　　)误差的影响。

A. 视准轴　　B. 横轴　　C. 指标差　　D. 度盘分划

35. 衡量导线测量精度的指标是(　　)。

A. 坐标增量闭合差　　B. 导线全长闭合差

C. 导线全长相对闭合差　　D. 以上都不对

36. 高差与水平距离之(　　)为坡度。

A. 和　　B. 差　　C. 比　　D. 积

37. 经纬仪测量水平角时,正倒镜瞄准同一方向所读的水平方向值理论上应相差(　　)。

A. 180°　　B. 0°　　C. 90°　　D. 270°

38. 1∶5000 地形图的比例尺精度是(　　)。

A. 5m　　B. 0.1mm　　C. 5cm　　D. 50cm

39. 以下不属于基本测量工作范畴的一项是(　　)测量。

A. 高差　　B. 距离　　C. 导线　　D. 角度

40. 对某一量进行观测后得到一组观测值,则该量的最或是值为这组观测值的(　　)。

A. 最大值　　B. 最小值　　C. 算术平均值　　D. 中间值

41. 闭合水准路线高差闭合差的理论值为(　　)。

A. 总为 0　　B. 与路线形状有关

C. 为一不等于 0 的常数　　D. 由路线中任两点确定

42. 用经纬仪测水平角和竖直角,一般采用正倒镜方法,下面(　　)误差不能用正倒镜

法消除。

A. 视准轴不垂直于横轴　　B. 竖盘指标差
C. 横轴不水平　　D. 竖轴不竖直

43. 下列关于控制网的叙述错误的是(　　)。

A. 国家控制网从高级到低级布设
B. 国家控制网按精度可分为 A、B、C、D、E 五级
C. 国家控制网分为平面控制网和高程控制网
D. 直接为测图目的建立的控制网称为图根控制网

44. 下面关于高斯投影的说法正确的是(　　)。

A. 中央子午线投影为直线,且投影的长度无变形
B. 离中央子午线越远,投影变形越小
C. 经纬线投影后长度无变形
D. 高斯投影为等面积投影

45. 根据工程设计图纸上待建建筑物的相关参数,将其在实地标定出来的工作是(　　)。

A. 导线测量　　B. 测设
C. 图根控制测量　　D. 采区测量

46. 已知某直线的方位角为 160°,则其象限角为(　　)。

A. 20°　　B. 160°　　C. 南东 20°　　D. 南西 110°

47. 系统误差具有的特点为(　　)。

A. 偶然性　　B. 统计性　　C. 累积性　　D. 抵偿性

48. 任意两点之间的高差与起算水准面的关系是(　　)。

A. 不随起算面变化　　B. 随起算面变化
C. 总等于绝对高程　　D. 无法确定

49. 经纬仪不能直接用于测量(　　)。

A. 点的坐标　　B. 水平角　　C. 垂直角　　D. 视距

50. 用水准测量法测定 A、B 两点的高差,从 A 到 B 共设了两个测站,第一测站后尺中丝读数为 1234,前尺中丝读数为 1470;第二测站后尺中丝读数为 1430,前尺中丝读数为 0728,则高差为(　　)m。

A. −0.938　　B. −0.466　　C. 0.466　　D. 0.938

51. 用水准仪进行水准测量时,要求尽量使前后视距相等,是为了(　　)。

A. 消除或减弱水准管轴不垂直于仪器旋转轴误差的影响
B. 消除或减弱仪器升沉误差的影响
C. 消除或减弱标尺分划误差的影响
D. 消除或减弱仪器水准管轴不平行于视准轴的误差影响

52. 某地图的比例尺为 1∶1000,则图上 6.82cm 代表实地距离为(　　)。

A. 6.82m　　B. 68.2m　　C. 682m　　D. 6.82cm

53. 测量地物、地貌特征点并进行绘图的工作通常称为(　　)测量。

A. 控制　　B. 水准　　C. 导线　　D. 碎部

54. 一组测量值的中误差越小，表明测量精度越(　　)。

A. 高　　B. 低

C. 精度与中误差没有关系　　D. 无法确定

55. 在地图上，地貌通常是用(　　)来表示的。

A. 高程值　　B. 等高线　　C. 任意直线　　D. 地貌符号

56. 将地面上各种地物的平面位置按一定比例尺用规定的符号缩绘在图纸上，这种图称为(　　)。

A. 地图　　B. 地形图　　C. 平面图　　D. 断面图

57. 由一条线段的边长、方位角和一点坐标计算另一点坐标的计算称为(　　)。

A. 坐标正算　　B. 坐标反算　　C. 导线计算　　D. 水准计算

58. 水准测量时对一端水准尺进行测量的正确操作步骤是(　　)。

A. 对中　整平　瞄准　读数　　B. 整平　瞄准　读数　精平

C. 粗平　精平　瞄准　读数　　D. 粗平　瞄准　精平　读数

59. 通常所说的海拔高指的是点的(　　)。

A. 相对高程　　B. 高差　　C. 高度　　D. 绝对高程

60. 水平角测量通常采用测回法进行，取符合限差要求的上下单测回平均值作为最终角度测量值，这一操作可以消除的误差是(　　)。

A. 对中误差　　B. 整平误差　　C. 视准误差　　D. 读数误差

61. 角度测量读数时的估读误差属于(　　)。

A. 中误差　　B. 系统误差　　C. 偶然误差　　D. 相对误差

62. 经纬仪对中和整平操作的关系是(　　)。

A. 互相影响，应反复进行　　B. 先对中，后整平，不能反复进行

C. 相互独立进行，没有影响　　D. 先整平，后对中，不能反复进行

63. 大地水准面是通过(　　)的水准面。

A. 赤道　　B. 地球椭球面　　C. 平均海水面　　D. 中央子午线

64. 用经纬仪观测水平角时，尽量照准目标的底部，其目的是消除(　　)误差对测角的影响。

A. 对中　　B. 照准　　C. 目标偏心　　D. 整平

65. 以下(　　)是经纬仪导线测量中必须进行的外业工作。

A. 测水平角　　B. 测高差　　C. 测气压　　D. 测垂直角

66. 附图 3-1 为某地形图的一部分，三条等高线所表示的高程如图所示，A 点位于 MN 的连线上，点 A 到点 M 和点 N 的图上水平距离为 $MA=3\text{mm}$，$NA=2\text{mm}$，则 A 点高程为(　　)。

A. 36.4m　　B. 36.6m

C. 37.4m　　D. 37.6m

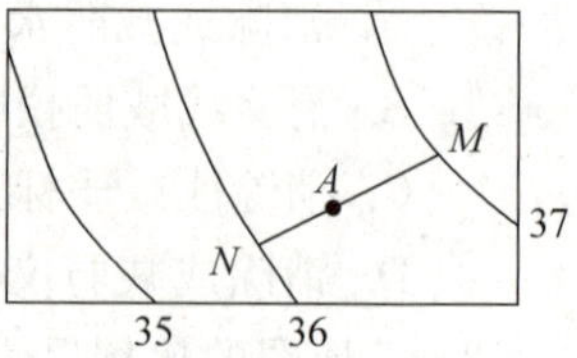

附图 3-1　66 题图

67. 1∶1000 地形图的比例尺精度是(　　)。

A. 1m　　B. 1cm　　C. 10cm　　D. 0.1mm

68. 下面关于铅垂线的叙述正确的是(　　)。

A. 铅垂线总是垂直于大地水准面　　B. 铅垂线总是指向地球中心

C. 铅垂线总是互相平行　　D. 铅垂线就是椭球的法线

69. 以下测量中不需要进行对中操作的是(　　)。

A. 水平角测量　　B. 水准测量　　C. 垂直角测量　　D. 三角高程测量

70. 某多边形内角和为1260°,那么此多边形为(　　)。

A. 六边形　　B. 七边形　　C. 八边形　　D. 九边形

71. 视距测量中,上丝读数为3.076m,下丝读数为2.826m,则距离为(　　)。

A. 25m　　B. 50m　　C. 75m　　D. 100m

72. 采用DS3型水准仪进行三等以下水准控制测量,水准管轴与视准轴的夹角不得大于(　　)。

A. 12″　　B. 15″　　C. 20″　　D. 24″

73. 水准仪最主要的功能是测量(　　)。

A. 角度　　B. 距离　　C. 高差　　D. 以上都对

74. 经纬仪最主要的功能是测量(　　)。

A. 角度　　B. 距离　　C. 高差　　D. 以上都对

75. DS3型水准仪表示该仪器每千米往返测高差所得平均高差的中误差为(　　)mm。

A. 1　　B. 2　　C. 3　　D. 6

76. DS3型水准仪的水准管分划值为(　　)。

A. 10″/2mm　　B. 20″/4mm　　C. 20″/2mm　　D. 20″/4mm

77. DJ6型经纬仪表示该仪器一测回方向观测中误差为(　　)。

A. 3″　　B. 6″　　C. 9″　　D. 12″

78. 分别在两个已知点向未知点观测,测量两个水平角后计算未知点坐标的方法是(　　)。

A. 导线测量　　B. 侧方交会　　C. 后方交会　　D. 前方交会

79. 附图3-2所示支导线,*AB*边的坐标方位角为120°,转折角如图,则*CD*边的坐标方位角为(　　)。

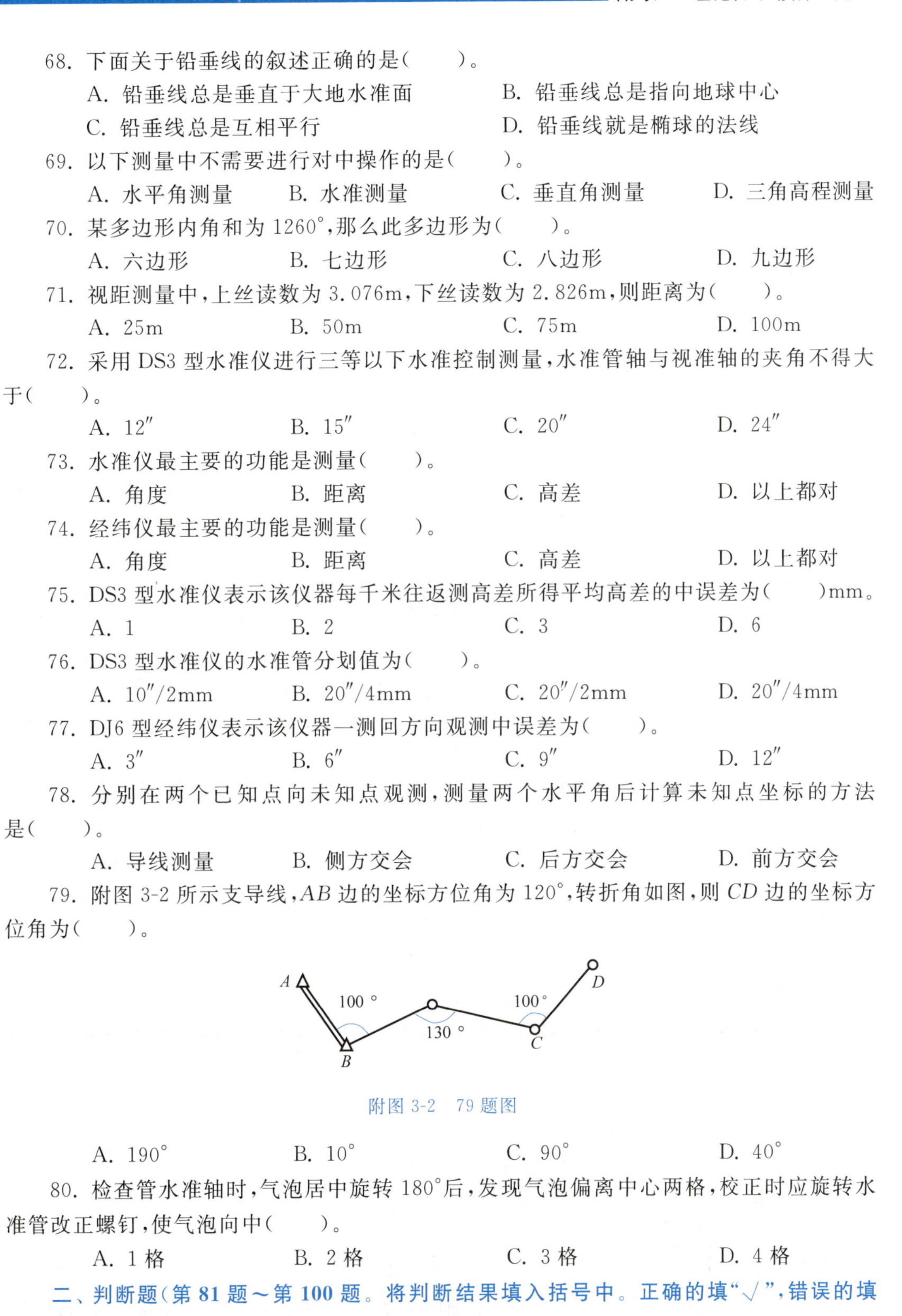

附图3-2　79题图

A. 190°　　B. 10°　　C. 90°　　D. 40°

80. 检查管水准轴时,气泡居中旋转180°后,发现气泡偏离中心两格,校正时应旋转水准管改正螺钉,使气泡向中(　　)。

A. 1格　　B. 2格　　C. 3格　　D. 4格

二、判断题(第81题～第100题。将判断结果填入括号中。正确的填“√”,错误的填“×”。每题1分,满分20分。)

81. (　　)测量计算的基准面必须是大地水准面。

82.( )全站仪能在一个测站上完成角度、距离、坐标的测量工作。

83.( )高差测量不属于基本测量工作的范畴。

84.( )望远镜物镜光心与十字丝分划板中心(或十字丝交叉点)的连线称为水准轴。

85.( )1∶5000 地形图的比例尺精度是 50cm。

86.( )测定就是把图纸上设计好的建筑物、构筑物的平面高程位置,按设计要求把它们标定在地面上,作为施工的依据。

87.( )DS1 型水准仪表示该仪器每千米往返测高差所得平均高差的中误差为 3mm。

88.( )导线测量的外业工作是踏勘选点、测角、丈量边长。

89.( )建筑场地的平面控制中,高程控制在一般情况下采用二等水准测量方法。

90.( )道路横断面测量是测定各中桩垂直于路中线方向的地面起伏情况。

91.( )等高线是地面上高程相等的相邻点的连线。

92.( )在等精度观测中,对某一角度重复观测 n 次,观测值的观测精度是不同的。

93.( )一对双面水准尺的红、黑面的零点差应为 4.687 和 4.787。

94.( )同一幅地形图内,等高线平距越大,表示地面坡度越陡。

95.( )现在使用的国家高程基准为“1956 年黄海高程系”。

96.( )经纬仪测量水平角时,正倒镜瞄准同一方向所读的水平方向值一般相差 90°。

97.( )水准测站上采取“后—前—前—后”的观测次序,可以消减仪器下沉影响。

98.( )水准高程引测中,采用偶数站观测,路线起、终点使用同一根尺,其目的是克服水准尺的零点差。

99.( )为了能在图上判别出实地 0.2m,应选择 1/2000 的地形图测图比例尺。

100.( )DJ2 型经纬仪表示该仪器一测回方向观测中误差为 6″。

高级理论知识模拟试卷

一、单项选择题(第 1 题～第 40 题,每题 1 分,共 40 分。)

1. 取得注册测绘师资格应当具备的基本条件:测绘类专业大学本科学历,从事测绘业务工作满( )年。

A. 3　　B. 6　　C. 5　　D. 4

2. 测绘职工应大力弘扬( )的测绘精神,增强职业荣誉感。

A. 爱岗敬业、奉献测绘、维护版图、保守秘密

B. 热爱祖国、忠诚事业、艰苦奋斗、无私奉献

C. 热爱测绘、乐于奉献、吃苦耐劳、不畏艰险

D. 爱岗敬业、奉献测绘、遵纪守法、团结协作

3. 外国组织或者个人在我国违法从事测绘活动,可以做出责令停止违法行为,没收测绘成果和测绘工具,并处 1 万元以上 10 万元以下罚款,情节严重的,并处 10 万元以上 50 万元以下罚款,责令限期离境。其中,责令限期离境的处罚应当由( )决定。

A. 国务院测绘行政主管部门　　B. 国家安全机关
C. 公安机关　　D. 省级测绘行政主管部门

4. 测绘资质审批机关需要对申请材料的实质内容进行核实的，由测绘资质审批机关或者其委托的下级测绘行政主管部门指派(　　)以上工作人员进行核查。

A. 1名　　B. 2名　　C. 3名　　D. 4名

5. 在基础测绘成果提供时，不属于国家测绘局负责审批的基础测绘成果是(　　)。

A. 1∶10万国家基本比例尺地形图
B. 1∶25万国家基本比例尺地形图
C. 1∶50万国家基本比例尺地形图
D. 1∶1万国家基本比例尺地形图

6. 根据《测绘工作证管理规定》，(　　)对领证人员的真实情况负责。

A. 测绘作业证申领人
B. 测绘作业证领证单位
C. 测绘单位所在地县级人民政府测绘行政主管部门
D. 测绘单位所在地市(地)级人民政府测绘行政主管部门

7. 在野外踏勘选择导线点时，下列说法正确的是(　　)。

A. 相邻点间有障碍物阻挡时，只要能保证视线通过即可
B. 点位只要能便于架设仪器即可
C. 相邻长、短边的边长之比不要超过5∶1
D. 点位既要稳定和便于保存，又要有较大的控制范围

8. 用DS3型水准仪进行三等水准测量时，一个测站的观测程序是“(　　)”。

A. 后—前—前—后　　B. 后—后—前—前
C. 后—前—后—前　　D. 前—前—后—后

9. 在三角高程测量中为了消除球气差对一个测段观测高差的影响，需要(　　)。

A. 盘左、盘右观测　　B. 直觇观测
C. 返觇观测　　D. 对向观测

10. 图根电磁波高程导线每条边往返测高差的不符值应不超过(　　)倍的边长。

A. 0.1　　B. 0.04　　C. 0.02　　D. 0.01

11. 矩形控制网点是特定的，因此在观测控制网时，除了正常观测外，还要(　　)，以防观测误差过大。

A. 精确照准　　B. 比对设计数据
C. 精确对中　　D. 精确整平仪器

12. 为计算工程控制网验后点间的特定方向或边长的精度，应用(　　)计算。

A. 误差椭圆主元素　　B. 相对误差椭圆主元素
C. 两点间的观测方向　　D. 两点间的方位角

13. 一般要求工程平面控制网中各点的点位中误差不要超过(　　)。

A. ±1cm　　B. ±5cm　　C. ±10cm　　D. ±20cm

14. 用GPS卫星测量方法测定点位时，至少要接收(　　)颗GPS卫星信号。

A. 2　　B. 3　　C. 4　　D. 5

15. C 级 GPS 网主要用于(　　)。

A. 隧道工程测量　　B. 精密工程测量

C. 地方坐标基准框架　　D. 建立三等大地控制网

16. 将 GPS 测量的坐标转换为独立平面坐标系的坐标时,至少需要求解(　　)个转换参数。

A. 3　　B. 4　　C. 5　　D. 7

17. "一"字形建筑基线调整一端点的计算中,δ 的单位是(　　)。

A. °　′　″　　B. rad　　C. m^2　　D. m

18. 隧道地面控制测量,洞口附近至少要布设(　　)个平面点。

A. 1　　B. 2　　C. 3　　D. 4

19. GPS 点位应选择在(　　)。

A. 便于安置仪器和操作、视野开阔的地点

B. 离电视台、微波站距离小于 400m 的地点

C. 距 220kV 以上电力线路的距离要小于 50m 的地点

D. 靠近线路中线小于 50m 的位置,以便放线等

20. GPS 点的标志中心用直径小于(　　)的十字线表示。

A. 1mm　　B. 2mm　　C. 0.5mm　　D. 3mm

21. 施工控制网常使用(　　)。

A. 国家测图坐标系统　　B. 城市坐标系统

C. 独立坐标系统　　D. 施工坐标系统

22. 由一个已知控制点出发,最后仍回到这一点的导线称为(　　)。

A. 支导线　　B. 附合导线

C. 闭合导线　　D. 结点导线

23. 一级导线当采用Ⅱ级测距仪测量时,测回数、一测回读数较差和单程各测回较差是(　　)。

A. 4,≤20mm,≤30mm　　B. 2,≤10mm,≤15mm

C. 2,≤20mm,≤30mm　　D. 1~2,≤10mm,≤15mm

24. 导线中各坐标增量的改正数之和应和整个导线坐标增量闭合差(　　)。

A. 大小相等,符号相反　　B. 大小相等,符号相同

C. 符号相同,大小不等　　D. 大小不同,符号相反

25. 水准点应选在(　　)的地方埋设。

A. 靠近交通干道、河岸

B. 土质坚硬、不易找到、便于保存

C. 土质坚硬、便于长期保存和使用方便

D. 松软填土、水源地

26. 四等水准测量中,黑红面所测高差允许值为(　　)mm。

A. 3　　B. 4　　C. 5　　D. 6

27. 转点在水准测量中起传递(　　)的作用。

A. 高程　　B. 水平角　　C. 距离　　D. 方向

28. 三角高程测量采用对向观测的方法可削弱(　　)对三角高程计算的影响。
A. 大气旁向折光　　B. 大气垂直折光
C. 地球曲率　　D. 仪器高

29. 下列比例尺中(　　)是管线图常用的。
A. 1∶200　　B. 1∶1000　　C. 1∶5000　　D. 1∶10000

30. 对埋设深度大约 2m 的地下管线进行探查,按一级要求探测埋深的限差是(　　)。
A. ±5cm　　B. ±12cm　　C. ±19cm　　D. ±20cm

31. 沉降观测宜采用(　　)方法。
A. 三角高程测量　　B. 水准测量或三角高程测量
C. 水准测量　　D. 等外水准测量

32. 以下(　　)不是变形监测中建模分析的常用方法。
A. DEM 模型　　B. 统计模型
C. 确定性模型　　D. 混合模型

33. 使用相同精度的仪器进行一井定向,其结果是比两井定向的定向精度(　　)。
A. 高　　B. 低　　C. 一样　　D. 不确定

34. 下列不属于测深点的平面位置定位方法是(　　)。
A. GPS 法　　B. 极坐标法　　C. 后方交会法　　D. 侧方交会法

35. 地形图是分幅测绘的,为了保证相邻图幅的相互拼接,规定每幅图的四边应测出图廓外(　　)。
A. 10mm　　B. 1mm　　C. 0.5mm　　D. 5mm

36. 描述每个地形要素特征的各种属性项类型应完备,应符合相应比例尺地形图要素分类与代码规定的属性码,不得有遗漏。此要求属于属性数据的(　　)。
A. 正确性　　B. 完备性　　C. 一致性　　D. 协调性

37. 下列不属于数字地形图的完整性的是(　　)。
A. 要素内容无遗漏、多余或重复现象
B. 要素分层无多余层、重复层或遗漏层现象
C. 要素属性值无多余、遗漏现象
D. 要素属性值无错误、不合理现象

38. 数字线划地形图整饰不包括(　　)。
A. 内图廓线、公里网、经纬网的正确性　　B. 图名、图号位置的正确性
C. 图例内容的正确性　　D. 图内注记属性的正确性

39. 下列内容不属于数字线划地形图检查记录检验范畴的是(　　)。
A. 检查者签名　　B. 错误分类及评分
C. 作业者签名　　D. 技术总结报告

40. 三等水准测量前后视距累积差≤(　　)。
A. 3m　　B. 5m　　C. 7m　　D. 10m

二、判断题(第 41 题～第 80 题,每题 0.5 分,共 20 分。)

41. (　　)测绘成果汇交制度是《中华人民共和国测绘法》确定的一项重要法律制度。

42. (　　)大地水准面是一个光滑且规则的曲面。

43.（　　）两点的高差是指两点在同一种高程系统中的高程之差。

44.（　　）独立地物都不依比例尺表示。

45.（　　）计算机软件一般分为系统软件和应用软件两类。

46.（　　）具有授话器的耳麦既是计算机的输入设备，同时也是输出设备。

47.（　　）使用国家基础地理信息数据的部门、单位和个人，必须得到使用许可，并签订国家基础地理信息数据使用许可协议。

48.（　　）国家测绘局负责审批的基础测绘成果包括 1∶50000 国家基本比例尺地图产品。

49.（　　）禁止外人私自进入作业场所。

50.（　　）储存重要地理信息数据的属地，只需在同地做好备份即可，而不需要异地储存。

51.（　　）搜集测量资料时获得的已知点坐标可以直接使用。

52.（　　）二级导线的平均边长为 200m。

53.（　　）对于四等水准测量，其每一个测站的前后视距累积差要求是不超过 5m。

54.（　　）高层建筑施工中常用的标高传递方法有悬吊钢卷尺法和全站仪天顶测距法。

55.（　　）水平位移监测网的工作点应合理布设在监测体上。

56.（　　）尽管沉降观测精度要求高，三角高程测量也可用于其中。

57.（　　）地形图测绘，为真实反映地物地貌，地物均应按比例表示。

58.（　　）道路纵断面测量的目的是满足道路护坡设计。

59.（　　）高差闭合差＝理论值－观测值。

60.（　　）因大气折光系数 k 值偏小所引起的高差闭合差超限，其符号为正。

61.（　　）若 $X_B - X_A < 0$，且 $Y_B - Y_A < 0$，则 α_{ab} 是第三象限。

62.（　　）当观测次数趋于无限时，偶然误差的算术平均值趋近于零。

63.（　　）距离测量中，测量成果的可靠性与相对误差成正比。

64.（　　）GPS 是现代高科技产物，适于在任何条件下作业。

65.（　　）只要观测方法得当、作业认真，就可以避免偶然误差的出现。

66.（　　）观测值加权平均值的和的权，等于各观测值的权的和。

67.（　　）闭合导线的方位角闭合差，等于各内角观测值的和与闭合图形内角和的真值之差。

68.（　　）GPS 观测手簿可在观测现场填好，也可事后补填。

69.（　　）地形图展绘控制点时，应在图上标明控制点的方向。

70.（　　）地形图符号分类为依比例尺符号、半依比例尺符号、不依比例尺符号。

71.（　　）特别困难地区的平面位置中，误差可根据规范要求放宽。

72.（　　）数字地形图碎部点高程精度的检查点应为均匀分布、随机选取的明显地物点。

73.（　　）地形图上测绘内容的取舍程度，主要根据工程性质和用图单位的要求而定。

74.（　　）地形图上可以确定两点间的坡度大小。

75.（　　）大比例尺地形图就是将地球表面的地物、地貌全部真实地表示在图上。

76.（　　）6°带的中央子午线和边缘子午线均是 3°带的中央子午线。

77. (　　)测绘仪器转运时要做好防晒、防雨、防震措施。

78. (　　)仪器搬运时,应把制动螺旋略微关住,使仪器在搬站过程中不致晃动。

79. (　　)交叉误差是视准轴和管水准器水准轴在水平面内投影的夹角,所以对水准测量的观测精度没有影响。

80. (　　)一对标尺的零点差之差要在成果中加改正。

三、多项选择题(第 81 题～第 100 题,每题 2 分,共 40 分。)

81. (　　)是参考椭球体具有的特性。

A. 椭球面处处都是和铅垂线相垂直的

B. 椭球面与全球范围内的大地水准面密合得最佳

C. 椭球面与一个国家或地区范围内的大地水准面密合得最佳

D. 椭球的中心和地球的质心一致

E. 椭球的旋转轴与地轴一致或平行

82. 国家水准测量按等级通常分为(　　)。

A. 一等水准测量　B. 二等水准测量　C. 三等水准测量

D. 四等水准测量　E. 五等水准测量

83. 地形图的地形要素包括(　　)。

A. 地物　B. 各种数字说明注记　C. 测图比例尺

D. 地貌　E. 坐标格网

84. 以下不属于计算机输出设备的是(　　)。

A. 鼠标　B. U 盘　C. 显示器

D. 键盘　E. 光笔

85. 测绘仪器在运输、使用中均要保障其安全,如(　　)的情况下却不能保证。

A. 短途搬运仪器时,未将仪器装入专门的运输箱内

B. 给电子仪器的电池充电时,未使用专用的充电器

C. 开箱提取全站仪或经纬仪时,用手提望远镜或横轴

D. 操作仪器过程中发现仪器镜头有灰尘或雨滴时,用手擦拭干净

E. 使用完全站仪或经纬仪后放入箱中时,锁紧水平、竖直制动螺旋

86. 下面观测方法中的(　　)可以用于倾斜监测。

A. 直接投影法　B. 单程双转点法

C. 正垂线法　D. 液体静力水准测量法

E. 测定基础沉降法

87. 桥址测量的工作内容主要有(　　)。

A. 桥址中线测定　B. 路桥连接测量

C. 桥址地形测绘　D. 水文测量

E. 施工控制测量

88. 地下管线探查精度指标分为(　　)。

A. 平面位置限差　B. 埋深限差

C. 测角中误差　D. 坐标中误差

E. 高程中误差

89. 一井定向，要保证投点精度，应采取(　　)等措施。

A. 选好地面控制点　　B. 选好投点工具

C. 改善观测条件　　D. 增大垂线间距

E. 尽量提高连接测量精度

90. 大比例尺地形测绘技术设计依据有(　　)。

A. 测区所在地政府文件　　B. 项目任务指示书或生产合同书

C. 相关技术规范　　D. 测绘区域面积及测绘内容

E. 测绘产品质量标准及验收规定

91. 绘图信息输入分为(　　)。

A. 自编码输入　　B. 全码输入

C. 半码输入　　D. 简码输入

E. 无码输入

92. 横断面测量的结果是(　　)的依据。

A. 道路路基设计　　B. 道路坡度设计

C. 路基防护设计　　D. 转弯半径设计

E. 路面高程设计

93. 关于同精度观测值的简单算术平均值的中误差，叙述错误的是(　　)。

A. 等于各观测值中误差除以观测值个数

B. 等于各观测值中误差的和除以观测值个数

C. 等于各观测值中误差的$\sqrt{n}$分之一

D. 等于各观测值中误差的和除以$\sqrt{n}$

E. 等于各观测值中误差的积除以$\sqrt{n}$

94. 三角高程测量中，影响高程测量精度的因素主要有(　　)。

A. 垂直角测量　　B. 距离测量

C. 仪器和目标高度丈量　　D. 地球曲率半径

E. 大气折光

95. GPS 技术应用于工程施工控制网布设中，由于边长一般都比较短，常采用双差固定解。通常用(　　)指标来衡量固定解的可靠性。

A. 相对精度　　B. 单位权中误差

C. 平均误差　　D. 模糊度检验倍率

E. 极限误差

96. 圆曲线线路坐标的计算过程主要包括以下方面：曲线要素计算、(　　)和边桩坐标计算。

A. 圆曲线主点里程计算　　B. 中线点独立坐标计算

C. 中线点线路坐标计算　　D. 切线长计算

E. 曲线半径计算

97. GPS 网的选点必须遵循的原则有(　　)。

A. 点位应选在基础稳定、易于长期保存的地点

B. 要保证相互通视
C. 便于安置接收机
D. 离大功率无线电发射源不少于 400m
E. 视场内不应有高度角大于 15°的成片障碍物

98. i 角超限校正时正确的操作有(　　)。
A. 计算水准仪在标尺上的正确读数
B. 用脚螺旋使水平横丝切准正确读数
C. 用微倾螺旋使水平横丝切准正确读数
D. 调整管水准器校正螺钉,使符合水准器气泡居中
E. 对抗螺钉应该"先紧后松"

99. 下列检验项目中用正倒镜观测可以抵消或减弱误差的有(　　)。
A. 视准轴误差
B. 水平轴误差
C. 光学对点器误差
D. 指标差
E. 度盘偏心差

100. 电子经纬仪的检验项目有(　　)。
A. 视准轴误差
B. 竖盘指标差
C. 圆水准器的检验
D. 水平度盘偏心差
E. 分划板竖丝的检验